KB144025

항공환경과
기후변화

유광의 · 강윤주 공저

Aviation Environment and
Climate Change

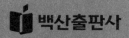 백산출판사

머리말

　인간 활동의 글로벌화 경향은 항공운송산업 수요 증가의 동인이 되어 항공교통량은 일반적 경제성장 속도 이상으로 증가할 것으로 예측된다. 그러나 항공활동의 초기부터 적지 않은 논란이 되어왔던 환경문제는 소음문제에서 출발하여 공항지역 공해문제, 최근에는 기후변화 문제 등을 포함하여 항공산업 발전의 발목을 잡는 장애요인으로 인식되고 있다. 인간의 물질적 복지 향상을 추구하는 경제발전 전략에서 지속가능한 발전(sustainable development)을 고려해야 하는 측면이 항공산업에서도 심각하게 받아들여지고 있는 시점이다.

　이 책에서는 항공산업 활동이 인간 생존의 환경에 미치는 영향을 파악하고 그에 대한 대응방안을 논의하였다. 해당 분야에 관심이 있는 일반 독자들도 대상으로 하고 있으나 항공교통분야를 전공하는 대학 교육과정의 고학년용 교재 용도로도 고려하였다. 물론, 항공교통에 관한 기반지식이 갖추어진 상태에서 접근하는 것을 가정하였다. 책의 내용은 저자들이 직접 연구한 결과보다는 관련 문헌들을 참고하여 작성되었다. 특히, 국제 항공교통의 지속적 발전 전략과 정책을 담당하고 있는 국제민간항공기구의 서류들(documents)을 많이 참조했으며 기후변화와 관련된 내용의 국제연합(UN)의 문건들도 참고하였다.

　기후변화에 대한 국제항공산업의 대응책은 아직 개발단계에 있다고 할 수 있으며 국제민간항공기구를 중심으로 논의가 절정에 이른 시점이라 할 수 있다. 유럽 선진국들과 그 밖의 나라들 간에 이해관계가 상반되는 측면이 강하게 대두되어 국제적 합의에 실패를 거듭하다가 최근에야 국제항공운송 기후변화 대응책의 가닥이 잡혀가고 있는 실정이다. 따라서 이 책에서 다룬 내용들은 현재까지의 논의 결과이며 불과 수년 내에 변화되고 확정된 대응책들이 의미를 갖게 될 것이다. 저자들은 기후변화에 관련된 환경문제는 국제민간항공기구가 최종안을 확정하여 적용을 개시하기로 한 2020년쯤에는 개정판을 준비하는 것이 필요하다고 본다.

저자들의 부족한 식견과 완료되지 않은 국제항공산업의 기후변화 대응책으로 인해 이 책이 제기한 주제에 대하여 명쾌한 대답을 제시하지 못한 이유로 독자들이 불만족을 느낄 수 있으리라 우려하면서 출판을 결심한다.

2015년 2월
저자 씀

차례

항공환경편

제3장 항공산업의 배출가스와 대기오염

제6장 항공산업 온실가스 감축정책

제7장 항공기 기술 개선과 온실가스 배출량 감축

제8장 항공운항기법 개선과 온실가스 감축

제 **1** 부

항공환경편

제 **1** 장

서론

항공환경과 기후변화

제 **1** 장

서론

1 서언

우리가 살고 있는 지구의 환경은 여러 가지 이유로 변화하여 왔다. 지구 환경 변화의 이유는 크게 두 가지로 분류할 수 있을 것이다. 하나는 자연적 현상에 의한 변화이고 다른 하나는 인간의 활동에 의한 변화일 것이다. 그 중에서도 인간의 활동에 의한 환경변화는 산업혁명 이후 현저하게 나타났고 지금 우리가 겪고 있는 기후변화의 주요 원인으로 인식되고 있다. 인간의 산업 활동은 적절한 조절과 통제가 가능하여 과학적이고 경제적인 대응책을 수립하면 인간 활동에 의한 환경 영향을 완화시키거나 회피할 수 있을 것이다.

항공산업에서도 항공기 운항과 관련한 환경 영향은 항공산업 고유의 현상으로서 국제 사회의 대응 방안을 중심으로 논의해 보아야 할 것이다. 항공기 운항에 의하여 발생하는 환경영향은 크게 두 가지로 나누어 볼 수 있다. 소음에 의해 공항 인근지역에 미치는 영향과 배기가스에 의한 공기오염 및 지구 온난화 현상이다. 국제민간항공기구(International Civil Aviation Organization : ICAO)도 국제민간항공조약의 부속서 중 환경 관련 부문은 부속서 16으로 채택하면서 볼륨 1은 '소음(Noise)'으로, 볼륨 2는 '배출가스(Emission)'로 명명했다.

소음관련 논의는 항공기가 이착륙하는 공항 인근 지역 주민들이 국가 또는 공항 당국에 빈번하게 제기하는 민원 문제이었으므로 우리에게 익숙한 의제이며 그에 따른 대책 또한 일반인에게도 알려져 있는 문제이다. 또한 소음문제는 글로벌 의제라기보다는 국지적인 논제로서 공항 주변에만 영향을 미친다. 배기가스 문제는 인근 지역이나 공항에 상주하는 인력의 건강 문제와 같은 국지적 문제와 기후변화와 같은 세계적인 문제로 나누어 생각해볼 필요가 있을 것이다. 어떻든, 배기가스에 의한 환경문제는 소음보다는 새로운 의제로 인식되며 세계적으로 관심이 집중되는 분야이므로 국제사회의 대응 양상을 중심으로 좀 더 상세히 논의될 필요가 있을 것이다.

2 항공교통 활동의 환경 영향과 대책

2.1 항공산업이 환경에 미치는 영향

항공교통은 국제적 차원에서의 정치, 경제, 사회·문화적 활동의 통합 과정으로 정의되는 세계화의 중요한 기여 수단으로 인식되지만 한편으로는 지역사회와 전 지구 차원의 환경 파괴에 원인이 되는 활동 중 하나로 주목받기도 한다. 저비용항공사(Low Cost Carriers : LCCs)들의 출현에 의한 항공요금의 급격한 인하에도 불구하고, 비행(Flying)은 여전히 호화로운 여가를 즐기는 라이프스타일을 지닌 부유한 사람들이 향유하는 사치스러운 교통수단으로 인식된다. 많은 사람들은 아직도 항공산업에 의한 혜택을 받지는 못하면서 동 산업의 번영으로 인한 불편을 겪고 있는데 소음, 오염, 체증 그리고 이주(Dislocation) 등이 그것이다. 일부 항공산업의 영향에 대해 부정적인 시각을 가진 사람들은 항공산업이 부당한 국가보조금을 받아왔고 솜방망이 규제만을 받아왔다고 생각한다. 그러므로 새로운 공항 인프라 건설, 야간비행 허용 등에 관해 논의를 할 때면 첨예한 찬반 논쟁이 벌어지는 것이다. 화석연료 소비에 의한 온실가스 배출로 인해 발생하는 기후변화 문제 또한 해결 과제로 떠올랐다. 따라서 항공산업의 발달이 인류에게 미치는 긍정적 영향과 부정적 영향은 동시에 고려되어야 한다.

다른 산업들의 환경적 이슈와 마찬가지로 항공교통이 환경에 미치는 영향에 관한 논의 또한 지속가능한 발전(Sustainable Development)이라는 틀에서 전개된다. 주지하다시피 지속가능 발전이란 경제 개발 활동이 현재뿐만 아니라 미래에 미치는 영향을 고려하여, 인류에게 미치는 경제적, 사회적, 환경적인 편익과 개발 비용 간의 균형을 맞추는 것을 의미한다. 항공교통은 경제 및 사회적으로 중대한 이익을 제공하기 때문에 종종 절대적으로 긍정적인 기여를 했다고 평가되곤 했다. 항공교통이 가져온 경제적 이익은 적어도 국제적 차원에서는 역사적으로 충분히 입증되어왔다. 즉, 항공산업은 국제교류를 수월하게 하여 세계 경제 발전에 막대한 기여를 하였고 이로 인해 항공산업을 글로벌 경제성장의 주요 엔진으로 인식하게 되었다.

이러한 경제적 기여는 주로 항공산업이 다른 산업들의 국제화에 의한 성과에 미치는 영향과, 다른 산업들의 성장을 지원하는 형태로 인식된다. 다른 산업들의 성장을 지원하는 형태란, 항공교통을 이용하여 시장에 접근하는 것이 용이해지고 시장을 전문화(Specialization)하며 규모의 경제와 외국인 직접투자(Foreign Direct Investment : FDI)를 가능케 하는 것을 말한다. 이에 더하여, 항공교통은 국내총생산(GDP)을 늘리고 직·간접적인 일자리를 창출하며 생산성을 늘리고 상품과 서비스를 수출하고 투자를 통해 세금을 납부하는 형태를 통해서 지방(Local), 지역(Regional) 그리고 국가 경제에 상당한 기여를 한다.

결론적으로, 항공산업은 국가 경제의 많은 부분이 의존하는 교통 인프라 구조의 주요 구성요소로 간주되고 '인프라 구조가 경제 분야 전반에 걸친 생산성 성장을 부양시키는 기반'이라는 관점에서 투자로도 간주된다. 항공산업은 시장의 확장(잠재적으로는 국제적 규모로 성장하는 것)을 가능하게 하고 기술개발과 혁신이 이루어질 수 있게 유도한다. 그러므로 항공교통은 그 자체로 중요한 경제적인 부문이고 다른 부문들의 성장을 위한 중요한 촉진제이다. 경제적인 이익 외에도 항공교통은 고용, 여가산업, 오락, 문화 교류, 교육 기회 그리고 가족과 친구들과의 접근성 증대 등 다양한 사회적 이익들과도 결부되어 있다.

경제 및 사회 발전에 기여하는 항공교통의 중요성 때문에 지난 50년간 항공산업은 일반적으로 전체 산업의 성장률을 대표하는 GDP성장률보다 높은 성장률(약 연간 5%)을 유지해왔다. 특히, 항공교통의 수요 증대에 의한 지속적인 성장은 세계화와 관광활성화라는 두 가지 중요한 트렌드에 의해 강화되었다. 세계화는 이제 복합적인 측면, 즉 경제적, 정치적, 사회적, 문화적 그리고 환경적인 면에서의 인간 활동의 완전한 탈바꿈을 대변하는 과정으로 인정되고 있다. 다양한 장소에 있는 사람들 간의 의사소통이 거의 즉각적으로 이루어질 수 있는데다가 세계 경제도 점점 통합되어가는 추세이고 다국적 기관의 영향력은 확대되었다. 항공교통의 수요는 세계화의 급속한 진전에 의해 증대되었고 항공수요의 증대는 또한 세계화를 용이하게 했으므로 항공교통과 세계화의 상호 진전은 닭이 먼저냐 달걀이 먼저냐와 같은 논쟁의 성격을 지닌다.

또한, 항공교통 수요는 관광수요의 증가와 빠른 장거리 항공 서비스 이용에 크게 의존하는 산업들과 밀접하게 맞물려 증가하였다. 세계 경제에서 관광산업과 항공산업은 중요한 경제 성장 동인(動因)으로 인식된다. 항공산업에 대해 주요 국제기구들 및 민간기관들에서는 적어도 2020년까지는 연평균 약 4%의 성장률을 보일 것으로 추정한다. 관광산업과 관련해서는 국제연합관광기구(United Nations World Tourism Organization : UNWTO)의 추정에 따르면 국제관광객수(International Tourist Arrivals : ITA)는 2020년에는 2005년 관광객 수의 두 배에 달할 것으로 예상된다(UNWTO 2007). 아시아 국가들에서는 개인의 소득 증대에 따른 관광수요 증가가 특히 두드러지고 있는데 여행의 거리와 여행 횟수도 증가 추이를 보이고 있다. 이러한 요소들을 감안하면 항공교통 수요는 2030년 이후에도 고율의 지속성장추이를 이어나갈 것으로 예견할 수 있다. 2050년까지 항공 여객 교통량은 1995년 수준에 비해 5배로 증가할 것으로 예측하는 기관도 있다(IPCC 1999).

상기와 같이 항공교통이 기여하는 괄목할 만한 경제적, 사회적 편익의 평가와 더불어 항공산업이 환경에 중대한 영향을 미쳐왔고 그 영향력이 증대되고 있다는 사실도 인식되고 있다. 〈표 1-1-1〉에서 보는 바와 같이 항공산업이 환경에 미치는 영향 중 일부는 공항 지역에 국한되는 반면, 또 한편으로는 국제적으로도 문제가 되고 있다. 전통적으로, 항공기 소음은 공항주변지역과 출·도착 비행로 근처에 사는 주민들에게 골칫거리였다. 소음문제 뿐만 아니라 항공기와 공항시설 및 장비들은 질산화물과 기타 공해물질을 배출해서 공기오염을 유발한다. 그 밖에도 공항 운영에 의하여 거주지의 변화 및 파괴, 토양오염, 쓰레기 생산, 물 소비, 수질오염을 유발하는 등 지역사회의 환경에 영향을 미치고 있다.

표 1-1-1 항공교통으로 인한 주요 환경영향

환경에 미치는 영향	주요원인
항공기 소음	• 항공기 운항(Operations) • 항공기 유지보수 및 엔진 테스트 • 공항의 진입교통 • 공항 고정시설(Stationary Plant) • 공항 지상이동차량
대기오염	• 항공기 배출물 • 공항 진입교통으로 인한 배출물 • 공항의 기반시설로 인한 배출물 • 공항의 차량들에 의한 배출물
기후변화	• 항공기 배출물 • 콘트레일 • 항공기 배출가스에 의해 형성되는 적란운 • 공항 접근교통에 의한 배출물 • 공항 기반 시설에 의한 배출물 • 공항 차량들에 의한 배출물 • 공항 건설에 따른 배출가스
생태 변화	• 공항 건설 공사 • 공항용지 확보용 해안선 변경 • 배수시설(Drainage) 변경 • 수로(Watercourse) 변경

서식지의 질적 저하 (Habitat Degradation)	• 공항 건설 • 해안선 변경 • 배수시설(Drainage) 변경 • 수로(Watercourse) 변경
토양오염	• 공항 건설 • 공항 쓰레기 폐기 • 항공기정비 및 유지보수 • 연료, 기름, 유압유(Hydraulic Fluid) 누수 • 제빙 용액 유출
쓰레기 발생	• 항공기 운항 • 공항 운영
물 소비	• 항공기 운항 • 항공기 정비 및 유지보수 • 공항 운영
수질오염	• 항공기 정비 및 유지보수 • 공항 건설 • 공항 쓰레기 폐기 • 연료, 기름, 유압유(Hydraulic Fluid) 누수 • 제빙 용액 유출

글로벌 차원에서는 항공산업의 환경적 영향은 기후변화에 주로 초점이 맞춰져 있다. 기후변화에 항공교통이 미치는 영향은 이미 중요하게 인식되었고, 그 영향력은 계속 증가하고 있다는 점이 주목받고 있다. 항공기는 대표적 온실가스인 이산화탄소를 상당 수준으로 배출하여 지구 온난화를 유발한다. 이산화탄소의 직접적 배출 외에도 항공기는 다양한 간접적 방법으로 기후변화에 영향을 주고 있다. 예를 들어, 항공기가 순항하는 고도인 성층권 하부와 대기권 상부에서 항공기 엔진이 배출하는 질산화물(NO_X)은 동 고도에서 주요 온실가스 중 하나인 오존을 생성한다(여기서 나오는 질산화물은 또 다른 온실가스인 메탄을 감소시키기도 한다). 또한 항공기는 그을음 입자와 황산 입자를 배출하는데 이 물질들도 기후변화를 유발하며, 순항고도에서는 항공기 엔진 배출가스에 의해 콘트레일(Condensation Trails : Contrail)도 형성되고 적란운도 생성되는데, 이 물질들도 기후변화에 영향을 미칠 것으로 보인다. 비즈니스 제트기 수 증가에 따른 잠재적인

환경영향과 심지어는 고고도에서 초음속 항공기 편대가 비행하는 것에 대한 영향력도 관심사가 되고 있다.

항공교통에 의한 환경적 영향들을 검토하고 대응 방안을 생각해보는 것이 이 책을 저술한 목적이다. 역사적으로 보아 환경 영향을 줄이기 위한 항공기의 기술적 진보와, 항공운항 방식의 개선이 이루어진 것은 사실이다. 연료연소기술이 진보했고, 황산화물을 적게 함유하는 연료가 개발되었으며, 항공역학적 효율이 높은 항공기의 동체가 개발됐고 소음규제절차를 적용하는 등 여러 방면에서 개선을 보였다.

하지만 이 동안에 항공산업 또한 빠르게 성장하였으며, 이는 이러한 개선 효과를 상쇄시켜 버렸다. 결과적으로 연료효율은 훨씬 더 좋아졌고 그로 인해 한 단위당 배출량도 감소하였지만, 항공교통이 환경에 미치는 영향의 절대량은 증가하고 있다.

항공 과학 기술 및 산업분야의 전문가들이 실시한 여러 연구에 의하면 미래의 항공기 기술 발달을 매우 긍정적으로 가정하더라도 2030년에는 2002년에 비해 항공기에서 배출되는 이산화탄소가 2배 이상으로 많을 것으로 평가되었다. 2050년까지 현존하는 협약들(교토의정서)의 온실가스 배출을 감소시키겠다는 목표에 기반을 두었을 때, 탄소배출 완화를 위한 조치가 빨리 시행되지 않는다면 항공산업의 이산화탄소 배출은 국가별 탄소 예산의 전체를 차지할 것으로 예측된다.

기후변화에 대한 관심이 항공교통 성장에 있어 중요한 걸림돌이 될 것으로 예측되는 가운데 지역사회(Local)의 환경 규제 또한 심해지고 있다. 일부 공항에서는 공기청정도 법률(Air Quality Legislation)로 인해 주변 공기 질을 악화시키는 인프라구조 개발이 이미 금지되었고, 지역 협정에 따라 항공기 소음제한수준이 엄격해진 경우도 있다. 향후에는 환경 영향에 대한 일반 대중들의 용납수준(Public Tolerance)이 더욱 엄격해짐에 따라 환경규제법(Regulations)의 규제 수준이 높아질 것이 분명하다.

결국, 항공산업을 지속적으로 발전시키려면, 항공산업이 환경에 미치는 절대적인 영향력을 줄여야한다. 또한 항공산업의 서비스 제공으로 경제·사회적 이익을 창출할 수 있는 분야가 확보되어야 한다. 즉 항공서비스가 반드시 지원되어야 하는 인간 활동이 증가하여 항공수요가 급증하는 상황이 도래해야만 한다는 말이다. 항공교통 및 관광산업에 대한 급증하는 수요, 항공교통서비스의 제공과 경제 성장 간의 강한 상관관계 등은 항공산업의 지속적 발전을 정당화 할 수는 있을 것이다.

환경 영향의 절대치 감소는 엔진 및 항공기 동체 기술의 혁신, 항공산업의 연료 및 운영시스템, 그리고 절차 등의 혁신(더욱 효율적인 항공교통관리(ATM)를 포함한다)으로 2030년까지 성취될 것으로 기대되지만, 이러한 향상이 있다고 해서 항공교통증가에 따라 동반하는 영향을 계속적으로 상쇄시켜줄 것 같지는 않다. 따라서 장기적인 관점에서 보았을 때, 혁신적인 과학기술개발(Radical Technological Solutions)이 요구된다. 이러한 기술 분야의 획기적인 해결책들을 적용하기 위해서는 지속가능한 과학기술 개발이 있어야 하며 항공교통과 공존할 수 있어야 한다. 이를 뒷받침하기 위해서는 또한 효율적인 정책이 제정되고 이행되어야 한다. 그러나 효율적 국제 항공교통을 위한 정책 개발과 시행은 매우 느리게 진행되어왔는데 이는 국제 민간 항공이 매우 경쟁적이며, 국경 통과 절차가 광범위한 국제법 뿐만 아니라 무수히 많은 양국 간 항공 서비스 협정(Air Service Agreements : ASAs)에 의해 규제되기 때문이다. 항공교통이 환경에 미치는 영향을 줄이려는 정책고안에 앞서 (동시대 그리고 전세대에 걸쳐) 공정성(Equity), 경제, 사회 및 환경적 사안이 균등하게 고려되어야 한다.

2.2 항공기 배출가스의 환경적 영향

항공기 엔진 배기가스는 다른 환경오염 물질들과는 달리 지상뿐만 아니라 고공에서도 배출되어 환경에 미치는 영향이 광범위하다. 항공기가 운항하는 최고도인 성층권에는 오존층을 파괴하여 자외선이 지구로 통과할 수 있게 하며, 대기권에서는 지구 온난화를 유발하며 지표 부근에서는 인체 및 생태계에 악영향을 미치는 오염물질을 배출한다.

주지하다시피, 기후변화 즉, 지구 온난화가 환경문제 중에서 가장 중요한 국제적 이슈이므로 항공기 운항이 지구 온난화에 미치는 영향을 우선 살펴보아야 할 것이다. 항공기 엔진에서 배출하는 가스 중에서 지구 온난화에 직접적 영향을 미치는 것은 이산화탄소(CO_2)와 수분(H_2O)이다. 항공기 배출가스의 간접적 영향으로는 산화질소(NO_x)가 대기권에 오존을 생성하여 건강에 악영향을 미치며 반대로 성층권에는 오존을 고갈시켜서 자외선(UV-B) 노출의 위험성을 증가시킨다.

항공기가 지상(공항)에서 기동하거나 이착륙을 위한 지표면 1000m 이하에서 공중 기동 시 배출하는 배기가스는 공항주변 지역 환경문제로 취급한다. 주로 인체에 해롭거나 동식물의 생존이나 생태계에 악영향을 주는 오염물질이 관심 대상이 되는데 이에는 다음과 같은 여섯 가지 화학물질이 포함된다.

- 일산화탄소(Carbon monoxide, CO)
- 탄화수소(Hydrocarbon, HC)
- 산화질소(NO_x)
- 이산화황(Sulfur dioxide, SO_2)
- 미세물질(Particulate)
- 포토케미컬옥시덴트(Photochemical oxidants)

또한 국제민간항공조약 부속서 16에서는 CO, HC, NO_x, Smoke를 엔진 인증 시 점검대상 화학물질로 규정하고 있다.

항공기 엔진 성능의 개선과 열효율 향상으로 단위 운송량 당 연료 소모율이나 이산화탄소 배출량은 줄고 있지만 산화질소의 배출량은 증가하고 있다. 이는 엔진 기술 개발이 주로 연료 소모량 감소에 초점이 맞추어져 있기 때문이다. 항공기 엔진에서 연료를 효율적으로 연소시키려면 오히려 산화질소 배출량이 높아진다는 기술적 배경에 기인한다.

항공기 운항에 의한 화석연료의 소비량을 전 세계 석유 소비량의 2~3% 밖에 되지 않고 교통부문에서 항공이 차지하는 몫은 약 12% 정도이며 교통부문에서 가장 이산화탄소 배출이 많은 분야는 육상교통으로서 75% 정도를 차지한다. 따라서 항공운송에 의한 이산화탄소 배출량도 2~3% 비중으로 인식할 수 있으나 항공 수요의 증가에 의한 이산화탄소 배출 증가율이 높고 고공에서 배출되는 이산화탄소나 수분은 실제 배출량에 비하여 지구 온난화에 미치는 영향은 더욱 클 것으로 인식되고 있다. 더구나, 미래 기술도 초음속 여객기가 운항되기 시작하면 성층권에 배출되는 배기가스의 영향은 기후변화에 훨씬 더 심각한 영향을 미칠 것으로 예견하고 있다. 아래의 그림은 항공운송이 기후변화 및 환경에 미치는 영향을 보여주고 있다.

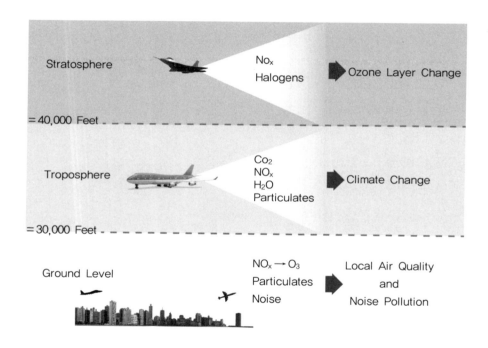

그림 1-1-1 항공운송이 기후변화에 미치는 영향

출처 : "Aviation and the Environment", 미국, 회계감사원(GAO) 보고서, 2008.

2.3 공항지역 배출가스와 공기오염

공항지역의 공기오염을 유발하는 오염원은 항공기 엔진 배출가스 뿐만 아니라 지상 장비나 공항지역의 육상교통수단 운행, 빌딩이나 시설물 운영과 관련된 배출가스 등 다양할 것이다. 공항지역의 다양한 공기오염원에서 발생되는 오염물질별 배출량을 측정하는 것을 공항 '배출가스산정과업(Airport Emission Inventory)'이라 하고 이는 공항의 환경부서가 관리한다. 그러나 공항지역의 공기오염과 관련해서는 항공기 엔진 배출가스의 영향이 가장 클 뿐만 아니라 항공학도들을 위한 이 책의 목적상 항공기 엔진 배출을 중심으로 공항지역 내 공기오염에 관해 서술한다.

항공기가 엔진을 가동하면서 공항지역에서의 기동은 출발(Departure)을 위한 기동과 도착(Arrival)을 위한 기동으로 나뉜다. 국제민간항공기구는 항공기가 한 번의 운항을 위하여 공항에서 하는 기동을 LTO 사이클(Landing and Take Off Cycle)이라고 정의하고 다음과 같은 단계로 세분하고 있으며, 고도 1000m 이하에서 하는 기동을 LTO 사이클에 포함시킨다.

A. 출발(Departure)

a. 엔진 시동(Engine start) : Pushback 이전 혹은 도중
   (Prior to or during pushback)

b. 지상 활주(Taxi to runway) : 모든 혹은 몇몇의 엔진 최저/지상 활주 출력 설정(All engine or fewer than all. Idle/taxi power setting)

c. 지상 대기(Holding on ground) : 주 엔진을 최저 출력 상태로 설정
   (Main engines are normally set to idle thrust)

d. 이륙활주(Take off roll) : 주 엔진을 이륙 출력으로 설정
   (Main engines set to take-off power(predetermined))

e. 초기 상승에서 출력 감소(Initial climb to power cutback) : 800~1500ft 사이에서의 감축; 스로틀 지연(cutback, between 800 and 1500; throttles are retarded)

f. 가속, 정화 및 항로 상승(Acceleration, clean-up and en-route climb)

B. 도착(Arrival)

a. 최종 진입 및 플랩 연장(Final approach and flap extension) : 낮은 엔진 출력에서 증가(At low engine thrusts and increase)

b. 플레어, 접지, 착륙 활주(Flare touchdown and landing roll) : 스트롤 지연 및 역추력(Throttles are retarded and reverse thrust)

c. 주기장/게이트로 지상 활주(Taxi from runway to parking stand/gate) : 하나 이상의 엔진 정지(shut down one or more engines)

d. 엔진 정지(Engine shut down)

항공기 기종이나 장착된 엔진 종류에 따라 연료 소모에 따른 배출가스의 단위량이 다르며, 상기의 각 단계별로 엔진 운용이 달라지면서 연료 소모량이 변하면서 배출가스의 양도 달라질 것이다. (보다 구체적인 기술적 내용은 이 책에서는 생략하고 상급학년에서 학습할 기회가 있을 것이다.)

2.4 항공기 온실가스 배출과 국제사회의 대응

위의 2.3.에서는 공항지역에서의 항공기 엔진 배출물에 의한 환경문제를 논의했다. 위에서 논의한대로 공항지역 지상 및 고도 1000m 이하에서 배출되는 항공기 엔진 배출물은 지역사회의 건강 및 생태계 관련 문제이다. 그러나 고도 1000m 이상의 비행로에서 발생되는 배출가스에 대해서는 글로벌 환경문제로 다루게 된다. 글로벌 환경문제는 국제민간항공기구에서 규범을 제시하는데 국제민간항공기구는 UN의 산하기구로서 UN의 지침을 따르면서 항공환경 규범을 마련한다. 그러면 우선 UN의 기후변화 대책을 중심으로 한 환경문제에 대한 대응방침을 살펴보자.

UN은 UNFCCC(United Nations Framework Convention on Climate Change)라는 시스템을 만들어 1992년 브라질의 리오데자네이로에서 'Rio Earth Summit 1992'를 개최하고 온실가스 배출을 감축하여 지구 온난화에 대응할 것을 결의했다. 1997년에는 일본 교토에서 '교토의정서(Kyoto Protocol)'를 채택하여 선진국(Annex 1 국가)들은 2008~2012년 동안 온실가스 배출 수준을 1990년 기준으로 5% 감축할 것을 목표로 하도록 했으나 이 의정서는 미국이 탈퇴하는 등 비준 국가 수 문제로 2005년에야 발효되었다.

선진국들이 온실가스 감축 목표를 달성하기 위한 방법으로 다음과 같은 세 가지 대안을 제시하고 있다. 첫째는 국제 배출권거래제도(Emission Trading Scheme : ETS)이다. 이 방법은 각국가별로 온실가스 배출 허용량을 할당한 후 거래를 통하여 목표를 달성하도록 하는 것(Cap and trade)이다. 이 대안은 경제적으로 가장 효율적인 방법으로 온실가스 감축을 실현할 수 있는 수단으로 인식된다. 둘째는 공동이행(Joint Implementation : JI) 방법이다. 이 대안은 Annex 1 국가[1])들이 공동으로 온실가스 감축사업을 수행하여 얻은 배출감소실적(Emission Reduction Unit : ERU)을 공동의 저감실적으로 인정하는 제도이다. 이 제도는 러시아나 동구권같이 기술 발전이 미진한, 시장 경제에 신규 진입한 국가들에게 효과적으로 적용될 수 있는 대안이다. 셋째는 청정개발체제(Clean Development Mechanism : CDM)이다. 이 제도는 선진국(Annex 1 국가)이 개도국을 대상으로 온실가스 저감사업을 지원하여 인정받은 저감분(Certified Emission Reduction : CER)을 선진국의 온실가스 감축 실적으로 인정해주는 것이다. 이 방법은 선진국의 청정사업이 개도국에 전수되어 지속가능한 발전(Sustainable Development)을 가능하게 해주는 장점이 있다.

---

1) Annex 1 국가 : 국제기후변화협약에서 규정한 국가로서 배출량 저감의무가 있는 국가(EU, 미국, 일본, 호주, 뉴질랜드 등 40개국)

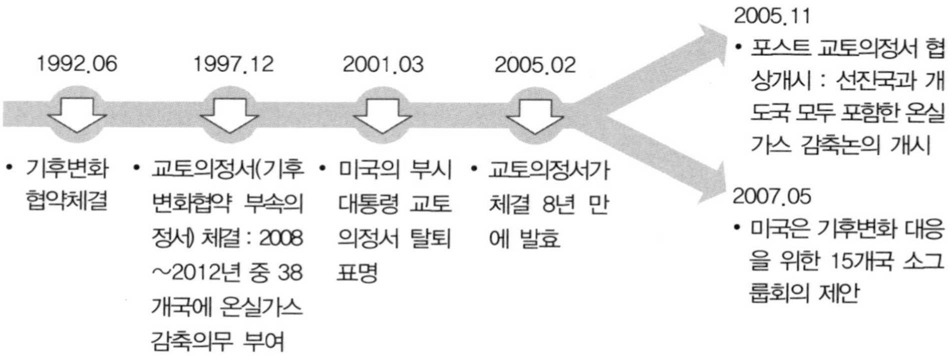

1992.06	1997.12	2001.03	2005.02

2005.11
• 포스트 교토의정서 협상개시 : 선진국과 개도국 모두 포함한 온실가스 감축논의 개시

2007.05
• 미국은 기후변화 대응을 위한 15개국 소그룹회의 제안

• 기후변화 협약체결

• 교토의정서(기후변화협약 부속의정서) 체결 : 2008~2012년 중 38개국에 온실가스 감축의무 부여

• 미국의 부시 대통령 교토의정서 탈퇴 표명

• 교토의정서가 체결 8년 만에 발효

그림 1-1-2 국제적인 기후변화 대응과정

국제민간항공기구는 상기와 같은 UN의 노력에 동참하면서 항공환경대책위원회(Committee on Aviation Environmental Protection : CAEP)를 설립하고 항공기 엔진 배출물 규제를 위한 국제민간항공조약 부속서 16, 제2권을 마련했으며 UN의 온실가스저감 대안 중에서 첫 번째 대안인 배출권거래제도(ETS)를 국제항공 분야에 적용할 것을 결의했다.

3 환경 영향에 대한 항공산업의 대응

앞에서 살펴본 바와 같이 항공산업활동이 환경에 주는 영향이 상당하기 때문에, 환경론자들은 항공산업의 성장 제한을 옹호하고 있다. 실제로 일부 대형 공항들은 이미 환경보호의 이유로 시설 확장에 제약을 받고 있는 실정이다. 따라서 환경 영향의 족쇄를 극복하여 항공교통의 성장을 정당화시키는 노력이 필요하다. 이러한 노력들은 다음과 같은 3가지 카테고리로 정리할 수 있다.

- 항공기의 환경적인 성능개선을 위한 기술 개발
- 항공기 운영 절차와 방식의 개량
- 항공산업이 환경에 미치는 영향을 줄이기 위한 효율적인 정책의 도입

　먼저, 항공기 기술적인 개량에 대해서 살펴보자. 국제민간항공기구의 논의에 의하면 기술적인 개선 대안은 엔진 효율 향상과 동체 디자인 개량 및 대체연료의 개발 등으로 정리된다. 그러나 항공산업에서 비용 경쟁이 심하다는 점과 항공기의 수명이 길다는 특성을 고려하면 기존에 보유하고 있던 항공기의 수명이 아직 많이 남아있는 상황에서 단기 또는 중기적으로 항공기 기술 진보가 시장에 적용되기는 어렵다.

　두 번째로, 항공기 운영 분야에서는 항공기 탑재율 관리, 비행 방식 개선 및 항공기 유지 및 보수 방법 개선과 향상된 항공교통관리(Air Traffic Management : ATM)시스템과 절차 이행 등의 대책을 제시할 수 있을 것이다. 세 번째 대안인 효율적인 정책 도입 방안으로는 지속가능한 발전이라는 테두리 안에서 성장을 허용하는 정책적인 장치들을 포괄적으로 고려해 볼 수 있을 것이다. 이러한 정책적인 장치는 세 가지로 정리할 수 있다. 환경 표준을 제정하고 이행을 규제하는 규제정책(Regulatory Measures), 환경관련 세금 적용이나 경제적 인센티브 제공 및 환경 영향에 의한 비용 부담 등의 시장기반 정책(Market-based Measures), 경제 주체들이 스스로 환경 영향 감축 체제에 참여하도록 하는 자발적 참여 정책(Voluntary Measures 또는 Carbon Offsetting Schemes) 등이 그것이다. 원칙적으로는 정책적 장치들은 비교적 빨리 개정될 수 있고 실행될 수 있다는 장점이 있다. 반면에 항공기 기술 분야의 대안들은 장기적 연구 개발에 기초하고 있다.

　전통적으로는 항공기 엔진과 항공기 동체 디자인 및 성능을 향상시키려는 노력이 있었는데 주로 항공기의 연료 효율을 극대화하는 것에 중점을 두고 있으며, 중량과 동체의 항력을 줄이려는 노력과 엔진의 에너지 전환효율을 극대화하려는 노력 모두를 포함한다. 1960년대부터 지난 40년에 걸쳐, 탑승률(Load Factor)의 증가와 항공기 동체의 디자인 및 엔진 기술의 향상 덕분에 항공기 연료 효율

(Passenger-kilometer당 연료 효율로 정의하는 경우)은 약 70%까지 향상되었다. 항공기 성능은 현재 진행 중인 항공 역학적 효율성의 향상과 더불어 더욱 개선될 여지가 있다. 항공 역학적 효율성은 신소재를 사용하고 통제 및 조종시스템의 혁신을 꾀하며 항공기 디자인의 급진적인 발전(Blended-wing Body의 사용 등)을 통해 향상된다. 그러나 항공기 엔진 기술은 상대적으로 보면 충분히 발달한 상태이지만 단기적으로 엔진 성능이 급격히 나아지는 것은 어려울 것으로 추정된다. 기술분야에서는 대체 에너지 개발이 장기적 이슈로 주목받고 있을 뿐이다.

4 항공환경 이슈에 대한 논의의 진화

항공교통의 환경적 영향에 대한 우려가 새로운 논제는 아니다. 적어도 40년 이상 항공산업 발전과 관련하여 주요 이슈로 끊임없이 논란이 되어왔고 문서화되어 왔다. 환경에 대한 우려가 더욱 일반화됨에 따라 최근에는 항공산업의 환경적 문제에 관한 분석들도 상당한 주목을 받게 되었다. 항공기 소음에 관한 문제는 1950년대부터 공공의 문제로 떠올랐다. 1966년 민간 항공기에 의한 환경적인 문제들은 26개 국가 및 국제항공산업기구들이 참석한 런던 회의에서 논의되었다. 그 당시 항공산업의 환경적 영향의 주된 관심거리는 항공기의 소음이었고, 항공기 소음 영향에 대한 여러 연구들은 1967년 Journal of Sound and Vibration에 게재되었다. 1969년 국제민간항공기구(ICAO)는 Committee on Aircraft Noise(CAN)라는 위원회를 설립해서 항공기의 소음 영향에 관한 국제 기준을 개발했고, 항공기 제작사들에게 더욱 조용한 엔진, 예를 들면 음선(Acoustic Lining)의 사용과 같은 기술적 적용을 장려하였다.

항공기 소음 외에도 비교적 산업의 초기 단계에서부터 여타 다른 환경적 영향들도 논의되기 시작했다. 항공기 엔진 연소로 인한 배출물, 탈지제들(De-greasing Agents), 활주로 및 항공기 제빙 물질, 소화를 위한 물질들이 오염을 일으킨다는 문제들이었다. 특히, 초기의 터보제트 동력 항공기의 검은 매연 형태의 배기가스는 적지 않은 환경적 우려를 자아냈다. 1971년, ICAO는 드디어 1944년 체결된 국제민간항공조약에 대한 부속서 16인 'Environmental Protection'을 채택했다. 이는 배기물질과 소음을 모두 포함하는 부속서이다. 그 직후인 1972년 스톡홀름의 United Nations Conference on the Human Environment(UNCHE)에서 ICAO는 인간 환경의 질에 항공산업이 미치는 영향을 조사하기 위한 결의안(Resolution)을 채택했다. 이러한 조치 과정은 1977년 ICAO 회람 134-AN/94, 항공기 엔진 배출의 규제라는 문서의 편찬으로 귀결되었다.

이 문서는 ICAO가 제안한 누출 연료(Vented Fuel) 관리법, 신 아음속 항공기 엔진의 스모크 및 기타 오염물질 관리·규제에 관한 내용을 포함하고 있다. 그밖에 지역이나 국가 차원의 대기오염에 대한 대책도 결실을 맺었다. 예를 들어, 미국의 환경청(US Environmental Protection Agency)은 항공기 배출가스를 규제하기 시작했다. 1977년, ICAO는 Committee on Aircraft Engine Emissions(CAEE)를 설립했고 1981년까지 이 위원회는 항공기가 배출하는 네 가지 오염물질인 일산화탄소(CO), 연소되지 않은 탄화수소(HCs), 질산화물(NO_x) 및 스모크에 대한 허용 기준을 설정했으며, 의도적인 엔진 연료 분사를 금지시켰다.

초기에는 항공활동에 의한 지역적 환경영향(Localized Environmental Impact)에 초점을 맞추었지만(공항지역의 대기의 질 및 소음), 1970년대부터는 전 지구의 대기권에 미치는 항공기의 환경영향도 논의되기 시작했다. 전 지구적인 영향은 성층권을 비행하는 아음속 항공기들의 비행활동과 관련지어 연구되었다. 일부 학자들은 이러한 고고도를 운항하는 비행기에서 나오는 질산화물 배출물들은 성층권의 오존을 고갈시킬 것이라고 주장했다. 그러나 민간용 아음속 비행기는 제작, 운영되는 대수가 적었고(Concorde와 Tupolev Tu-144), 대형 초음속 비행기는 개발되지 못하여 심각한 이슈가 되지는 못했다.

위의 내용을 토대로 정리하자면, 1970년 대 초반부터는 항공산업의 환경영향에 대한 저술들은 오늘날 자주 회자되는 세 가지 문제에 대해 다루었다. 이는 즉, 항공기 소음, 공항지역 대기오염, 전 지구 대기에 미치는 영향을 말한다. 초기에는 이러한 문제들이 공항의 용량을 제한하거나 정밀 검사를 요구할 정도는 아니었다. 학자들은 공항 용량이 대기오염과 소음에 미치는 영향을 연구했고 공항 운영과 관리에 환경문제를 고려하도록 했다. 연료 최적화와 관련된 문제들(연료 효율을 증가시키기 위한 운영적인 측정방법을 포함)과 항공기 크기가 운영비용에 미치는 영향 또한 연구되었다.

1983년 ICAO는 "항공환경보호위원회(Committee on Aviation Environmental Protection : CAEP)"를 설립했다. 이 위원회는 앞에서 언급했던 CAN과 CAEE를 대체하는 위원회이다. CAEP는 오늘날까지 왕성하게 활동하고 있으며, ICAO가 현재 수행하고 있는 환경보호 활동의 전 분야를 포괄하여 책임지고 있다. 항공기 소음은 1980년대와 1990년대까지는 항공기 소음에 대한 민원이 증가함에 따라 가장 주된 관심사였다. 그러나 1980년대 후반과 1990년대 초반에는 기후변화라는 새로운 환경문제가 부상하였다. 특히, 일부 과학자들은 아음속 항공기가 대기화학(Atmospheric Chemistry)과 기후민감성(Climate Sensitivity) 측면에서 예민한 고고도(성층권 하부와 대류권 상부)에서 순항하면서 배출하는 배기가스들이 기후변화에 미치는 영향이 매우 중대하다는 것을 발견하였다. 항공기가 지구 기후에 미치는 영향에 대한 우려는 초기에는 대류권 상부와 성층권 하부의 오존을 생성하는 질산화물의 역할에 초점을 맞추었다. 왜냐하면 그 고도에서 오존은 강력한 온실가스가 되기 때문이다. 이때부터 항공기가 기후에 미치는 다양한 영향이 연구되었다.

1992년, ICAO는 민간 항공과 관련된 환경문제 총서(Inventory)를 만들었다. 여기에는 항공기 소음, 공항지역 대기의 오염, 지구 대기에 미치는 영향, 공항과 인프라 구조 건설이 미치는 영향, 수질 및 토양오염, 쓰레기 발생, 항공기 사고 및 준사고로 인한 환경오염 등이 포함되어 있다. 그때부터 항공교통 산업은 환경적 우려에 대응하기 위한 많은 과제에 직면하였으며, 항공사들은 엄격한 환경 기준을 충족해야만 했다.

표 1-1-2 항공환경문제에 관한 ICAO 총서(Inventory) 항목

환경에 미치는 영향	예시
항공기 소음	• 항공기 운항 • 엔진 테스트 • 공항 운영자원 • 소닉붐(초음속 비행을 하는 항공기에 의한 충격파가 지상에 도달하여 발생하는 굉음)
공항지역 대기오염	• 항공기 엔진 배출물 • 공항운용용 자동차에서 나오는 배출물 • 공항접근교통에서 나오는 배출물 • 그 외의 다른 공항 자원에서 나오는 배출물
범지구적 현상	• 장기적인 대기오염(예 : 산성비) • 온실효과 • 성층권 오존의 고갈
공항 · 기반시설 건설	• 토지의 손실 • 토양 침식 • 강물 흐름, 지하수면, 들판에 미치는 영향 • 배수시설 • 지역의 동식물에게 미치는 영향
수질 · 토양 오염	• 공항에서 흘러넘치는 오염물질로 인한 오염 • 저장탱크의 누수로 인한 오염
쓰레기 발생	• 공항 폐기물 • 비행 중 발생하는 폐기물 • 항공기 정비 및 유지보수에서 나오는 오염물질
항공기 사고 · 준사고	• 위험물 운반 항공기의 사고 · 준사고 • 항공기 사고로 인한 환경문제 • 연료 방출(Fuel Dumping)과 관련된 긴급절차들

출처 : Crayston(1992, 5), Price와 Probert(1995, 140)의 내용을 변형

항·공·환·경·과·기·후·변·화

항공기 소음

항공환경과 기후변화

제 2 장

항공기 소음

1 개요

공항은 지역 주민들에게 항공교통서비스를 제공하고 지역경제를 활성화한다는 측면에서 중요한 사회기반시설로 인식한다. 더욱이 최근에는 국제무역의 증가와 IT기술의 발달로 국가 간 물적, 인적교류가 증가하면서, 안전하고 효율적인 공항 운영을 통한 원활한 항공교통서비스의 제공에 대한 중요성이 날로 증대되고 있다. 안전하고 효율적으로 공항을 운영하기 위해서는 공항의 건설과 운영으로 인해 해당 지역에 미치게 될 다양한 경제적, 사회적, 문화적 영향들을 충분히 고려해야 한다. 이와 관련해 최근 가장 큰 문제가 되고 있는 것이 바로 공항운영으로 인한 환경적 문제이다. 공항운영으로 인한 환경적 문제는 크게 온실가스를 비롯한 유해물질 배출과 항공기 소음으로 구분해 볼 수 있으며, 그 중에서도 항공기 소음은 공항주변 환경에 미치는 영향 가운데 가장 직접적이고 민감한 문제 중 하나이다. 항공기 운항으로 인한 소음은 공항 주변과 항공기의 이 · 착륙 항로 아래 지역에 살고 있는 사람들에게 불편을 초래하게 된다. 특히, 전 세계 대부분의 주요 공항들이 수도권 내 인구밀집지역 혹은 그 인근에 위치하고 있기 때문에 공항에서 발생하는 항공기 소음은 항공교통서비스 대상과 그렇지 않은 대상 모두에게 피해를 발생시킨다.

오랫동안 항공기 소음 문제는 인간의 신체적, 생리적, 심리적, 사회적인 요소들이 결합된 복잡한 문제로 인식되어 왔다. 예를 들면, 항공기 소음은 사람들 간의 의사소통이나 레저활동에 불편함을 초래하거나, 고도의 집중을 요하는 활동에 지장을 주어 사람들의 야외활동에 대한 의욕을 잃게 하는 등 인간의 삶의 여러 가지 부정적인 영향을 미치는 것으로 드러났다. 또한 항공기 소음은 사람들의 휴식과 수면을 방해하여 이로 인한 스트레스와 불안감 발생의 원인이 되기도 하며 이는 곧 다양한 질병의 발생으로 이어지기도 한다. 특히 어린이와 노약자 등이 소음으로 인한 위험에 심각하게 노출되어 있는 경향이 크기 때문에, 항공기 소음으로 인한 피해를 최소화하고 공항주변의 쾌적한 환경 조성을 위해서 주요 공항 주변과 항공로 인근에서 발생하는 항공기 소음은 효과적으로 관리되어야 한다.

1960년대 이후 항공기 동체와 엔진 기술이 급속하게 발전하는 동안에도 항공기에서 발생하는 소음문제는 사실 그다지 중요한 문제로 인식되지 않았다. 그러나 항공교통량의 증가와 환경문제에 대한 사람들의 인식이 점점 높아짐에 따라 국제민간항공기구(ICAO)가 항공기 소음문제를 엄격하게 관리하기 시작했으며, 이후 소음이 심한 노후한 항공기 대신 소음이 덜한 최신 항공기 개발과 운항이 본격적으로 시작되게 되었다.

항공기 소음을 줄이기 위한 기술 개발은 주로 환경문제에 관심이 높은 유럽과 북미 그리고 아시아 일부 국가를 중심으로 활발하게 진행되었다. 소음이 적은 최신항공기의 도입을 늘리고 일부 주요 공항에서는 소음에 특히 취약한 야간시간에는 일정 소음기준 이하의 항공기만 운항을 허용하는 새로운 규정을 도입하면서 1980년대 이후, 주요 공항에서 항공기 고(高)소음으로 피해를 입는 사람들의 수가 급격하게 감소했다.

그러나 항공기 소음문제를 효과적으로 관리하는 것이 생각만큼 그렇게 간단하지가 않다. 항공기 소음개선을 위한 기술 개발이 꾸준히 진행되고 있음에도 불구하고 최근 몇 세기 동안 항공교통량이 급격히 증가하면서 오히려 주요 공항 주변에서 항공기 소음으로 인한 피해를 호소하는 사례가 더욱 빈번하게 발생하고 있다. 최근에는 산업화된 국가에서 국민건강, 웰빙(Wellbeing), 삶의 질 등에 관심이 높아지면서 소음문제를 예전보다 더욱 민감하게 받아들이게 되면서, 좀 더 높은 수준의 소음규제가 불가피하게 되었다. 특히 공항주변에 사는 사람들은 개인의 건강과, 웰빙 그리고 삶의 질에 대한 기준이 점점 높아져 소음을 비롯한 기타 환경문제에 대해 조금의 양보도 하지 않으려는 경향을 보이고 있다. 따라서 항공기 소음문제는 아주 복잡하고 주관적인 문제이면서 동시에 정치적인 문제라고 볼 수 있다.

항공교통량의 증가에 따라서 공항주변의 소음 발생 빈도가 예전보다 높아짐과 동시에 항공기 소음에 대한 사람들의 기대 혹은 요구 또한 높아졌다. 따라서 항공기 소음문제를 정확하게 이해하고 효과적으로 관리하는 것은 공항운영 뿐만 아니라 지속적인 항공운송산업의 발전 측면에서도 굉장히 중요한 사안이 되었다. 최근에는 항공기 소음 등 환경문제 발생을 우려하여 공항 개발 및 운영을 반대하는 사람도 늘고 있다. 이는 향후 항공운송산업의 성장을 가로막는 걸림돌이 될 수 있는데, 이 때문에 이미 유럽의 일부 주요 공항에서는 엄격한 소음관리와 규제를 통해 공항의 지속가능한 발전을 위해 노력하고 있다. 따라서 공항개발, 좀 더 일반적으로 항공운송산업의 지속적인 발전을 위해서는 사회 취약계층을 비롯한 공항 주변 사람들을 항공기 소음을 비롯한 환경문제로부터 적절히 보호하는 것이 필요하다.

이러한 관점에서 본 장에서는 항공기 소음에 대한 정확한 개념을 설명하고, 소음으로 인한 다양한 문제들을 살펴보기 위해 관련용어와 일반적인 항공기 소음 측정법 등에 대해 간단히 소개한다. 또한 항공기 소음이 사람들 간의 의사소통, 여가활동, 수면 등을 방해하는 등 인간의 삶에 미치는 여러 영향에 대해 알아보기로 한다. 이 중 서로 중복되는 부분이 많고 특히 이러한 소음이 공항주변 주민들의 건강과 삶에 미치는 영향이 크기 때문에, 공항개발 및 운영 시 일부 비효율적인 부분이 있더라고 가능한 항공기 소음으로 인한 피해를 최소화하는 방향으로 공항을 개발하고 운영하려는 노력이 있어야 한다. 따라서 본 장에서는 항공기 소음으로 인한 피해를 줄일 수 있는 기술적, 운영적, 정책적인 방법에 대해서도 살펴보기로 한다.

2 항공기 소음측정과 소음장애

항공기 소음은 항공기 운항으로 인한 소리의 발생(Generation), 전파(Propagation), 감지(Sensation) 그리고 인지(Perception)를 모두 포괄한다. 물리학적 관점에서 소음은 기압(Air Pressure), 파장(Wavelength), 주파수(Frequency), 진폭(Amplitude)과 순도(Purity)의 변화로 나타낼 수 있다.

소리의 강도를 측정하는데 사용되는 가장 일반적인 방법은 데시벨(dB)로, 사람이 감지할 수 있는 소리의 평균 임계값을 기준으로 특정 소리의 강도를 로그 스케일(Logarithmic Scale)로 나타낸다. 이와 관련된 측정방법 중 하나는 A~가중 데시벨(A~Weighted Decibel)로, dB(A)라고 쓰고 사람의 귀로 들을 수 있는 소리의 범위에 따라 특정 소리 주파수에 가중치를 두고 소리의 크기를 측정하는 것이다. 따라서 A~가중 데시벨은 사람의 귀가 어떤 소리를 듣고 반응하는지 그 물리적인 반응을 가장 정확하게 측정할 수 있는 방법이라고 볼 수 있으나, 그 소리를 들었을 때 동시에 발생할 수 있는 불쾌감과 같은 인간의 감정변화를 측정하는 데에는 한계가 있다.

미 연방항공청(FAA)에서는 "소리란 공기를 통해 사람의 귀에 전달되는 복잡한 진동이다. 소리에는 듣기에 즐겁고 아름다운 소리가 있는 반면, 사람들이 듣고 싶지 않는 불쾌한 소리도 있다. 이 때, 사람들이 듣고 싶어 하지 않는 소리를 소음"이라고 규정한 바 있다. 그러므로 소음(Noise)은 일반적으로 소리가 크고 귀에 거슬리거나 들었을 때 불쾌감을 느끼게 하는 소리라고 할 수 있으며 사람들에게 바람직하지 않은 영향을 미치는 소리로 정의할 수 있다. 배경소음(Ambient Noise)은 특정 위치에서 특정 사람이 들을 수 있는, 일정하게 발생하는 잡음으로, 각각 다른 거리에서 발생하는 모든 소리를 합한 것을 말한다. 공항에서는 항공기 운항뿐 아니라 공항시설의 유지 및 관리, 냉·난방시스템 및 발전소 가동, 공항 지상조업 차량 운영 등에 의해 다양한 소음이 발생하므로, 공항에서의 배경소음은 다른 곳에 비해 상대적으로 높은 편에 속한다. 그러나 항공기의 직접적인 운항으로 인해 발생하는 소음을 제외하면 그 밖의 소음은 다른 상업지역 및 공업지역에서 발생하는 소음보다 낮거나 비슷한 수준이라고 할 수 있다. 이 때문에 항공운송산업에서 말하는 소음은 항공기의 직접운항으로 인해 발생하는 소음이 가장 큰 비중을 차지하며, 특히 항공기 엔진에서 발생하는 소음과 항공기가 고(高)항력 기동을 하기 위해 랜딩기어와 플랩을 내리고, 속도조절장치(Speed Brake)를 사용할 때 기체에서 발생하는 엄청난 난류로 인한 소음이 가장 중요하다고 볼 수 있다. 여기에 항공기의 지상이동, 엔진시동, 보조동력장치(APU)의 사용을 통해서도 상당한 소음이 발생할 수 있다.

미연방항공규정 FAR Part 150은 다양한 소음측정방법과 항공기 소음이 공항주변지역에 미치는 영향에 대해 규정하고 있다. 일반적으로 소리(Sound)는 비교적 객관적인 방법을 통해 측정이 가능하나 인간이 듣고 싶지 않는 소리인 소음(Noise)은 인간이 소음에 대해 갖는 태도와 같은 심리적인 요인이 개입될 가능성이 크기 때문에 매우 주관적인 문제가 될 수 있다. 예를 들어, 저고도에서 헬리콥터가 발생시키는 소음에 대해서 일반적으로 사람들은 처음에는 불쾌한 감정을 느끼지만 그것이 인명구조나 화재진압과 같은 특수목적을 위한 것임을 알게 된다면 소음에 대해 좀 더 관대해지는 경우가 많다는 것이다. 소음을 보다 정확하게 측정해 이로 인한 피해를 수치화하고 소음피해를 최소화하기 위해 A~가중 데시벨(dBA)이나 감각소음효과데시벨(Effective Perceived Noise deciBels : EPNdB)과 같은 소음측정법들이 개발되어 사용되고 있으며, 이러한 방법들은 인간의 귀로 들었을 때 가장 민감한 특정 주파수에서 발생하는 소음에 일정량의 가중치를 부여해 소음을 측정하고 있다.

앞에서 살펴본 단순한 수준의 소음측정방법 외에도 한 번 발생하는 소음의 강도뿐 아니라 하루 동안 유사한 소음에 얼마나 자주 노출되는지를 반영한 소음폭로예측(Noise Exposure Forecast : NEF), 등가생활소음레벨(Community Noise Equivalent Level : CNEL)과 주야평균소음레벨(Day/Night Average Sound Level : Ldn)과 같은 방법들도 개발되어 사용되고 있다. FAA 역시 항공기 인증 시 개별 소음값 측정을 위해 감각소음효과데시벨(EPNdB)을 사용하고 있다.

FAA는 해당 지역의 소음수준에 따라 적절한 용도로 토지를 사용할 것을 권고하고 있는데, FAA의 가이드라인에 따르면 일반적으로 주거용 건물은 65Ldn 이하 지역에 위치하여야 하며, 80Ldn이나 85Ldn 이상의 고소음지역은 주차장이나 교통시설로 활용할 것을 권고하고 있다. FAA는 공항주변 각기 다른 다양한 지역에서 수집한 소음관련 데이터를 Integrated Noise Model(INM)이라는 소프트웨어를 통해 소음피해지역을 소음수준별로 구분한 소음피해지도를 제작해 소음의 측정과 피해지역 예측 및 소음저감책 연구 등에 활용하고 있다. 국제민간항공기구는 항공기 소음증명제도를 도입하여 소음 기준에 미달하는 항공기는 국제민간항공에 이용되지 못하도록 규제를 하고 있는데 이 때 사용되는 소음 측정 단위는 FAA와 마찬가지로 감각소음효과데시벨(EPNdB)을 사용한다.

항공기 소음은 같은 크기라도 사람마다 느끼는 정도가 다르기 때문에 상당히 주관적인 문제이며 소음발생과 소음이 사람에게 미치는 영향 사이에는 복잡하고 미묘한 관계가 있다. 따라서 항공기 소음을 측정하는 가장 이상적인 방법은 사람이 항공기에서 발생하는 소음을 직접 들었을 때 느끼는 불쾌감 등을 포함해 전반적으로 나타나는 신체적, 감정적인 변화를 측정해야 하는 것이지만 사람의 주관적인 느낌과 감정을 실질적으로 정확하게 측정하는 것은 거의 불가능하기 때문에, 측정 가능한 요소들을 활용하는 방법을 개발해 왔다. 주로 소음에 노출되는 정도와 평균적인 소음 수준을 고려하여 평가하는 것이 일반적인 논리인데, 〈표 1-2-1〉에서 보는 바와 같이 다양한 요인을 고려하여 산출하는 방법들이 개발되어 사용되고 있다. 이들 방법들은 개별적인 항공기 운항으로 인해 발생하는 소음(개별값)과 특정 기간 동안 항공기 운항으로 인해 발생하는 전체소음(누적값), 특정 기간 동안 운항하는 모든 항공기에서 발생하는 평균소음값(시간-평균값)을 측정하여 활용하고 있다.

개별 소음값은 대개 소음발생 즉시 측정한 소음의 최대 소음레벨(L_{max})이나 또는 소음노출레벨(Sound Exposure Level : SEL)로 나타내는데, 이 두 가지는 모두 항공기가 특정지역 상공을 통과하는 아주 짧은 시간동안 지상의 특정 위치에서 측정되는 최대 소음크기를 의미한다.

이와는 반대로, 시간-평균값(Time-averaged Measurement)은 특정시간 동안 발생한 항공기 소음과 관련된 평균적인 열량(Energy)을 나타내며 이는 낮, 오후, 야간 등 시간대에 따라 일정 소음을 가산하여 보정한 값을 사용한다. 예를 들면, 오랜 시간 동안 평균적인 소음도를 나타내는데 사용되어 온 등가소음레벨(Leq)의 경우 57dB(A)의 16시간 Leq라는 것의 의미는 57dB(A)의 소음이 16시간동안 지속되는 것과 같은 크기의 소리 에너지가 발생하는 소음발생원을 의미한다. 이처럼 시간-평균값은 항공기 소음을 측정하는 데 있어 가장 일반적으로 많이 사용되는 방법인데 그 이유는 시간-평균값이 공항 주변에서 발생하는 소리에너지의 평균값을 나타낼 수 있어 소음으로 인한 피해지역을 예상할 수 있기 때문이다. 그러나 항공기 소음을 이 시간-평균값으로 측정하는 데에도 전혀 문제가 없는 것은 아니다.

표 1-2-1 항공기 소음측정 방법의 종류

측정방법		의미
개별값 측정	최대 소음레벨 (Lmax)	항공기가 특정지역 상공을 통과하는 시간 동안 지상의 특정 위치에서 측정되는 개별적인 소음의 최대값(A~가중). 최대소음레벨을 통해 최대소음값은 알 수 있으나 소음의 지속시간은 알 수 없음
	소음 노출레벨 (SEL)	항공기가 특정지역 상공을 통과하는 시간 동안 지상의 특정 위치에서 측정되는 전체 소리에너지의 양. 소음노출레벨은 최대소음레벨 뿐 아니라 소음의 지속시간과 소음의 강도도 알 수 있음
시간-평균값 측정	등가 소음레벨 (Leq)	여러 대의 항공기가 특정지역 상공을 통과하는 동안 지상의 특정 위치에서 측정되는 평균적인 소리에너지 값. 예를 들어, 등가소음레벨 57dB(A)의 16시간 Leq라는 것의 의미는 57dB(A)의 소음이 16시간 동안 지속되는 것과 같은 크기의 소리 에너지가 발생하는 소음발생원을 의미함. 그러나 등가소음레벨은 오후나 야간시간에 발생하는 소음을 가산하지 않음
	주야평균 소음레벨 (DNL 또는 Ldn)	하루 24시간 동안 발생한 평균적인 소음에너지로 야간시간에 발생하는 소음을 가산하여 보정한 값. 야간시간대(2200~0700)에는 10dB을 가산하여 계산함

	조주야 평균 소음레벨 (Lden)	하루 24시간 동안 기록된 평균적인 소음에너지로 오후와 야간시간대에 발생하는 소음을 가산하여 보정한 값. 오후시간대(1900~2300)에는 5dB을 가산하고, 야간시간대(2300~0700)에는 10dB을 가산하여 계산함
	등가생활 소음레벨 (CNEL)	등가생활소음레벨은 조주야평균소음레벨과 비슷하며, 하루 24시간 동안 기록된 평균적인 소음에너지로, 오후와 야간시간대에 발생하는 소음을 가산하여 보정한 값. 오후시간대(1900~2300)에는 5dB을 가산하고, 야간시간대(2200~0700)에는 10dB을 가산하여 계산함
누적값 측정	N70 contours	특정시간 동안 70dB(A) L_{max}를 초과하는 소음값을 합한 값

항공기 소음 노출 수준을 측정하는데 가장 흔히 활용되는 것은 시간-평균값이다. 이 값은 특정 지역에서 단위 시간 동안(대개 8시간, 12시간, 16시간 단위를 활용함) 소리에너지의 전달량에 근거하여 산출하는데 항공기 운항횟수와 매 비행편당 발생하는 소리 크기의 함수이다. 등가소음레벨(Leq)은 오후나 야간 등에 발생하는 소음에 대해 특별히 가산하거나 조정하는 절차 없이(소음발생시간과 관계없이) 낮 16시간 동안 동일하게 고려하여 평균값을 산출하는 방법이다. 주야평균소음레벨(DNL 또는 Ldn)은 등가소음레벨과 마찬가지로 하루 동안 발생한 소음의 평균값을 나타내지만, 등가소음레벨과는 달리 대부분의 사람들이 수면을 취하는 야간시간대 발생한 소음의 민감도가 다른 시간대보다 높은 점을 감안하여 야간시간대에 발생한 소음에 대해서는 일정 소음을 가산하여 나타낸다. 일반적으로 야간시간대는 2200~0700시까지를 말하며, 이때 발생한 소음에는 10dB의 가중치를 부여한다. 주야평균소음레벨보다 조금 더 정밀하게 보정하여 사용하는 것이 조주야평균소음레벨(Lden)로, 야간시간대 뿐만 아니라 1900~2300시까지의 오후시간대에 발생한 소음에 대해서도 가중치를 부여한다. 오후시간대와 야간시간대 부여하는 가중치는 각각 5dB, 10dB이다. 등가생활소음레벨(CNEL)은 조주야평균소음레벨과 유사한 소음측정방법으로, 하루 24시간 동안 발생한 소음에 대해서 오후(1900~2200시)와 야간시간대(2200~0700시)에 발생하는 소음에 각각 5dB, 10dB씩 가산하여 보정한 값을 활용한다.

이와 같은 소음값 정의에 따라 산출된 소음 수준들을 효과적으로 활용하기 위해서는 측정방법에 대한 정확한 이해와 해석이 필요하다. 가장 일반적으로 소음 피해지역을 표현하는 방법 가운데 하나는 공항 주변지역을 소음이 노출되는 정도에 따라 지도에 곡선이나 직선 등을 이용해 시각적으로 표시하는 것인데 '소음 등고선(Noise Exposure Contour)'이라 한다. 소음등고선은 항공기 운항에 의하여 동일한 Leq값의 소음에 노출되는 지점을 연결하여 폐곡선으로 표현한다. 이렇게 구분된 각 구획은 항공기 운항으로 인해 발생하는 소음이 비슷한 것으로 간주할 수 있기 때문에 소음피해지역은 공항 주변지도상 지형학적으로 같은 고도를 연결한 등고선과 유사한 모양을 갖는다. 소음등고선은 공항에서 출발하거나 도착하는 항공기에서 발생하는 소음을 전부 측정하여 산출한다. 하루 동안 공항에서 발생하는 소음 가운데 특히 낮시간대에 소음이 많이 발생하는 공항의 경우, 등가소음레벨값(평균적인 소음도를 반영)이 실제값과 차이가 날 수 있고, 이는 주야소음레벨값을 왜곡시킬 수 있다.

소음등고선을 소음노출수준(Sound Exposure Level : SEL)을 이용하여 제작하는 경우도 있다. 이 경우 소음노출레벨에 의해 연결된 선은 이륙, 착륙, 통과 등 항공기의 운항단계별로 발생하는 소음의 분포를 나타내고, 이 값이 같은 점들을 연결하면 완성된다. 그러므로 90dB(A) SEL은 소음노출레벨이 90dB(A) 이상인 곳들을 나타내는 것이다. 소음등고선을 표현하는 또 다른 방법은 N70으로, 최대 소음값을 이용하는 방법이다. N70은 최대소음레벨(L_{max})이 70dB(A)을 초과하는 항공기 운항편수가 특정 횟수를 초과하는 지점을 나타낸다. 일반적으로 N70은 10회에서 500회까지 70dB(A)을 초과하는 소음이 발생하는 빈도에 따라 지역을 구분하기 위해 사용된다.

소음노출레벨(SEL)을 이용해 소음피해지역을 작도하기 위해서는 각기 다른 항로를 운항하는 개별적인 항공기 운항에 대해 매번 소음수준을 계산해야하기 때문에 이 방법은 등가소음레벨을 이용하는 것보다 훨씬 더 복잡하다. 따라서 실질적으로는 많이 사용되는 방법은 아니며, 미연방항공청(FAA)의 통합소음모델

(Integrated Noise Model : INM)과 같이 등가소음레벨을 사용하는 것이 기본적인 항공기 소음 모델링에 상대적으로 더 적합하다고 볼 수 있다.

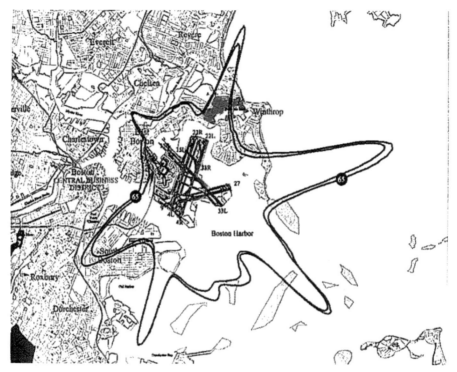

그림 1-2-1 Noise contours for Boston/Logan Airport

출처 : "Airport Systems Planning, Design, and Management", p.181.

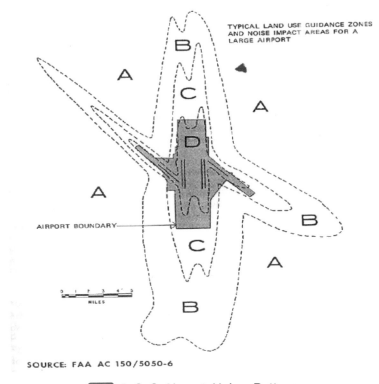

SOURCE: FAA AC 150/5050-6

그림 1-2-2 Airport Noise Patterns

출처 : "The Administration of Public Airports", p.165.

　소음등고선(Noise Exposure Contour)이나 소음궤적선(Footprint)은 각 공항의 전체적인 소음환경을 시각적으로 나타내는 데 있어 아주 유용한 방법이고 이를 통해 다양한 항공기 기종이나 운항항로, 비행절차 등에 따른 소음피해도 예측해 볼 수 있다. 특히, 야간시간대 항공기 운항으로 인해 소음피해가 우려되는 지역을 예상할 수 있어 항공기 소음과 해당지역에 살고 있는 사람들의 수면장애 간의 관계를 규명하는 데에도 활용될 수 있다.

　또한 소음등고선 지도는 공항운영자가 소음피해에 따른 토지매입 및 방음시설 설치 등의 소음피해 보상계획을 수립하는 데 있어서도 유용하다. 더욱이 지금까지 살펴본 다양한 종류의 소음피해지역 구분방법들을 적절히 결합해 사용한다면, 향후 신공항 건설이나 항공관련 기술 개발 및 운항절차 개선에도 활용할 수 있다.

예를 들어, 소음모델을 이용하면 기존공항에 새로운 활주로를 추가로 건설하고자 할 때 소음피해지역을 사전에 예측함으로써 활주로의 위치나 방향을 적절히 변경해 활주로 추가건설로 인한 소음피해를 최소화 할 수 있게 되는 것이다. 그러나 이와 같은 방법들은 항공기에서 발생하는 소음이 인간의 삶에 미치는 영향을 완전히 판단하기에는 부적절한 것이 사실이다.

따라서 공항주변에서 발생하는 소음이 그 주변지역 주민들의 삶에 어떠한 영향을 미치는 지 분석하기 위해 지금까지 살펴본 소음피해지역과 소음도 등을 지역주민들을 대상으로 한 설문조사 결과와 비교해 볼 필요가 있다. 예를 들어, 공항당국은 공항 주변 주민들의 소음관련 불만유형을 평균적인 소음피해지역(Leq 또는 SEL값 이용)의 분포와 단일발생 소음레벨(L_{max} 또는 SEL값 이용)을 통해 얼마만큼 상관관계가 있는지 비교해 보는 것이다.

조사결과 항공기 운항횟수가 늘어나서 소음이 발생하는 빈도가 높아지면 소음불만이 증가하는 것으로 나타났다. 또한 항공기 소음은 소음발생시간에 따라 아주 큰 영향을 받는데, 하루 중 야간시간대에 발생하는 소음에 대한 민감도가 가장 높은 편으로 나타났다. 항공기의 소음도는 이 외에도 다른 여러 가지 요인들에 의해 좌우되기 때문에 이를 명확하게 규정하기 어려운 경우가 대부분이다. 따라서 앞으로 N70이나 시각적·청각적 기술을 결합해 항공기 소음의 발생빈도와 소음의 강도를 정확하게 측정하기 위한 여러 가지 방법들을 추가적으로 연구·개발 할 필요가 있을 것이다.

이와 관련해 최근 공항주변 소음이 주변지역에 살고 있는 사람들에게 미치는 영향을 분석하기 위한 다양한 연구가 진행되고 있으며, 특히 Leq를 활용한 다양한 방법들이 활발히 개발되고 있다. Leq를 이용해 얻은 정보들은 각 공항별 평균 소음피해도를 비교하거나, 동일 공항에서 서로 다른 방법으로 얻은 소음값을 비교하는 데 있어 상당히 유용하다. 따라서 Leq와 DNL을 이용한 방법은 최소한의 공항 개발 및 운영에 관한 정책을 입안하는 경우, 가장 기본적인 툴(Tool)을 제공할 수 있을 것이다. 그러나 Leq와 DNL값을 일반적으로 대중들이 이해하고 해석하기에는 다소 어려울 수 있기 때문에 N70을 이용한 추가적인 정보로 보완하는 것이 바람직하다.

일반적으로 공항운영자들은 소음피해지역에 관한 정보와 항공기 소음발생과 관련된 다양한 자료들을 오랜 기간 데이터베이스화하여 보관한다. 이와 관련하여 어떤 자료가 항공기 소음으로 인한 영향을 가장 잘 나타내는지에 대해 여러 이해관계자들 간에 논란은 계속되어 왔다. 1dB의 소음은 인간이 감지할 수 있는 가장 낮은 수준의 소음이며, dB값은 대수(對數 : Logarithm)이므로 3dB의 증가는 소음이 약 2배 증가하는 것을 의미한다.

영국 교통부(Department for Transport : DfT)는 일반적으로 57dB(A) Leq값 이상의 소리를 항공기로 인해 발생하는 '상당한 수준의 소음'으로 구분하며, 90dB(A) SEL 이상의 소음은 '일반적인 사람이 잠에서 깰 수 있는 수준의 소음'으로 규정하고 있다. 57dB(A) Leq값의 중요성은 영국 교통부가 1985년 발간한 영국의 항공기 소음지표연구(United Kingdom Aircraft Noise Index Study : ANIS)에서 강조되고 있다. 이와 동시에 50dB(A) Leq값도 '소음의 기준값'으로 가장 흔하게 사용되는데, 50dB(A) 이하의 값은 인간에 미치는 영향이 거의 없는 것으로 간주하되, 55dB(A) Leq는 몇몇의 사람들에게 불쾌감을 느끼게 할 수 있는 정도의 소음이라고 규정하고 있다. 그리고 90~100dB(A) SEL은 일반적인 사람이 잠을 자다가 해당 소음으로 인해 잠을 깰 확률이 1/75인 정도의 소음이라고 규정하고 있다.

당연히 이러한 값들은 평균값이며, 소음은 상당히 주관적인 문제이며 사람마다 느끼는 정도가 다르기 때문에 아주 작은 소리도 소음이라고 느끼고 불편함을 느끼는 사람들이 있는 반면, 아주 큰 소음에도 별다른 영향을 받지 않는 사람들이 있을 수 있다. 따라서 '소음의 기준값'이라고 하는 것은 가장 많은 사람들이 일반적으로 느끼는 소음수준을 근거로 정해진 값이라고 볼 수 있고, 이러한 기준값들도 언제든지 바뀔 수 있다.

그밖에도 일반적으로 항공기 기종과 엔진종류, 해당 지역의 경제적 · 사회적 · 문화적 환경, 환경문제에 대한 관심도와 같은 다양한 요인들이 항공기 소음피해에 영향을 주는 것으로 인식된다. 그러나 현재 기준값으로 사용되는 57dB(A) Leq값은 오래전인 1985년에 선정된 값이기 때문에, 현재 항공기 소음으로 인한 피해

주민의 규모와 해당주민들의 삶의 질에 미치는 영향, 실제 피해지역 및 피해예상 구역 등을 정확하게 예측하는 데 한계가 있는 것이 사실이다. 따라서 이러한 한계를 극복하고 항공기 소음으로 인한 피해를 최소화하기 위해서는 앞으로 더 많은 연구가 진행되어야 할 것으로 보인다.

3 항공기 소음 영향

공항주변 소음피해지역에 살고 있는 주민들의 소음피해 민원은 공항운영과 동시에 끊이지 않고 지속적으로 제기되어 왔다. 항공기 소음은 사람들 간의 일상적인 대화나 수면을 방해해 정상적인 생활에 부정적인 영향을 미치는데, 특히 항공기 소음에 오랜 시간 반복적으로 노출된 사람일수록 스트레스지수와 신경긴장지수가 높고 집중력 저하 현상이 나타난다. 이처럼 항공기 소음은 인간에게 심리적, 생리학적으로 부정적인 영향을 미치는데 이 같은 사실은 과학적으로 입증되었다.

공항운영자와 공항주변 지역 주민들 간의 갈등은 항공운송산업이 등장한 이후부터 발생되었으며, 1960년대 이후 민간항공운송사업용 제트항공기가 본격적으로 항공운항에 도입되면서 항공기 소음이 훨씬 더 심각한 문제로 인식되기 시작했다. 미연방항공청(FAA)은 1960년과 1970년대 사이에 공항주변 토지 가운데 소음으로 인한 피해를 입는 지역의 규모가 약 7배나 증가한 사실을 밝혀내기도 했다.

공항주변에서 항공기 소음으로 인한 피해가 증가하자 FAA는 제트항공기에서 발생하는 항공기 소음과 관련된 새로운 연방규정을 제정하기에 이르렀는데, 미연방항공규정 Part 36-Certificated Airplane Noise Levels에서는 터보제트항공기와 수송기를 설계할 때 적용하는 소음관련기준을 명시하고 있다. 이후 이 규정은 1976년에 한 차례 개정되어, 해당 규정에 따라 소음을 가장 많이 발생시키는 소음발생 1등급 항공기의 사용을 1985년 1월 1일까지 단계적으로 금지하기로 결정했다. FAA는 1977년 이후에도 미국의 항공사들이 소음발생이 심한 노후항공기들을 단계적으로 퇴역시키고 소음 발생이 적은 항공기의 사용을 권장하기 위해 다양한 혜택을 제공했다. 이렇듯 공항주변의 소음피해를 줄이기 위한 노력의 결과 공항 주변 소음피해지역주민의 수가 1975년 700만 명에서 1995년에는 170만 명으로 대폭 감소했다.

소음발생이 심한 항공기를 소음발생이 적은 항공기로 대체하여 소음발생을 줄이는 방법 이외에도, 공항주변의 토지를 소음수준에 따라 적절한 용도로 이용함으로써 항공기소음피해를 최소화하려는 노력도 있었다. FAA가 1985년 1월에 채택한 Part 150-Airport Noise Compatibility Planing에 따라 공항 주변 지역의 소음 측정 시스템을 통해 소음을 측정하고, 이를 기준으로 해당 공간이 소음수준에 적절한 용도로 이용되도록 FAA에서는 소음 감소를 위한 연방정부 차원의 예산을 지원했다.

영국 교통부(DfT)는 "항공기 소음은 공항개발에 따른 가장 부정적인 영향 중 하나이며, 공항주변뿐 아니라 해당 공항에 이·착륙하기 위해 항공기가 지나가는 항로 아래 지역에 살고 있는 사람들에게 미치는 환경적 영향도 중요하게 다뤄져야 한다"고 말했다. 그러나 실상 항공기 소음은 여러 방면에서 사람들에게 영향을 끼치며, 이 중 대부분이 서로 복잡하게 얽혀있기 때문에 해결하기 쉽지 않다.

항공기 소음이 인간에게 미치는 영향은 크게 불쾌감 또는 짜증(Annoyance), 수면장애(Sleep Disturbance), 인간의 삶의 질과 웰빙에 미치는 영향 등으로 구분해볼 수 있다. 먼저 불쾌감은 항공기 소음 때문에 사람들은 의사소통과, 레저활동, 집중을 요하는 활동을 원활하게 수행하지 못해서 발생하며, 이 때문에 결국 사람들이 야외활동을 꺼리기까지 한다. 민간상업용 여객기에서 발생하는 소음은 인간의 청력을 잃게 만들 정도로까지 크지 않다고 대수롭지 않게 생각하는 사람들도 있으나, 작은 소음이라도 주기적으로 노출되게 되면 인간의 스트레스와 불쾌감을 증대시켜 심리적, 생리학적으로 부정적인 영향을 주게 된다. 또한 항공기 소음에 지속적으로 노출될 경우 좌절감과 무력감 등에 시달리게 될 수 있다.

항공기 소음에 대해 지금까지 여러 부정적인 영향이 밝혀졌지만, 아직까지 항공기 소음 그 자체의 특성에 대해서는 명확하게 밝혀진 바가 많지 않다. 특히 그동안 항공기 소음이 인간의 건강에 미치는 영향에 대한 연구들이 활발하게 진행되었음에도 불구하고, 결론이 모호하거나 서로 상반되는 경우가 많아 여전히 논란의 여지가 남아있는 상황이다. 실제로 '건강(Health)'이라는 용어를 두고도 아직까지 명확히 정의 내리지 못하고 있지만, 세계보건기구(WHO)는 "'건강(Health)'을 단순히 질병이나 질환 등이 없는 상태로 인식하는 것이 아니라, 완전한 신체적, 정신적 그리고 사회적 웰빙까지 포함하여 규정"하고 있다(WHO 1999). 따라서 '건강(Health)'이라는 용어를 웰빙이라는 개념까지 확대하여 정의한다면, 항공기 소음으로 인한 스트레스, 분노, 불안감, 좌절감, 수면장애, 인식장애, 의사소통 방해 등을 고려한 후에, 소음이 건강에 미치는 영향에 대한 논쟁이 재가열될 것으로 보인다.

오랜 동안 항공기 소음 문제는 물리적, 심리적, 생리적, 사회적으로 복잡하게 상호 연관되어 왔다. 물리적 요인으로는 항공기 소음 발생에 영향을 미치는 항공기의 기종, 엔진의 종류, 항공기 형상(Aircraft Configuration), 비행단계 및 기상상태 등이 있다. 특히 비행단계 별로 고(高)진폭의 소음을 발생시키는 구간은 항공기가 추력을 많이 사용하는 이륙(Take Off)구간, 역추력(Reverse Thrust)을 많이 사용하는 착륙(Landing)구간, 실패접근(Missed Approach or Go Around)구간 그리고 엔진 테스트(Engine Test)구간 등이 있다. 이러한 여러 물리적 요인들은 소리의 진폭, 주파수 및 여러 청각적 특성에 영향을 미친다.

이러한 물리적 요인들 외의 다양한 심리학적, 사회학적 요인이 있으며, 건강, 스트레스, 불안감, 신념, 가치관, 기대감, 사회·경제학적 지위, 문화적 환경과 생활방식 등이 그 예이다.

- 경제적인 부(Affluence), 생활태도, 신념, 문화, 생활방식, 가치관 등
- 항공운송으로 인한 지역·사회·국가적 차원의 경제적, 사회적 편익
- 향후 항공교통량 증가로 인한 사회·경제적 한계 및 문제점 인식 여부

- 대상자의 사회 · 경제적 지위와 항공교통에 대한 의존성 및 다른 교통수단의 이용 가능성
- 공항개발에 대한 지역주민들의 반대 논의의 강도

이러한 다양한 요인들은 서로 연관되어 있으며, 이에 따라 예상되는 문제들과 우려들은 다음에 제시된다.

- 공항이용객 증가로 인한 공항주변 교통혼잡도 증가 및 주차시설의 부족
- 항공유 증기 배출시 발생되어 연소되지 않은 탄화수소(HC)로 인한 대기오염
- 항공기 사고발생에 대한 두려움
- 공항개발로 인한 집값 하락 및 토지개발의 어려움으로 인한 재정적 문제
- 공항확장과 공항개발에 따른 추가적 문제 발생에 대한 우려

이처럼 항공기 소음은 사람들의 생활방식에 크고 작은 변화를 초래한다. 항공기 소음으로 인한 실질적인 피해정도는 개인마다 약간씩 차이가 있을 수 있으며, 지역 상황에 따라서도 다르게 나타날 수 있다. 예를 들어, 따뜻한 기후에 사는 사람들의 경우 야외활동이 잦기 때문에 추운 지역 사람들에 비해 항공기 소음으로 인한 피해가 큰 편이다. 대부분의 지역에서 항공기 소음은 계절변화에 큰 영향을 받는데, 이는 일반적으로 겨울보다는 여름에 항공교통량이 더 많고, 야외활동을 더 많이 즐기기 때문이다.

그러나 계절과 관계없이 항공기 소음이 인간에 미치는 영향과 관련해 꾸준히 문제가 되고 있고, 대표적으로 수면방해(Sleep Disturbance)를 말한다. 이 외에도 레저활동, 의사소통, 사회활동, 학습 등에 지장을 초래할 수 있다. 항공기 소음에 특히 취약한 장소로는 병원, 도서관, 학교, 공원, 자연보호구역 등이 있다. 이러한 장소에서 항공기 소음은 학생들의 학습 및 교육을 방해할 뿐만 아니라 환자들에게는 불안감을 초래해 회복을 더디게 하거나, 야생 동 · 식물의 생존 및 보호에도 악영향을 미쳐 동 · 식물들의 천연서식지와 생태계 균형을 깨뜨릴 수 있다.

이렇게 소음이 문제가 되자, 소음이 인간의 건강과 웰빙에 미치는 영향을 파악하기 위한 노력이 진행되었다. 과거에는 대부분의 연구에서 공항 주변지역 주민들을 대상으로 설문조사를 실시하거나, 실제 혹은 모의 상황에서 소음에 노출된 사람들의 심리학적 변화를 관찰하거나, 소음피해지역에 거주하는 주민들 가운데 소음으로 인해 수면장애를 호소하는 사람들의 신체검사 결과를 분석하는 것이 전부였다. 그러나 최근에는 항공기 소음과 인간의 삶이 형성하는 복잡한 연관성, 주관성, 비선형적 특성 등이 밝혀지면서 이 둘 간의 상관관계를 명확히 규명하는 것이 예전에 비해 훨씬 어려워졌다. 그 결과, 일부 학자들은 소음피해지역의 집값 하락 등 그동안 고려되지 않았던 새로운 문제를 고려하고, 새로운 기법을 이용해 항공기 소음과 인간의 건강 사이 관계를 명확히 규명하려 하고 있다.

그러나 이러한 방법 역시 소음피해지역에 거주하는 주민들 가운데 소음에 의한 피해가 스스로 심각하다고 판단하여 조사에 자발적으로 참여하고자 하는 일부 주민만을 대상으로 했다는 사실 때문에 한계가 있다. 따라서 그 대안으로 각 공항마다 소음피해지역에 거주하는 사람들이 제기하는 다양한 불만과 그들의 행동양식을 분석해 정확한 피해원인과 해결방안을 제시하려는 노력이 이루어지고 있다.

다음은 항공기 소음이 인간에게 미치는 영향을 3가지로 구분지어서 보다 자세히 살펴보기로 한다. 3가지 영향요인으로는 장애감(Annoyance), 수면장애(Sleep Disturbance), 인간의 삶과 웰빙에 미치는 기타 요소들(Other Effects)로 나눴다.

■ 장애감(Annoyance)

장애감은 스트레스(Stress)와 분노(Anger)를 포함하며, 항공기 소음이 인간에게 미치는 영향 가운데 가장 주관적인 요인 중 하나이다. 장애감의 정도는 소음의 수준 외에도 다른 여러 요인에 의해 영향을 받는데, 개인의 일반적인 건강상태와 소음에 대한 태도 등이 그것이다. 역사적으로 항공기 소음으로 인해 발생하는 불쾌감을 측정하는 데 있어 가장 널리 사용되는 방법 가운데 하나는 해당 지역 주민들을 대상으로 실시하는 설문조사이다. 이러한 방법은 초기에 공항 주변 소음 피해 지역주민을 대상으로 실시되었으며, 그 결과 항공기 소음은 상당한 정도의 장애감을 유발하는 것으로 나타났으며 특히, 야간시간대에 발생하는 소음에 대해서는 그 정도가 훨씬 심각했다.

항공기 소음으로 인한 장애감은 소음으로 인한 수면장애나 의사소통을 방해받는 사람들뿐만 아니라, 본인 스스로 소음에 민감하다고 느끼는 사람, 소음이 건강에 미칠 영향에 대해 우려하는 사람 그리고 항공기 사고에 대한 두려움을 갖는 사람들이 느끼는 장애감과 비슷한 수준인 것으로 드러났다. 항공기로 인해 엄청난 크기의 소음이 발생한 경우에는 사람들이 느끼는 장애감이 크지만, 일정 수준 이하의 소음은 인간에게 영향을 미치기는 하겠으나 참지 못할 만큼의 장애감을 유발하지 않을 수도 있다는 점은 고려하지 않았다. 적정 수준 이하의 작은 소음은 사람들이 제대로 인식하지 못하는 경우가 많기 때문에 이러한 소음이 인간에게 미치는 영향을 정확하게 분석하는 것이 쉽지 않을 수 있다. 따라서 항공기 소음이 인간에게 미치는 영향은 소음 그 자체에 의한 것만도 아니며, 소음으로 인한 장애감 역시 단순히 진폭의 함수가 아니라는 것을 알 수 있다.

소음에 관한 사회적 인식도 소음으로 인한 장애감에 영향을 미치는데, 이는 등가소음레벨과 같은 전통적인 소음측정방식이 종종 정확한 연구결과를 도출하는 데 실패하는 원인이 되기도 한다. 심리학적 그리고 사회학적 요인들 역시 소음이 인간에게 미치는 영향에 중요한 역할을 한다. 항공기 사고에 대한 두려움을 느끼는 사람은 다른 사람보다 항공기 소음에 더욱 민감하게 반응하고, 항공기 소음으로 인한 장애감을 더욱 크게 느끼게 하는 원인 가운데 하나가 될 수 있다. 어떤 상황에서 부정적인 측면에만 치우쳐 잘못된 편견을 갖는 부정적인 감정성향(Negative Affectivity) 역시 소음으로 인한 불쾌감을 증대시키는 원인 가운데 하나이다. 이 밖에도 신체적 혹은 정신적 질환, 스트레스와 불안감은 특히 야간시간대에 발생하는 항공기 소음으로 인한 장애감을 가중시키는 원인이다.

런던 히드로공항 주변에 거주하는 사람들을 대상으로 실시한 설문조사 결과, 수면장애, 우울감, 흥분 및 이명증상(Tinnitus) 등을 호소하는 사람들은 항공기 소음으로 인한 장애감 지수 역시 높은 것으로 나타났다. 암스테르담 스키폴공항 인근에 사는 주민들을 대상으로 실시한 설문조사에서도 비슷한 결과가 나왔는데, 혹시 발생할지 모를 항공기 사고에 대한 두려움, 불안감과 결합해 더 큰 장애감을 유발하는 것으로 밝혀져 지역주민들이 공항개발 및 확장을 거세게 반대하는 상황을 초래하기도 했다.

항공기 소음으로 인한 장애감이 인간에게 미치는 영향을 정확히 이해하는 것은 쉽지 않은 일인데 그 이유는 첫째, 공항주변 소음피해지역에 거주하는 주민들이 소음에 대처하기 위해 집에 방음시설이나 2중·3중 유리시공 등의 소음저감시설을 설치하기 때문에 정확한 소음피해를 측정하기 어렵기 때문이다. 둘째, 일부 사람들은 공항운영당국 또는 환경단체 등에 자신들이 겪는 소음보다 훨씬 자주 그 피해를 호소하는 경우가 많고 셋째, 민간항공기를 중심으로 주거밀집지역에서는 소음저감 운항절차로 운항하는 경우가 증가했기 때문이다. 넷째, 공항주변 소음피해에 관한 매스컴 보도를 통해 언론과 여론의 지지를 얻으면서 그 피해정도가 실제보다 부풀려질 가능성이 있으며 다섯째, 공항운영 및 개발을 반대하는 정치적인 세력의 활동 등이 있을 수 있다. 마지막으로, 소음을 참다못해 이사하는 경우가 있기 때문이다.

■ 수면장애(Sleep Disturbance)

항공기 소음에 의해 발생하는 불편 가운데 가장 흔하게 발생하는 문제 중 하나는 바로 수면장애이다. 업무 특성이나 개인 특성상 낮시간에 잠을 자는 사람들도 있을 수 있으나 대부분의 사람들이 밤에 잠을 자기 때문에, 야간시간에 공항에 접근하거나 이·착륙하는 항공기의 엔진 또는 동체에서 발생하는 소음은 항공기가 지상에서 엔진시동을 거는 경우에 발생하는 소음과 더불어 사람들의 수면을 방해하는 원인이 된다.

항공기 소음으로 인해 잠들 수 없거나, 자는 도중에 한 번 혹은 여러 번 반복적으로 잠에서 깨거나, 깊은 잠에 빠지기 어려워 수면의 질이 떨어지거나, 불충분한 잠으로 아침에 일어나는 데 어려움을 겪는 것들이 대표적인 증상들이다. 한편, 항공기 소음으로 인한 피해를 호소하는 사람들은 이러한 증상들 가운데 하나 이상의 복합적인 증상을 경험하는 것이 일반적이다. 이러한 증상들이 매일 밤 반복적으로 나타나지는 않는데, 그 이유는 처음에는 아주 작은 소음에도 잠들기가 어려웠던 사람들도 지속적인 소음에 노출되다 보면 스스로 그러한 환경에 익숙해지기 때문이다.

수면장애는 그 자체로서도 인간에게 좋지 않은 영향을 미치는 경우가 많으며 특히 그러한 고통이 지속될 경우 스트레스, 불안감, 분노, 좌절감 그리고 탈진 등의 증상으로 이어질 수 있다. 충분한 시간동안 적절한 양과 깊이 있는 수면을 취하는 것은 인간의 가장 기본적인 권리이며 이는 인간의 건강과 웰빙의 필수조건이기도 하다. 따라서 수면장애를 겪는 사람들에게 소음은 정신적으로 그리고 육체적으로 상당히 심각한 고통을 줄 수 있는 문제이다.

그동안 항공기 소음과 인간의 수면장애 간의 관계를 규명하기 위해 실시된 다양한 연구에서 소음피해지역 주민들을 대상으로 뇌파검사(EEG)를 실시한 결과, 항공기 소음은 전반적으로 사람들의 수면시간을 단축시키고 매 수면단계마다 중앙신경계의 일시적인 각성상태가 나타나는 것으로 밝혀졌다. 또 다른 연구에서는 한밤중에 발생하는 소음은 서파수면(Slow-wave Sleep)과 수면시간 모두에 부정적인 영향을 미치는 것으로 밝혀졌다.

이 외에도 항공기 소음은 다양한 수면관련 장애를 초래하는데, 예를 들면 수면에 드는 시간이 늦춰지거나, 잠자는 도중에 자주 깨거나, 수면손실(Sleep Loss)을 겪거나, 정상적인 기상시간보다 일찍 잠에서 깨어 수면의 질이 낮아진다. 따라서 사람들이 잠을 자려고 누워있거나 잠을 자는 도중에 발생하는 항공기 소음은 사람들의 수면을 방해해 다음날까지 신체적 또는 정신적으로 영향을 미친다. 항공기 소음으로 인한 수면장애를 주기적으로 경험하는 사람들의 경우에는 심혈관, 내분비계, 면역계에 심각한 질병이 초래될 수도 있다.

한편, 항공기 소음이 인간의 수면에 정확하게 어떠한 영향을 미치는지 분석하는 것은 쉽지 않은 문제인데 그 이유 중 하나는 지금까지의 항공기 소음과 수면장애에 관한 대부분의 연구가 실제로 소음피해 주거지에서가 아닌, 수면연구실에서 실시되었기 때문이다. 따라서 실제 소음 발생현장에서 소음피해를 조사한다면 연구실에서 측정된 값과의 실제 데이터 간 오류를 큰 폭으로 줄일 수 있을 것으로 기대된다.

영국에서는 앞에서 살펴본 이러한 문제점들을 해결하고 항공기 야간운항 여부를 결정하는 각국의 교통부 직원들에게 항공기 소음으로 인한 주민들의 피해의 실상을 사실적으로 알리기 위해 여러 차례에 걸쳐 다양한 현장조사를 실시했다. 그 결과 야외에서 80dB(A) 이하의 소음(실내에서의 55dB(A)과 동일한 값)은 수면장애와 관련해 인간에게 별다른 큰 영향을 주지 않는 것으로 밝혀졌으며, 80d(B)보다 큰 소음에 대해서도 해당 소음으로 인해 수면 중이던 사람이 잠에서 깰 확률은 약 1/75 정도인 것으로 나타났다. 따라서 항공기 소음이 수면장애에 미치는 영향이 약 5% 정도로 수면장애에서 차지하는 비중이 크지 않다고 볼 수 있다. 물론 항공기 소음이 사람들의 숙면에 미치는 영향이 크지 않더라도 이러한 소음에 지속적으로 노출될 경우에는 수면에 상당한 영향을 미치는 것으로 밝혀졌으나 정확히 어떻게 영향을 미치는 가에 대해서는 아직까지도 확실하게 밝혀진 바가 없다.

미국에서도 이와 비슷한 연구가 진행되었는데, 실험결과 항공기로 인한 소음피해가 가장 심각한 지역을 제외하면, 소음으로 인한 피해와 실질적인 소음발생과는 연관성이 적은 것으로 나타났다. 여기서 주의할 점은 해당 연구결과는 대부분 평균적인 소음값을 기준으로 실시됐으며 개인마다 느끼는 소음민감도와 수면장애 정도 차이는 고려되지 않았다는 점이다. 실제로 1992년 영국 교통부(DfT)에 의해 실시된 주요 연구를 살펴보면, 소음으로 인한 수면장애의 정도가 사람에 따라 약 2.5배까지 차이가 난다는 점을 알 수 있다. 그러므로 보통 항공기 소음으로 인해 잠을 자던 사람이 잠에서 깰 수 있는 수준의 소음이라고 알려진 약 55~60dB(A)의 값 등의 수치들을 정확하게 이해하고 활용하기 위해서는 보다 신중한 접근이 요구된다.

더욱이 간헐적으로 발생하는 항공기 소음은 지속적으로 발생하는 소음에 비해 서파수면(Slow-wave Sleep)시간을 단축하여 다음 날까지 피로감을 느끼게 하는 수면장애를 유발할 가능성이 높다. 이는 오랜 시간동안 지속적인 소음에 노출되는 것보다 오히려 더욱 불쾌감을 느끼게 할 수 있다. 그러나 현실에서는 소음에 자주 노출될 경우 사람들이 소음에 익숙해진다는 사실로 인해 소음과 수면과의 관계를 정확히 규명하는 것이 쉽지 않은 편이다.

최근 영국에서는 야간에 발생하는 항공기 소음 영향에 대한 연구를 수행했는데, '야간시간의 항공기 소음이 건강을 손상시킨다'는 주장을 뒷받침할 만한 명확한 과학적 증거를 발견하지는 못했지만 여전히 둘 사이에 상관관계가 있다고 주장한다. 야간에 운항하는 항공기가 인간에 미치는 영향은 다양한데 다음과 같다.

- 소음을 인지하는 순간 느끼는 즉각적인 불쾌감으로 인한 생리학적 반응
- 이러한 생리학적 변화로 인한 수면단축(Sleep Reduction)과 수면분절(Sleep Fragmentation)
- 전날 수면장애로 인해 다음날 수면부족 경험 혹은 업무능력의 저하, 이로 인한 만성적인 불쾌감과 삶의 질 하락
- 신체적 혹은 정신적 건강상태의 악화

그 밖에도 소음에 대한 개개인의 태도도 야간에 발생하는 항공기 소음이 인간의 건강과 웰빙 간 관계에 중요한 영향을 미치는 요인 중 하나로 밝혀졌다. 일반적으로 인간의 삶에서 충분한 수면의 중요성을 부인하는 사람은 많지 않을 것으로 판단된다. 그러나 항공기에서 발생하는 소음 특히, 야간시간대 발생하는 소음이 인간의 수면과 삶 등에 어떻게 영향을 미치는 지 밝혀내는 것은 그리 쉬운 일이 아니기 때문에 이 둘 사이에 분명한 과학적 연관성이 밝혀지지 않는 한 항공기 소음을 둘러싼 이해관계자들 간의 논란은 앞으로도 계속될 것으로 보인다.

■ 기타 영향(Other Effects)

이 밖에도 항공기 소음은 인간의 삶과 웰빙에 또 다른 부정적인 영향을 미치는데 특히, 큰 소음이나 예상하지 못한 소음은 사람들에게 스트레스와 불안감을 유발한다. 이렇게 발생한 스트레스는 불안, 저항, 탈진과 같은 증상을 유발하는데 사람에 따라 그 정도는 다르게 나타날 수 있다. 스트레스와 불안감은 인간의 건강에 아주 중요한 영향을 미치는데, 이것들이 전염병이나 고혈압을 비롯한 심혈관계, 내분기계 내 질병과 위장병, 면역체계 불균형 등을 유발할 수 있는 위험요인이기 때문이다. 게다가 이러한 병에 걸리기 쉬운 사람들이나 이미 병이나 질환으로 투병하고 있는 사람들의 경우, 소음으로 인한 스트레스와 불안감 등은 질병을 더욱 악화시켜 회복을 더디게 하는 원인이 되기도 한다. 어떤 사람이 소음에 노출되게 되면 신체 내부에서 코티졸(Cortisol)과 같은 스트레스 호르몬이 분비되는데, 55~65dB(A) 정도의 소음이 발생할 경우 혈중 코티졸 농도가 증가하는 것으로 드러났다.

항공기 소음이 인간에게 미치는 영향은 굉장히 다양하고 복잡하기 때문에 항공기 소음이 어떻게 스트레스, 불안감 그리고 질병 등을 유발하는지 그 원인과 과정들이 아직까지 명확하게 밝혀진 것이 많진 않지만, 지속적이고 반복적으로 큰 소음에 노출될 경우 사람의 정신건강에 영향을 주며 불안감을 높일 가능성이 크다. 이에 따라 수면제를 복용하는 경우도 증가할 수 있고, 심하면 분노와 우울증 등을 겪기도 하며, 그렇지 않더라도 삶의 질이 떨어질 가능성이 크다. 이를 규명하려면 소음환경 변화에 따른 인간의 호르몬 및 건강상태 변화를 연구하고 이를 토대로 표준화된 규명방법을 만들 필요가 있다.

이 뿐만이 아니라, 항공기 소음이 아이들의 이해력을 포함한 학습능력에도 영향을 주는 것으로 드러났다. 항공기 및 도로교통 소음과 아동의 인지 및 건강(Road Traffic and Aircraft Noise Exposure and Children's Cognition and Health : RANCH)에 관한 연구에서 9~10세의 아이들을 대상으로 소음에 노출될 경우 인지능력과 건강, 불쾌감 등이 어떻게 변하는지 실험을 실시한 결과, 항공기 소음에 지속적으로 노출된 아이들의 경우 이해력이나 인지능력이 그렇지 않은 아이들에 비해 떨어지는 것으로 나타났다. 특히 5dB(A) 차이가 나는 소음에 각각 노출된 아이들을 비교했을 때, 5dB(A) 더 높은 소음에 노출된 그룹의 아이들의 읽기능력 및 발달속도가 일반적인 아이들에 비해 약 12개월 정도 느리다는 점을 알 수 있었다. 따라서 오랜 기간 소음에 노출된 채로 학교에 다니는 아이들의 경우 그렇지 않은 일반적인 아이들에 비해 성장속도가 느리다는 결론이 도출된다.

유럽에서도 항공기 소음과 아이들의 읽기능력 간 상관관계에 관한 비슷한 연구가 진행된 적이 있으며, 역시 장기간 항공기 소음에 시달린 아이들은 다른 아이들에 비해 불쾌감이 높고 삶에 대한 만족도도 떨어지는 것으로 밝혀져 결국 항공기 소음이 아이들의 건강과 인지능력발달에 영향을 주는 것으로 밝혀졌다. 따라서 항공기 소음으로 인한 불쾌감, 수면장애 외의 기타 피해들을 요약하면, 항공기 소음에 지속적으로 노출될 경우 심혈관계 이상발생 등의 신체적 질병이 발생할 가능성이 높아지고 인간의 정신건강에도 해로울 뿐만 아니라 특히 학생들의 학습능력과 인지능력 발달에 부정적인 영향을 미치는 것으로 드러났다.

항공기 소음이 인간의 건강과 웰빙에 미치는 영향은 아주 다양하고 복잡하기 때문에 오랜 시간동안 다양한 연구가 선행되었음에도 불구하고 아직까지 이 둘의 관계가 불명확한 것이 사실이다. 따라서 항공기 소음이 인간에 미치는 정확한 영향에 관해 많은 학자들 사이에서 논란이 계속되고 있으며, 이 문제가 공항의 운영 및 개발과 관련해 상당히 중요한 문제라는 점만큼은 그 누구도 부인할 수 없는 사실이다.

수도권의 인구밀집지역에 위치한 공항은 거의 필연적으로 소음문제를 적절히 관리하지 않고서는 공항을 효율적으로 운영할 수 없기 때문에 공항주변의 소음을 최소화하기 위해 이와 같은 문제에 적극 대처하지 않을 수 없다. 또한 여러 원인에 의해, 공항주변의 주민들도 예전보다 항공기 소음에 좀 더 민감하게 반응해 적극적으로 피해보상을 요구하는 경향이 커지고 있기 때문에 앞으로도 공항운영자, 항공사, 항공교통관제기관(ATM Service Provider), 항공기 및 엔진제작사,

정부담당자 등 다양한 이해관계자들은 항공기로 인해 발생하는 소음을 적절히 관리하고 규제해야 할 것으로 보인다.

4 항공기 소음 민원과 공항의 대응

4.1 소음불만 처리일반

소음과 관련한 불만이 발생하면 공항당국은 일반적으로 지리정보시스템(GIS)을 이용해 불만을 제기한 사람들의 정확한 거주지와 그들의 생활방식 등을 파악한 뒤 공식적인 절차에 따라 해당 문제를 처리하고 해당자료를 보관한다. 이는 항공기 운항단계에 관한 정보, 최근에 사용되는 소음관측시스템과 더불어 실질적인 소음을 연구하는 연구자에게 유용한 자료가 되기도 한다. 이런 자료는 또한 공항의 운영 및 관리, 공항 추가 개발 및 확장에 대한 잠재적 반대 민원에 대응하기 위한 자료로 이용될 수 있으며, 이에 앞서 소음 피해자들에게 적절한 보상을 해주는 것이 선행되어야 한다.

여기서 한 가지 주의해야 할 점은 항공기에 의한 소음피해를 주장하는 사람들이 과연 실제로 소음피해를 입고 있는 모든 사람들을 대표할 만큼 다수인지, 이들의 주장이 실질적인 피해를 얼마나 정확하게 반영할 수 있느냐는 점이다. 항공기 소음피해를 주장하는 사람들 가운데, 소수만이 자발적으로 자신들이 입은 피해에 대해 적극적으로 시정조치나 피해보상을 요구하는데 반해, 대부분의 경우 이들 만큼 빈번하게 혹은 적극적으로 소음피해를 주장하지 않고 참는 경우가 많다. 이 때문에 겉으로 드러나는 소음피해 정도와 실질적인 소음피해 정도에는 차이가 있을 수 있다. 따라서 소음피해에 관한 연구에서 피해를 입는 대부분의 사람들이 포괄적으로 고려될 수 있으려면 광범위한 설문조사가 뒷받침되어야 하고, 이를 비교·검증하는 단계를 거칠 필요가 있다.

4.2 소음불만의 체계적 분석 및 실질효용 논란

공항주변에서 발생하는 항공기 소음이 인간의 건강과 웰빙에 미치는 영향을 판단하기 위해서는 소음관련 불만을 분석하고 이를 통계화한다. 그러나 이것이 실질적인 피해를 파악하는 데 있어 얼마나 유용한가에 대해서는 학자들 사이에서 조차 논란이 되고 있다. 일부 학자들은 일반적으로 소음피해를 자주 주장하는 사람들의 의견만으로는 해당공항이 위치한 지역사회에 항공기 소음문제와 실질적인 피해정도를 정확하게 파악하는 데는 한계가 있다고 본다. 왜냐하면 대부분의 사람들이 피해보상을 요구하기보다는 참고 지내며, 또한 항공기 소음 피해보상을 적극적으로 요구하는 사람들은 대게 소음에 대해 일반적인 사람들보다 민감하게 반응하는 사람들이 많기 때문에 실질적인 피해보다 부풀려질 가능성이 높다고 보는 것이다.

한편 이러한 문제에도 불구하고 소음피해관련 주민불만을 체계적으로 분석하는 것이 항공기 소음으로 인한 피해를 정확하게 파악하고 최소화하는 데 효과적이라고 보는 시각도 많다. 잘 구현된 소음관련 불만시스템은 고성능 소음관측시스템과 더불어 항공기 소음과 지역사회의 소음피해 간 관계를 보다 명확하게 규명하는 효과적인 수단이 될 수 있으며, 이를 통해 보다 효과적으로 항공기 소음 피해를 최소화할 수 있다는 것이다. 현재 전 세계 주요 공항에서 사용하고 있는 항공기 소음측정 시스템은 장비 성능과 활용도 면에서 공항마다 편차가 있는데, 앞으로 많은 공항당국들이 항공기 소음에 대한 지역주민들의 불편을 효과적으로 반영할 수 있도록 시스템 품질을 향상시킬 가능성이 크다.

4.3 소음불만 연구사례-맨체스터공항

소음관련 주민들의 불만사항들 가운데 신뢰성이 높은 이슈들을 선정해 분석해 보면 이들 사이에 연관성이 있음을 알게 된다. 일반적으로 공항에서 출발하거나 도착하는 항공기가 증가할수록 항공기 소음으로 인한 주민들의 피해도 함께 증가하게 되는데, 이와 관련해 2003년 맨체스터공항에서 실시된 연구결과를 살펴보면 다음과 같다.

- 소음관련 불만은 소리의 진폭에 따라 증가했는데, 항공기가 특정 지역 상공을 통과하는 동안 65dB(A)의 소음을 발생시킨 경우와 100dB(A)의 소음을 발생시킨 경우를 비교해보면, 100dB(A)의 소음을 발생시킨 경우 소음관련 불만이 65dB(A)의 소음을 발생시킨 경우에 비해 2배 증가했다.
- 공항운영과 개발 등에 따른 주변지역의 문제점이나 피해를 다룬 뉴스나 신문기사 등이 자주 방송될 경우, 소음관련 불만이 증가하는 것으로 드러났다.
- 같은 소음이라도 시간대에 따라 불만접수 건수에 차이가 있었는데, 소음에 가장 민감한 시간대인 0000~0100시를 포함해 2300~0700시 사이에 발생하는 소음의 경우 1400~1500시에 발생하는 소음에 비해 2배나 높은 소음관련 불만을 발생시켰다.
- 항공교통량의 계절적 변동성을 고려할 경우 주간, 월간 기준으로도 차이를 보였다.
- 대부분의 사람들이 소음관련불만을 한 두 차례 접수한 뒤 그 이후로는 대체로 소음피해를 잘 주장하지 않는 반면, 일부 사람들은 아주 작은 소음에도 꾸준히 소음관련 피해를 호소하는 것으로 밝혀졌다.

2003년 맨체스터공항에서 추가로 실시된 연구에서는 야간시간대(2300~0600시)에 소음이 발생하면, 다른 시간 때와 비교해서 소음관련 불만이 약 5배나 증가하는 것으로 밝혀졌다. 특히 하루 중 0100~0200시에 발생하는 소음에 대한 불만이 가장 높았고, 반대로 0800~0900시에 발생하는 소음에 대해서는 불만이 가장 적은 것으로 드러났다. 이러한 연구결과를 토대로 하면 공항운영자나 정책입안자들은 항공기 소음을 보다 효과적으로 관리할 수 있고, 공항운영이나 향후 공항개발을 성공적으로 추진하는 데 상당한 도움이 될 수 있다.

5 │ 항공기 소음영향 저감(Reducing the Impact of Aircraft Noise)

5.1 소음 증가추세

항공교통수요는 적어도 2030년까지 일반경제 성장률보다 더 높은 비율로 증가할 것으로 예측된다. 이 때문에 항공교통량 증가에 따라 동시에 증가할 것으로 예상되는 항공기 소음을 줄이기 위한 다양한 기술 개발도 활발해질 것으로 예상된다. 이를 고려했을 때 공항주변의 소음은 이러한 기술 개발과 항공사들의 운항절차개선 등에 힘입어 지금의 우려보다 그리 심각한 수준은 아닐 것으로 예상된다. 최근에는 항공교통수요가 새로운 경향성을 보이고 있는데, 기업들은 '적시공급전략(Just in time Delivery Strategies)'에 따라 야간시간대에 항공기 운항을 늘리고 있으며 원하는 시간에 항공기 운항을 할 수 있도록 하는 운항요구가 증가하고 있다. 이러한 변화에 따른 기존 공항주변의 소음피해지역 규모와 분포에도 크고 작은 변화가 예상된다.

소음이 적은 항공기 기술 개발과 항공사들의 최적시간 대 운항과 더불어 항공기 소음피해지역 분포의 변화를 초래하는 또 다른 원인은 바로 저비용항공사(Low Cost Carrier : LCC)의 등장이다. 최근 높은 성장률을 보이며 시장점유율을 높여가고 있는 저비용항공사는 주로 대규모공항이 아닌 중·소규모의 제2차 공항을 거점으로 삼고 있기 때문에 기존에 항공기 운항이 많지 않아 소음피해가 비교적 덜했던 지역에서도 항공기 소음으로 인한 피해가 차츰 증가하는 추세를 보이는 것이다. 기존의 공항주변 소음피해 지역에 추가적으로 소음 피해가 우려되는 지역이 확대됨에 따라 소음관련 불만이 증가하는 공항이 늘어날 것으로 예상된다.

또한 최근 건강한 삶과 웰빙에 대한 사람들의 인식과 기대가 높아짐에 따라 아주 작은 크기의 소음도 쉽게 관용하지 않으려는 사회분위기가 조성되고 있다. 이러한 이유들 때문에 항공기 소음은 공항운영 시 가장 골치 아프고 해결하기 어려운 환경문제로 간주된다. 최근에는 항공기 운항항로와 공항주변뿐만 아니라 공항에서 멀리 떨어진 지역에 사는 개인이나 기관에서 항공기 소음피해를 호소하는 일이 잦아지고 있다. 항공기 소음에 특히 취약한 국립공원, 병원과 같은 공간에서는 작은 소음이라도 평온한 분위기를 깨기 때문에 약한 소음이라도 아주 불쾌하게 받아들이게 된다.

항공운송산업이 높은 성장률을 보이며 증가하는 여객 및 항공교통수요에 적절히 대응하기 위해서는 항공기 소음으로 인한 피해를 줄이는 것이 반드시 필요하다. 따라서 이하에서는 항공기 소음으로 인한 피해를 줄이기 위한 다양한 방법에 대해 알아보기로 한다.

5.2 항공기 소음문제의 구분

항공기 소음문제는 크게 두 가지로 구분할 수 있는데 하나는 항공기 소음 피해 주민수와 그 분포양상(Distribution)이고 다른 하나는 해당 소음피해 예상지역 주민들이 느끼는 소음 피해정도이다. 이 두 가지는 항공기 소음문제를 정확하게 이해하고 이 문제를 효과적으로 해결하기 위해 반드시 고려되어야 하는 사항이지만 이것들을 명확하게 개념화하는 것은 그리 쉽지 않은 문제다. 왜냐하면 소음피해 주민의 수와 분포는 어떠한 소음 측정법을 사용하느냐에 따라 그 결과가 큰 차이를 보인다는 문제가 있고, 소음으로 인한 피해 정도를 규정하는 것은 다양한 요인들이 복합적으로 작용하는 주관적인 문제라 이를 정확하게 계량화하는 것은 거의 불가능하기 때문이다.

그럼에도 불구하고 공항주변의 항공기 소음을 효과적으로 관리하기 위해 표준화된 소음측정 및 모델링 기법을 개발해 가능한 최대로 활용하는 것이 필요하다. 각 지역마다 그리고 각 공항마다 항공기 운항으로 인해 발생하는 소음의 크기, 특성 등이 모두 다르기 때문에 서로 다른 소음을 표준화된 방법으로 측정할 수 있어야 한다. 소음의 특성과 강도, 분포 등을 정확하게 예측할 수 있는 포괄적인 소음 측정 시스템 개발이 항공소음피해를 최소화하기에 앞서 선행되어야 한다.

항공기 소음의 대표적인 두 가지 요인 가운데 표준화된 소음 측정 및 모델링 기법은 주로 소음피해 주민의 수와 분포에 관한 것이며, 항공기 소음으로 인한 피해를 정확하게 예측하는 데 좀 더 도움이 되는 것은 소음으로 인해 사람들이 호소하는 피해의 정도다.

5.3 소음측정 모델링 시스템의 사용목적

소음 측정 및 모델링 시스템은 다음과 같은 다양한 목적으로 사용된다.

- 특정지역에서의 항공기 소음발생의 특성분석
- 소음 측정활동에 대해 관련 담당자들에게 알리기 위함
- 특정노선을 운항하는 조종사나 항공사의 소음관련 규정 준수여부 파악
- 소음피해를 줄이기 위한 효율적 소음관리정보 제공
- 공항운영자가 공항주변의 소음피해를 최소화하기 위한 노력 입증

항공기 소음은 각 공항마다 그 크기와 피해 정도가 다르기 때문에 수집하여 분석하는 소음데이터와 소음저감을 위해 사용되는 데이터는 그 지역의 요구사항과 우선순위에 따라 차이가 있을 수 있다. 그렇기 때문에 어느 공항에서나 소음관련 데이터를 수집, 분석 및 보고하는 데 있어 가능한 그 과정이 투명하고 표준화된 방법을 사용하는 것이 바람직하다.

소음 예측은 일반적으로 공항이나 공항주변의 특정 지점에서 실시하는데, 이러한 지점은 특히 소음민감지역이나 소음발생이 가장 잦은 항공기 이 · 착륙 항로 주변지역을 중심으로 선정되는 것이 일반적이다. 선정된 지점에서 여러 가지 종류의 소음관련 데이터가 수집되는데, 대개 소음의 발생시각과 지속시간, 하루 중 발생하는 소음 중 최대값, 소음 주기 등을 측정하게 된다. 이렇게 수집된 데이터들을 소음항적 추적 시스템에 입력하여 레이더자료를 비롯한 항공기 편명, 기종, 사용 활주로, 이 · 착륙 항로, 활주로 말단에서부터의 수직 · 수평 거리, 고도, 출

발공항 및 도착공항, 항로이탈각도 등 항공기의 각 운항단계별 데이터와 결합된다. 이는 항공기 운항스케줄 상의 항공기 기종 및 엔진에 관한 데이터와 상호참조(Cross-reference)되어 기종과 엔진타입에 따른 소음발생정도를 정확히 측정할 수 있게 된다. 더불어 이와 같은 절차로 생성된 자료를 데이터베이스화하고 이렇게 만들어진 데이터베이스와 소음 민원 정보를 결합하면 소음관리에 유용하게 활용될 수 있다.

5.4 데이터의 사용목적

이렇게 수집, 처리된 소음관련 데이터는 다음과 같이 다양한 목적으로 사용된다. 첫째, 낮과 밤 시간 동안 항공기 소음이 집중적으로 발생하는 시간대를 식별하고 소음발생과 항공교통량과의 상관관계 및 특정 항공교통관제 절차와의 연관성 여부를 정확하게 예측할 수 있다. 둘째, 소음을 가장 많이 또는 가장 적게 발생시키는 항공기 기종, 엔진타입, 항공사 또는 항공기 조종사 등을 파악할 수 있다. 셋째, 조종사의 항로이탈(Route Deviation)여부와 소음발생 간의 관련성을 파악할 수 있으며 넷째, 서로 다른 출발 및 도착항로 또는 활주로에 따른 소음발생 수준을 서로 비교할 수 있다. 다섯째, 적절한 기상정보가 이용 가능할 경우 지상의 기상상태에 따른 소음발생과 기타 영향을 분석할 수 있으며 여섯째, 소음관련 피해에 영향을 미치는 요인을 분석하고 소음저감법의 효과를 분석하기 위해서 사용된다. 결국, 소음 측정 시스템은 공항주변 항공기 소음에 관한 다양한 정보를 제공할 수 있으며, 항공기 소음피해지역 및 소음피해 예상지역의 수직적·수평적 범위와 같은 중요한 정보를 제공할 수 있다.

물론 항공기 소음 측정 시스템을 통해 항공기로 인한 실질적인 소음피해를 모든 측면에서 예측하기는 어렵다. 하지만 다른 여러 정보를 상호 보완해서 활용할 경우 신뢰할 만한 수준의 소음관리정보를 얻을 수 있을 것으로 기대된다. 이를 위해 공항운영자는 공항주변 지역사회에 대한 정보와 항공기 소음과 관련된 주민들의 불만사항들을 폭넓게 조사하기 위해 노력하고 있다. 지역주민들의 의견을 녹취하거나, 소음피해지역 주민들을 대상으로 설문조사를 실시하고, 공공의견수렴, 언론보도 분석 등을 통해 지역주민들의 불만을 정확히 파악하기 위해 노력하고 있으며, 이러한 과정들을 통해 수집된 정보들은 아주 신중하게 해석될 필요가 있다.

5.5 소음피해 조사

소음피해지역 주민들을 대상으로 불만사항을 청취하는 것은 대부분 일정수준이상의 사람들이 견디기 힘든 정도의 소음피해를 호소할 경우 실시한다. 대부분의 소음관련 불만들이 항공기가 특정 지역 상공을 너무 낮은 고도로 통과하거나 지정된 출발 및 도착항로에서 이탈하여 비행할 때 발생한다. 항공기가 활주로에 착륙하기 위해 접근하는 도중 실패접근을 하는 경우, 비행 중 난류를 만나 비정상적인 기동을 할 때 엄청난 크기의 소음이 발생한다. 소음관련 불만을 살펴보았을 때, 공항운영자는 항공기의 기동과 소음발생과 관련해 추가적인 연구와 조사를 할 필요가 있다고 생각된다.

여기에 공항이 위치한 곳의 지리적인 특성도 소음의 공간적 범위와 분포에 영향을 미치는데 활주로의 위치에 따라 소음으로 인한 피해가 다르게 나타나기 때문이다. 설문조사를 통해서 소음 피해 정도를 알아볼 수 있는데, 소음에 의한 피해를 주장하는 사람과 그렇지 않은 모든 지역주민에 대한 정보를 자세하고 정확하게 파악할 수 있다. 예상되는 응답자에 맞춰 질문을 적절하게 구성해 소음으로 인한 피해를 효과적으로 예측할 수 있으며 더 나아가 공항개발이나 특정 소음저감절차 운영에 대한 주민들의 반응도 살펴볼 수 있다는 특징이 있다. 이러한 설문조사를 통해 얻어진 결과는 공공의견수렴(Public Consultation) 등 여타 다른 방법으로 수집된 정보와 함께 공항의 환경영향평가(Environmental Impact Assessments : EIAs)에 이용되기도 한다.

공공의견수렴은 공역의 재설계와 같은 신규 또는 개정된 운항절차의 시행에 따른 지역주민들의 의견을 조사하는 것으로, 이해관계자가 골고루 참여해 투명하고 신뢰할 만한 과정을 전제로 한다면 공항운영자나 정부 담당자들이 정책 의사 결정을 내릴 때 유용한 자료가 될 수 있다. 공공의견수렴은 특정 지역 공항의 개발이나 소음저감절차 도입 등에 관한 찬반여부를 파악할 수 있는 방법이며, 지역 주민들의 요구나 지역상황에 따라 설문주제나 항목들을 적절하게 변경하여 사용할 수 있어야 한다.

이 밖에 공항운영자가 공항소음관련 정보를 수집할 수 있는 방법은 언론보도와 관련된 내용을 분석하는 것이다. 항공기 소음 및 기타 항공관련 신문기사나 뉴스 방송은 지역주민들에게 해당 사안에 대한 관심과 경각심을 불러일으키기 때문에 결국 소음관련 불만이 꾸준히 증가하는 이유를 파악할 수 있게 해준다.

앞에서 살펴본 다양한 방법들은 공항운영자가 소음관련 불만사항을 바르게 이해하고 해당 문제를 성공적으로 해결하는 데 도움을 준다. 그렇다면 공항운영자와 정부담당자들이 항공기 소음 피해를 적절히 대응하기 위한 방법에는 무엇이 있을까?

5.6 항공기 소음피해 대응방안–기술적 · 운영적 · 정책적 대안

공항주변에서 항공기로 인한 다양한 소음피해를 줄이기 위해 지금까지 다양한 방법들이 도입되어 사용되었다. 항공운송산업이 공항주변 환경에 미치는 영향에 대한 관심이 점점 높아지면서 공항주변의 항공기 소음을 줄이기 위한 대책이 마련되고 있는데 이 대책들은 크게 기술 분야, 운영 분야, 정책 분야로 분류할 수 있다. 이 세 가지 대안에 대해 좀 더 자세히 살펴보도록 한다.

■ 기술적 대안

지난 30년 동안 항공기 엔진과 동체기술은 놀라온 속도로 발전되어 왔으며, 이에 따라 항공기에서 발생하는 소음을 줄이기 위한 노력도 계속되어 왔다. 예를 들면, 높은 바이패스율(Bypass ratio)의 터보팬 엔진을 개발하거나 소음 발생을 줄이는 동체를 설계하거나 차음재료(Sound-insulation Materials)를 활용했다. 이와 같은 기술을 적용하여 상업용 민간항공기에서 발생하는 소음수준을 예전에 비해 상당히 낮췄고 이에 따라 공항주변의 소음피해지역 규모와 범위도 줄었다.

그러나 이러한 방법들을 이미 상당히 높은 수준까지 기술 개발이 이루어졌기 때문에 추가적인 기술 개발을 통해 소음을 줄이는 것이 한계에 이른 상황이다. 따라서 항공기 엔진이나 동체 설계기술을 더 개발하기 보다는 최근에 계속해서 큰 이슈가 되고 있는 기후변화와 관련해 항공기의 연료효율을 높이는 쪽으로 기술 개발이 진행되고 있다.

소음 감소를 위한 항공기 기술과 이산화탄소와 같은 온실가스 배출 감소를 위한 항공기 기술 개발은 서로 트레이드-오프(Trade-Off) 관계이다. 또한 항공기 기술 개발이 민간항공시장에서 널리 보급되어 상용화되기 위해서는 상당한 시간과 비용이 들 것으로 예상되기 때문에 기술 개발에 의한 항공기 소음저감을 실현하는 데에는 상당한 시일이 걸릴 것으로 보인다. 시간이 많이 걸리는 신규항공기 도입 대신 소음이 덜한 엔진 등 항공기 부품교체, 소음저감장치 장착이 있을 수 있으나, 이는 소음이 적은 신규 항공기로 교체하는 것에 비해 그 효과가 다소 떨어진다.

■ 운영적 대안

항공기에서 발생하는 소음은 부분적으로는 항공기가 공항에서 어떻게 운항되는 지에 의해서 좌우되기도 한다. 특히 공항주변과 공역에서 항공기의 운항방식이나 항공교통관제절차 등에 따라 소음발생에 큰 차이가 있기 때문에 항공기 운항 단계의 소음을 최소화하기 위한 노력이 필요하다.

이를 위해 항공사와 항공교통관제기관들은 소음발생이 적은 항로나 운항절차를 개발하기 위해 꾸준히 노력해왔는데 그 결과 특히 항공기가 착륙·이륙 싸이클(Landing and Take-off Cycle : LTO cycle)동안 소음발생을 최소화 할 수 있는 통합적인 소음저감 절차들을 수행할 수 있게 되었다. 착륙을 위해 공항에 접근하는 항공기는 소음 영향을 줄일 수 있는 소음우선항로(Noise Preferential Route :

NPR)를 따라 비행하면 주거 밀집 지역 등 소음 민감지역을 피해서 비행할 수 있게 된다.

또한 공항에 입항하는 항공기가 연속강하접근(CDA)하거나 저추력·저항력(LP/LD) 비행방식으로 공항에 접근하는 경우 항공기 동체와 엔진에서 발생하는 소음을 크게 줄일 수 있다. 이를 통해 항공기가 공항에 접근하는 동안 불필요한 수평비행구간을 줄여 연료소모를 줄일 수 있다는 장점도 지니고 있다. 따라서 운영적인 측면을 고려했을 때, 연속강하접근법이나 저추력·저항력 접근법은 조종사가 속도조절장치나 플랩의 사용을 최소화해 유해항력(Parasite drag)에 따른 소음을 상당히 줄일 수 있게 한다.

착륙활주 도중 조종사가 소음을 적게 발생시키기 위해 역추진 장치를 사용하는 대신 브레이크를 사용하는 것도 한 가지 방법이 될 수 있다. 그러나 이 방법은 브레이크를 냉각시키는데 시간이 필요하기 때문에 공항에서 턴어라운드 타임(Turn-around time)이 길어질 수 있다는 문제가 있다.

항공기가 지상활주하는 동안에는 소음발생이 적거나 사람들이 밀집한 주거지역에서 멀리 떨어진 유도로를 사용하는 방법도 있을 수 있다. 또 항공기가 지상에서 대기하는 동안에는 비교적 소음이 심한 보조동력장치(APU) 대신 지상 전기공급 장치(Fixed Electrical Ground Power : FEGP)를 이용해 항공기에 전력을 공급하는 방법도 있다. 엔진 시험가동은 최소화하고 야간시간대에는 가능한 한 엔진시험가동을 피하는 것이 바람직하다.

출발하는 항공기의 경우 항공기가 이륙활주 과정 후 초기 상승하는 구간까지 낮은 추력으로도 비행할 수 있도록 이륙절차를 개선할 수 있다. 이러한 소음저감 출발절차(Noise Abatement Departure Procedures : NADP)와 관련해 국제민간항공기구(ICAO)는 항공기가 이륙하는 동안 소음 발생을 최소로 하는 추력값과 적절한 플랩 각도를 조합하는 방법을 제안하였다. 항공기가 이륙하는 동안 추력값을 낮추면 항공기의 상승률이 낮아져 더 긴 시간 동안 낮은 고도에서 비행할 수 있기 때문에 소음 영향을 최소화할 수 있는 적정한 균형 값을 찾는 것이 중요하다. 발생할 수 있는 예상문제에 대한 대안 모색도 중요한데, 항공기가 추력을 낮춰 비행하면 소음이 줄어들 수 있지만 반대로 LTO사이클이 길어져 소음 영향이 증가할 수도 있다. 따라서 이 둘 사이에 존재하는 트레이드-오프 관계를 고려해야 하며, 이 외에도 항공기가 소음저감 출발절차 등을 적용하여 비행하면 소음피해예상지역을 우회해 비행하기 위하여 더 먼 거리를 비행하게 된다. 이에 따른 항공기의 연료소모량이나 온실가스 배출이 증가할 수 있다는 문제도 있을 수 있다.

■ 정책적 대안

항공환경관련 문제를 해결하기 위한 방법 가운데 정책적 측면이라는 것은 크게 규제(Regulatory), 시장기반적 접근법(Market-based) 그리고 자발적인 참여(Voluntary)로 구분할 수 있다. 전 세계적인 차원에서 항공기 소음을 규제하는 기관은 국제민간항공기구(ICAO)이다. ICAO는 소음이 덜한 항공기술의 개발을 지원하고 소음이 심한 노후 항공기를 세계 항공운송시장에서 단계적으로 퇴역시키고자 노력하고 있다.

이와 같은 ICAO의 정책에 맞추어 전 세계적으로 항공기 소음관련 기술이 크게 발전하였으며, 신규 개발 항공기들은 비행에 투입되기 전에 소음 인증을 받는 것이 의무화되었다. 또한 항공사들은 자발적으로 노후하고 소음발생이 심한 항공기를 대신할 신규항공기 도입을 위해 기단 교체계획을 수립하고 있다. ICAO의 소음관련 규정은 민간항공조약(시카고조약) 부속서 16(Environment)의 제1권에 명시되어 있다.

이와 별도로 유럽은 1985년 소음발생이 가장 심한 항공기를 비행에 부적합한 항공기로 규정하고 비행을 금지시킨 바 있다. 일반적으로 Chapter 2 항공기에 적용되는 Stage 2 소음기준은 1977년 10월 이전에 제작된 제트항공기를 규제하기 위한 표준으로 사용되었다. 이보다 좀 더 소음이 적은 Chapter 3 항공기에 적용하는 Stage 3는 1977년 10월 이후에 제작된 항공기를 대상으로 하며, 규정 수위와 범위가 Stage 2에 비해 조금 더 높아졌으며, ICAO는 2001년 9월, Stage 3의 규정보다 약 10dB(A)정도 기준이 높아진 Chapter 4를 이사회에서 통과시켜 2006년 1월 1일 이후 도입되는 신규항공기를 대상으로 적용하기 시작했다. 이와 동시에, 2002년 3월 31일 부로 Chapter 3 기준에 맞게 소음기준을 높여 재인증을 취득하지 못한 Chapter 2 항공기의 운항을 전면적으로 금지하기 시작했다. 현재 Chapter 3 항공기 운항을 단계적으로 줄여나갈 시점을 정하는 사안을 두고 각국 간 논쟁이 벌어지고 있으며, 아직까지 Chapter 3 항공기를 단계적으로 항공 운송시장에서 퇴출시키는 절차를 이행하지는 않고 있다.

항공운송산업은 그 나라의 경제적, 사회적 발전의 중요한 원동력이자 국가 주요 산업 중 하나이다. 각국의 발전정도, 성숙도 등에 따라 소음과 관련한 ICAO의 규정을 준수할 수 있는 능력에는 차이가 있을 수 있다. 따라서 ICAO의 소음관련 규정은 각국의 지속가능한 항공운송산업 발전을 저해할 수 있는 민감한 사항이 되기도 한다. 일부 선진국에서 개발한 최신 항공기는 높은 항공관련 기술수준으로 ICAO의 Chapter 4 기준을 통과하는 데 큰 문제가 없으나 신흥개발국에서는 아직까지 항공산업이 선진국에 비해 크게 발전하지 못했기 때문에 그러한 기준을 완전히 충족시키는 것이 쉽지 않은 문제인 것이다. 따라서 ICAO는 선진국과 개발도상국 간의 이러한 차이에 따른 불균형문제를 해결하기 위해 소음문제에 관한 한 평등하고 균형적인 해결법을 채택하고자 다음과 같은 4가지의 기본개념을 채택하였다(ICAO 결의 A33~7).

- 소음발생 원천에서의 소음저감 (Reduction of Noise at Source)
- 소음을 고려한 토지사용 계획
- 소음저감 항공기 운영절차
- 운항규제

정부 간 국제기구인 국제민간항공기구(ICAO)에서 각국 간 이해관계가 첨예하게 대립하는 사안에 대한 규정을 오랜 시간을 들여 수립하더라도, 이를 각국이 채택해서 실제 항공운송에 적용하는 데까지는 상당한 시일이 추가적으로 소요된다. 이 때문에 항공기 소음 영향을 줄이기 위한 환경 개선을 단시일 내에 기대하기는 어렵다. 그러나 항공운송시장이 지속적으로 성장하고 소음을 비롯한 환경문제의 중요성이 날로 높아지고 있기 때문에 항공기 소음을 둘러싼 규제는 지속적인 연구와 검토를 통해 꾸준히 개선되어야 하며, 지속가능한 발전을 위한 기본 원칙에 의거, 성공적인 소음감축사례를 각국마다 널리 보급해 적용할 필요가 있다.

제 **3** 장

항공산업의
배출가스와 대기오염

항공환경과 기후변화

항공산업의
배출가스와 대기오염

제 **3** 장

1 서언

공기 중에는 기체 혼합물뿐만 아니라 여러 가지 액체와 고체 입자가 포함되어 있다. 이와 같은 대기 구성은 그 시기와 장소에 따라 다르며, 자연 현상과 인간 활동에 의해 달라진다. 특히, 인간 활동으로 대기 중에 배출되어 생태계와 인간에게 악영향을 주는 유해 물질들의 농도가 높아지는 현상을 대기오염이라 하는데, 대기오염 수준은 대기 중의 오염물질의 종류와 농도에 따라 정의된다.

대기오염 문제는 오래전부터 논의되어온 환경 주제이다. 역사적으로, 산업혁명과 함께 대기오염물질의 배출이 급격히 증가하여 공기의 질(Air Quality)은 소위 선진국 내 지역에서 심각하게 악화되었고 사회문제화되었다. 그러나 1950년대와 1960년대에 유럽과 미국에서는 공해물질 배출을 제한하는 법률이 제정되어 산업 활동에 따른 공해물질 배출이 급격히 감소하였다. 그리하여 산업화에 의한 대기오염 대신 교통수단에 의한 배출물이 대기의 질을 위협하는 주요 요인이 되었다.

이와 관련하여 교통 혼잡이나 산업 활동으로 인하여 특정 지역의 공기가 심각하게 오염되었는데, 인간의 생활에 부적합한 수준까지 악화되는 것을 막기 위하여 각국가는 공기 질과 관련한 환경 표준을 법규화하여 이행하고 있다. 아래의 표와 그림은 각국가 또는 지역별로 대기오염 표준과 오염물질 배출에 의한 공기 질 유지를 위한 대응방안을 보여주고 있다.

표 1-3-1 국가별 지역 대기질 규제사항

Country/Organisation	Pollutant (Averaging period)	Suphur Dioxide			Nitrogen Dioxide			Carbon Monoxide		Ozone			PM₁₀	
		1 hr. μg/m³	24-hrs. μg/m³	Annual μg/m³	1 hr. μg/m³	24-hrs. μg/m³	Annual μg/m³	1 hr. μg/m³	8-hrs. μg/m³	1 hr. μg/m³	8-hrs. μg/m³	24-hrs. μg/m³	24-hrs. μg/m³	Annual μg/m³
WHO	WHO Guidelines	–	125	–	200	–	45–50	30	10	–	120	–	–	–
EU	Air Quality Framework Directive	350	125	20	200	–	40	–	10	–	120	–	50	40
Australia	National Environmental Protection Measure for Ambient Air Quality	520	200	50	220	–	50	–	10	200	–	–	50	–
Brazil	Resolution 03 of CONAMA(National Council for the Environment)]., June 1990 – Air Quality National Standards	–	355	80	320	–	100	40	10	160	–	–	150	50
Canada	National Ambient Air Quality Objectives Canadian Environmental Protection Act June 2000	900	300	60	400	200	100	35	15	160	–	50	–	–
Chaina	Ambient Air Quality Regulations GB3095–1996	500	150	50	150	100	50	10	–	160	–	–	150	100
India	G.S.R.6(E), [21/12/1983] – The Air (Prevention and Control of Pollution)(Union Territories) Rules, 1983	–	80	60	–	80	60	4	2	–	–	–	100	60
Japan	Ministry of the Environment Environmental Quality Standards	260	100	–	75–110	–	–	12	23	120	–	–	–	–
South Africa	SANS1929 Guidelines[4]	–	125	50	200	–	40	30	10	200	120	–	75	40
Switzerland	Swiss Luftreinhalteverordnung (LRV)	–	100	30	–	80	30	–	–	120	–	–	50	20
USA	NAAQS	360	–	80	–	–	100	40	10	240	160	–	150	50

μg/m=micrograms per cubic meter

출처 : ICAO Doc 9889 Airport Air Quality Guidance Manual p13

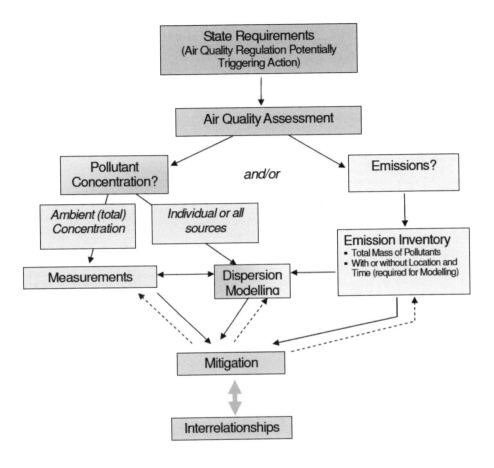

Figure 1 - Local Air Quality Elements and their Interactions

그림 1-3-1 지역 공기 질 요소와 상호작용

출처 : ICAO Doc. 9889, "Airport Air Quality", p.8.

　세계화가 진행됨에 따라 사람들의 유동성 및 교통·관광수요가 지속적으로 증가하고 있다는 점을 고려해 볼 때, (항공교통수단을 포함한) 교통수단에서 배출되는 오염물질이 전 세계적으로 증가할 것이라는 예상이 가능하다. 교통수단으로 인한 대기오염은 대부분 질소산화물(Nitrogen Oxide : NO_x), 미립자(Particle), 탄화수소(Hydrocarbons : HC_s), 일산화탄소(Carbon monoxide : CO)의 배출로 발생한다. 이 외에도 질소산화물 같은 배출물질이 광화학 반응을 통해 생성하는 오존(Ozone : O_3)과 같은 2차 오염물질도 우려의 대상이 된다.

이러한 오염물질들은 다양하고 복잡한 반응을 통해 인간과 동식물에 영향을 준다. 예를 들면, 이산화질소(NO_2)는 기도에 염증을 발생시키고 폐 기능에 영향을 주며 알레르기 반응을 악화시킨다. 또한 NO와 NO_2는 산성비의 원인이 되며 생태학적 피해를 유발한다. 미립자(Particles)는 심혈관과 호흡기 계통에 영향을 주고, 천식을 악화시키며, 직접적인 사망률 증가 원인이 되기도 한다. 일산화탄소(CO)는 혈액과 조직의 산소 포화도를 낮추고 심혈관과 호흡기 질환이 있는 사람에게 위험하며, 오존(O_3)은 눈에 염증을 발생시키고 기도를 손상시키며 염증 반응을 촉발시킨다.

이와 같은 대기오염물질의 위험성으로 인해 다양한 대기오염 저감방안이 개발되었고, 기술적 발전과 엄격한 환경 법규의 도입으로 대기의 질은 상당히 개선되었다. 이는 대기관리체계가 뒷받침됐기 때문인데, 여기서의 대기관리체계는 환경 표준에 의한 규제, 배출량 제한, 배출 부담금 제도, 세금 부과, 배출물 감축기술 적용에 대한 보조금 제공, 배출권 거래 등으로 정리할 수 있다.

'항공산업활동에 의한 대기오염 문제'는 글로벌 이슈라기보다는 국지적인 (Local) 문제이다. 항공기가 순항할 때 고공에서 배출되는 오염물질이 생태계나 인간에게 미치는 영향은 미미하겠지만, 항공기의 이착륙을 위해 지표면 또는 공항 주변의 저공에서 배출되는 오염물질은 공항 주변 지역의 생태계와 공항에서 활동하는 사람들에게 부정적인 영향을 줄 것이기 때문이다. 물론, 항공기 엔진에서 배출되는 이산화탄소 등 온실가스는 어느 단계에서 배출되었건 지구 기후변화요인이 되기 때문에 글로벌 이슈로 간주할 수 있지만 본 장에서는 오염물질 배출과 대기 질(Air Quality)에 관해서 논의하므로 온실가스 배출문제는 논외로 하며, 항공산업의 온실가스 배출과 기후변화 영향에 대해서는 제2부에서 다루게 될 것이다.

따라서, 본장에서는 공항지역의 공기 질(Airport Air Quality)을 유지하는 문제를 중심으로 공항지역 공해물질 배출문제에 집중적으로 다룬다. 특히, 항공기 엔진 배출가스에 대해서는 보다 상세하게 논의할 것이다. 공항지역의 공기 질을 악화시키는 배출가스는 공항기반시설 운영에 따른 배출, 공항지역 지상장비 및 차량에 의한 배출도 고려해야 되지만, 대형 공항의 경우 항공기 엔진에서 배출되는 오염물질이 가장 심각한 영향을 미치기 때문에 항공기 엔진 배출가스를 보다 중점적으로 살펴볼 것이다.

2 항공기 배기가스와 그 영향

항공산업 활동에 의하여 배출되는 오염물질은 주로 공항지역의 공기 질을 악화시킨다. 공항지역의 공기오염물질 배출원은 매우 다양한데, 항공기 엔진 배출물, 지상조업장비 운영에 따른 배출가스, 공항직원 및 항공여객과 화물운반 공항접근 교통수단의 배출가스, 청사 등 빌딩 운영을 위한 냉난방 공급유관시설에서 발생하는 배출가스 등이 있을 것이다. 이러한 배출원을 크게 항공기 엔진 배출가스와 기타 공항운영에 의한 배출가스로 양분하여 고려해 볼 수 있다. 그러나 배출가스의 규모나 유해성을 보더라도 항공기 배출물이 미치는 영향이 기타 공항운영에 의한 배출가스보다 훨씬 크기 때문에, 대부분의 학술연구나 환경규제 사항들은 항공기 엔진 배출가스에 중점을 두고 있다.

공항 지역의 공기 질에 영향을 미치는 항공기 엔진 배출가스는 다시 직접적인 대기오염물질과 간접적(또는 매개적) 오염물질로 나눌 수 있다. 직접적인 대기오염물질은 NO_x와 미립자 등이 주요하게 고려되며, 간접적(매개적) 오염물질은 NO_x가 O_3를 형성하는 것과 같이 항공기 배출물이 물리적, 화학적 과정을 거쳐 대기오염물질을 생성시키는 것을 의미한다.

이하에서는 항공기 엔진 배기가스와 기타 공항운영에 의한 배기가스로 나누어 각 물질이 환경과 인간에게 미치는 영향을 설명하고, 상위에서 언급한 '배기가스 산정과업(Emissions Inventory)'의 의미와 산정과정을 서술하겠다.

3 항공기 엔진 배기가스

항공기는 가연성 탄화수소인 화석연료를 연소시켜 동력을 얻는다. 이상적인 환경에서 화석연료는 완전히 연소되어 CO_2와 물, 그리고 소량의 SO_2를 발생시킨다. 여기에 질소와 산소로 구성된 주변의 공기가 엔진을 통과하게 되는데, 엔진을 통과하는 총 공기 질량의 8.5%만이 연소에 의해 발생하는 물질을 구성한다. 그러나 대부분의 경우 비이상적인 환경에서 연소되기 때문에 이상적 연소물 외에, NO_x, HCs, CO, SO_x가 배출된다.

질소산화물(Nitrogen Oxides : NO_x)은 높은 온도에서 대기 중에 있는 질소가 산화되면서 항공기 엔진 연소과정에서 발생되며, 연료 자체에 포함되어 있는 질소에서도 소량 배출된다. 항공기에서 배출되는 NO_x 중 대부분은 NO이고 NO_2는 소량만 배출되는데, 배출된 NO_x는 대기 중에서 NO_2로 빠르게 변환된다. 상대적으로 높은 농도에서, NO_2는 기도 염증의 원인이 되고, 장시간 노출될 경우 폐기능에 영향을 주며 알레르기 반응을 악화시킨다. 연소실 설계에 따라 NO_x 배출량을 어느 정도 줄일 수 있으나 항공기 엔진 운영 중 NO_x의 생성은 불가피하다. 또한 연료 효율을 높이는 과정에서 NO_x가 증가하기 때문에, NO_x의 배출은 2002년과 2025년 동안 약 1.6배 증가할 것으로 예상된다.

NO_2의 일차적인 영향과 함께, NO_x 배출은 2차 효과를 가진다. NO_x와 휘발성 유기 화합물(Emission of Volatile Organic Compounds : VOCs)은 복합 화학반응을 통해 O_3의 촉매제를 생성한다. O_3는 주로 NO를 NO_2로 변환시키며, 그 자체로도 대기오염에 영향을 준다. (O_3는 눈과 코에 염증을 유발하며 기도 내벽을 손상시키고 염증성 반응을 일으킨다.) O_3 생성과 함께 NO_x는 미립자(Particles)의 생성에도 기여한다.

대기 중 부유 물질인 미립자(Particles)는 항공기, 공항 시설, 지상조업차량이나 공항 접근용 육상교통수단에서 배출된다. 항공기에서 발생하는 미립자는 제동장치, 타이어, 주 엔진, 보조동력장치 등이 생성원이 된다. 미립자의 대부분은 매연이나 황산입자로, 이는 대기 중에서 에어로졸을 형성한다. 미립자들은 심혈관이나 호흡기 계통에 영향을 주며, 천식이나 사망률 증가에 원인이 되며 여러 방면에서 인체 건강에 나쁜 영향을 미친다. 항공 활동에서 발생하는 미립자 배출에 대한 연구는 NO_x 연구보다 부진하며 미립자 배출 감소에 관한 기술 개발은 난항을 겪고 있는데, 이 때문에 2002년에서 2025년 사이에 미립자 배출량 증가 또한 불가피할 것으로 예상된다. 이는 앞으로 수년간 대기오염을 논의할 때, 미립자를 주목해야 할 필요가 있음을 의미한다.

항공기 엔진에서 배출되는 기타 오염물질에는 SO_x, CO, VOCs가 있다. SO_x은 항공기 엔진의 윤활성을 높이기 위해 황 함유 합성물이 첨가되기 때문에 발생한다. SO_x 배출은 핵심 오염물질인 SO_2를 포함하는데, 이는 기도 협착을 유발하고 특히 천식과 폐병 환자에게 해로운 물질이다. 그러나 항공기 엔진에서의 SO_x 배출량은 매우 적으며 공항운영 활동과정에서도 거의 발생하지 않는다.

CO는 화석연료의 불완전 연소로 발생하는 물질로, 혈액의 산소 전달 능력을 감소시킨다. 그러나 CO 또한 터보팬 엔진의 높은 변환 효율로 인하여 민간 항공기에서는 거의 배출되지 않는다. 따라서 SO_x와 CO는 일반적으로 중요한 오염물질이지만, 배출량이 작아 항공기 운영에 따른 주요 공해물질로 여겨지지 않으며 항공 활동 억제 요인에 해당하지 않는다. 그러나 VOCs는 유전적 발암물질로 알려진 벤젠과 부타디엔을 포함하므로 간과해서는 안 될 것이다. 또한 VOCs는 대기 중에서 O_3를 생성한다는 측면에서도 고려대상이 된다. 아래의 표는 IPCC 보고서에 제시된 항공기 운항 단계별 배출물질 종류별 단위 연료소모량당 배출량을 보여주고 있다.

표 1-3-2 항공기 운항단계별 오염물질 배출량

배출물질	연소된 연료(kg) 대비 케로신 배출량(g)		
	비가동상태(Idle)	이륙(Take-off)	비행 중
이산화탄소	3,160	3,160	3,160
수증기	1,230	1,230	1,230
질산화물(NO_2) 단거리 수송 장거리 수송	– 4.5(3~6) 4.5(3~6)	– 32(20~66) 27(10~53)	– 7.9~11.9 11.1~15.4
일산화탄소	25(10~65)	<1	1~3.5
탄화수소(메탄)	4(0~12)	<0.5	0.2~1.3
황산화물 (이산화황)	1.0	1.0	1.0

출처 : IPCC(1999, 235).

4 항공기 엔진 배기가스에 대한 이해

항공기 엔진 배기가스에 대해서 좀 더 상세한 논의를 추가하겠다. 앞에서 잠깐 언급한 대로 비행 중 항공기 엔진은 여러 기체들(CO, H_2O, NO_x, HCs, CO, SO_x, CO_2)과 고체 입자들(주로 그을음 입자와 황산화물)을 배출한다. 이러한 배출가스들은 직·간접적으로 대기 중의 화학물질 구성을 바꾸고 다양한 환경적 변화를 일으킨다.

항공기가 순항 중에 배출한 공해물질이나 온실가스는 대류권 상부나 성층권 하부, 즉 지표면으로부터 약 9~13km 높은 곳에 투입된다는 점이 주목을 끈다. IPCC가 인정한 바와 같이, 항공기 배출가스의 대부분이 가진 영향력은 항공기가 대류권에서 비행하는지 성층권에서 비행하는지에 매우 크게 좌우될 것으로 보인다. 항공기 배출가스가 대기에 미치는 영향은 동일한 양의 물질이 각각 지표고도와 고고도에서 미치는 효과가 매우 뚜렷하게 다르다는 주장이 우세하기 때문이다.

고고도에서는 공기도 희박하고 인위적으로 생성되는 화학물질의 농도가 매우 낮은 상태이므로 항공기 엔진이 배출하는 오염물질과 이산화탄소, 오존, 메탄을 포함한 온실가스의 농도 변화는 저고도에서 보다 훨씬 뚜렷할 것이기 때문이다. 또한 이들은 특정조건에서 콘트레일을 형성하고 적란운의 형성범위를 증가시킨다. 물론, 앞에서 설명한대로 항공기 배출가스는 LTO cycle 동안 지표면에 가까이 있을 때에도 공항주변의 공기 질에 심각한 영향을 미친다. 이러한 결과를 유발하는 항공기 배출가스의 주된 화학물질을 다음에서 각각 다루도록 한다.

4.1 항공기 배출가스 주 화학물질

■ 이산화탄소

항공기 엔진 연소에 따라 주로 발생하는 이산화탄소는 케로신 1kg 연소당 약 3,160g(±60g) 정도 방출된다. 이산화탄소는 자연적으로 생성되는 온실가스이지만 산업화된 경제활동에 의해 생성된 가장 심각한 배출물이기도 하다. 이산화탄소의 방사성만 본다면 가장 영향력이 강한 온실가스는 아니지만, 이산화탄소는 상대적으로 그 양이 풍부하고 대기 중에 잔존하는 시간이 길기 때문에 지구 기후변화 시스템에서 제일 중요한 역할을 한다고 규정됐으며, 실제로 교토의정서에서는 주요 오염물질 중 하나로 선정되기도 하였다. 이산화탄소는 대기 중에 오랫동안 남으며 기체 중에 잘 섞이고 범지구적으로 분산된다.

항공산업에 의한 이산화탄소 배출량은 다른 곳에서 배출되는 이산화소의 양과 비교했을 때 두드러지게 늘고 있다. 항공산업의 2005년 이산화탄소 배출은 전 세계적으로 약 733Tg을 차지했고 이는 인간 활동에 의한 이산화탄소배출 총량의 약 2~2.5%를 차지한다(Lee et al. 2010). 이러한 증가는 항공교통의 지속적 성장에 따른 것이며, 2030년까지 기술향상과 운영개선이 있다 하더라도 항공산업의 이산화탄소 배출량은 급증할 것으로 예상된다. 어떤 시나리오에서는 2050년까지 이 배출량이 1992년의 약 3배 수준에 달할 것이라고 예상하기도 한다. 또 다른 시나리오에서는 최근의 추이를 반영했을 때 2050년까지 항공산업에서의 이산화탄소 배출량은 국제 탄소 예산의 대부분을 소비할 것이라고 예측했다.

■ 수증기

이산화탄소와 마찬가지로 수증기도 항공기에서 직접 배출되는데, 케로신 1kg 연소당 약 1,230g(±20g)이 생성된다. 수증기는 지구상에서 자연적으로 형성되는 온실가스로서 사실은 매우 강력한 온실가스이다. 그러나 대류권은 상대적으로 습하고, 아음속 비행기들이 방출하는 수증기의 양은 주위의 수증기 농도에 비해서는 매우 적다. 따라서 수증기의 방사성 효과는 이산화탄소나 질소와 같은 다른 항공기 배출물 보다는 그 영향이 작고, 항공기에서 배출되는 수증기가 기후에 미치는 영향도 상대적으로 미미하다. 그렇지만 성층권의 중간 또는 상층은 극도로 건조하므로 성층권 내에서 고도가 높을수록 수증기가 유입되었을 때 대기가 가열되기 쉽다. 이 때문에 아음속 비행기들이 성층권의 더 높은 고도를 비행한다고 가정한 시나리오에서는 항공기에서 나오는 수증기가 기후에 미치는 영향력을 더욱 크게 평가했다.

■ 질산화물

질산화물은 일산화질소와 이산화질소 등 질소를 포함하는 물질을 총칭한다. 이들은 항공기 엔진 내에서 여러 가지 복잡한 화학 반응을 통해 생성된다. 그러나 일반적으로, 질산화물은 연소실 내의 고온 조건과 대기 중 질소의 산화과정에 의해 형성되고, 일부는 연료에 포함된 질소에서 나온다. 질산화물의 형성은 연료 연소의 직접적인 결과로 생성되는 것이 아니라 연소실의 디자인과 연소될 때의 온도, 압력의 복잡한 기능에 의해 만들어진다. 항공기에서 배출되는 질산화물의 대부분은 일산화질소 형태이지만, 이는 대기 중에서 이산화질소로 빠르게 바뀐다.

이산화질소(1차 이산화질소)의 적은 부분은 항공기 엔진에서 직접 배출되기도 한다. 특수한 엔진 디자인을 적용하더라도 연소과정 중 질산화물의 생성은 불가피하다. 이렇게 항공기에서 발생되는 질산화물은 줄어들기보다는 증가하고 있는데, 그 이유는 항공기 엔진의 연료효율을 향상시키기 위해 더욱 높은 엔진압력비율 사용을 권장하기 때문이다. 이는 연소실의 온도와 압력을 더욱 높여서 불가피하게 질소 생성물의 양을 증가시켰다.

연료효율을 증대시키려는 엔진 제조업자들의 끊임없는 노력으로, 항공기 질소 배출물은 2002~2020년 동안 약 1.6배 증가할 것으로 보인다. 같은 맥락으로 정책 결정자들은 질소산화물이 환경에 미치는 영향(특히 주요 공항 인근의 공기의 질에 미치는 영향)을 우려하고 있으며, 이에 따라 연료효율을 높이는 동시에 항공기의 질소 배출물도 줄일 수 있는 정책을 세우려는 노력을 기울이고 있다. 구체적으로는 질소 배출물의 양 제한을 목표로 두고 있으며 현재는 새로운 연소실을 개발하는 기술에 중점을 두고 있다.

■ 황산화물

항공기 연료는 소량의 황산화물을 포함하고 있는데 이를 첨가하는 이유는 연료의 윤활성을 높이기 위해서이다. 그리고 항공기 엔진 연소과정에서 배출되는 황산화물은 연료 속의 황이 포함된 물질이 산화되어 나오는 물질이다. 따라서 항공기의 황산화물 배출물은 엔진에서 바로 배출된다. 배출되는 황 물질의 대부분은 이산화황의 형태로 나오는데, 이는 주요 대기오염물질 중의 하나이다. 대체적으로 주위의 기체 농도에 비하면 항공기에서 배출되는 이산화황은 매우 적은 양이지만, 황산물질들은 콘트레일 형성에 주된 역할을 하고 이 외에도 다양하게 환경에 영향을 미친다.

■ 탄화수소(HCs)

탄화수소(HCs)는 오직 탄소와 수소원자로만 구성된 분자이다. 항공기에서 배출되는 탄화수소는 혼합된 케로신 연료에서 나오는 연소되지 않은 분자로서 '불연소 탄화수소(UHCs)'라고 부르기도 한다. 이는 연료 분자들이 연소 구역을 벗어나서 다른 물질을 따라 엔진을 지나가면서 배기관에서 생성된다. 그러나 엔진 내의 화학반응이 일어나는 동안 중간물질로 형성되는 다른 HCs 또한 항공기 엔진에서 직접 배출된다. 몇몇 HCs은 엔진이 가동되는 동안 배출되지만 다른 HCs는 항공기에 연료를 재급유하는 과정에서 대기 중에 방출되기도 한다. 이때 배출되는 HCs는 공항 주변에 악취를 유발한다.

■ 미립자(Particles)

항공기 엔진에서 배출되는 미립자(Particulate Matter : PM)는 그 양이 매우 적고 지름이 3nm~4µm이다. 이들은 연소성 물질과 불연소성 물질로 분류할 수 있다. 불연소성 입자들은 주로 탄소를 포함한 물질(그을음)이고 연료의 불완전연소로 인해 엔진의 연소실에서 주로 형성된다. 엔진에서 생성되는 그을음 입자들의 대부분은 또다시 연소되지만 몇몇 입자들은 배기실 밖 대기 중으로 방출된다. 배출되는 그을음 입자는 평균적으로 지름이 약 30~60nm로 매우 작다. 가연성 입자들은 대개 황산염으로 이는 전체 유기물질의 매우 작은 부분을 차지한다. 황산염 물질들은 황이 포함된 연료산화 결과로 생성된다. 황산물질은 그을음 입자보다 약 1~2배 정도 더 많다. 그러므로 입자들은 연소과정 중에 직접 배출되어 형성되는 화학종 그룹과 배기관의 화학반응 결과 생성되는 화학종 등 다양한 물질로 구성된다.

비행 중의 황산화물과 그을음은 미세한 고체와 액체입자에 붙어있는 기체로서 에어로졸의 일종이다. 에어로졸은 입자 형태로 직접 배출되기도 하고(1차 에어로졸) 대기 중에서 변환과정을 거쳐 형성되기도 한다(2차 에어로졸). 그을음 입자와 황산화물은 태양방사선을 흡수 또는 방출하여 기후에 직접적인 영향을 미치지만 그 영향력은 작은 편이다. 이러한 직접적인 영향 외에도, 입자들은 콘트레일과 적란운의 형성과정에서 응결핵 역할을 하여 기후변화에 간접적으로 영향을 미치기도 한다. 과학기술 개발로 항공기 엔진에서 배출되는 이러한 입자들의 양을 줄이는 것이 불가능한 것은 아니지만 적어도 2025년까지는 미립자의 배출량이 증가할 것으로 예측하고 있다.

■ **기타 배출물질들**

앞에서 설명한 기체들과 입자들 외에도 항공기 엔진 연소과정에서 기타 여러 물질이 소량 배출된다. 먼저, 일산화탄소는 화석연료의 불완전연소에 의해 생성되는데 이는 완전히 산화되어 이산화탄소가 됐어야 했는데 그 과정을 거치지 못한 탄소물질이다. 그러나 고효율의 항공기 엔진으로 항공기 운항 중 배출되는 일산화탄소의 양은 극도로 줄어들었다. 또 다른 배출물질들은 양이 너무 적어서 배출의 흔적만 찾아볼 수 있다. 예를 들어, 수산화기(Hydroxyl radicals, OH)물질들도 연소과정 중에 생성되고 산화과정을 일으켜서 질산화물 및 황이 포함된 화학종으로 변환된다. 비록 수산화기 물질량은 거의 측정되지는 않지만, 수산화기는 엔진 배기과정에 그 농도가 약 1ppb(10억분의 1)이며, 아질산(Nitrous acid, HONO)과 질산(HNO_3)도 매우 적은 양이지만 항공기 엔진에서 배출된다. 항공기에서 배출되는 또 다른 화학종은 화학 이온(Chemi-ion, CIs)이라고 불린다. 이들은 자유라디칼의 화학이온화 과정에 의해 고온에서 형성되는 기체이온들이다.

4.2 항공기 엔진 배기가스의 특성

항공기 엔진의 연소 과정에서 배출되는 공해물질이나 온실가스 배출량을 측정하거나 예측하기 위해서는 소모된 연료량 대비 각각의 배출가스양을 산정할 수 있는 함수나 상관관계식을 알아야 한다. 즉, 케로신 1kg 연소당 배출되는 입자 및 배출가스의 양을 나타내는 Emission Factor가 필요하다. 일부 배출물의 경우 Emission Factor는 엔진이 어떻게 작동하던지 간에 상수값인 반면, 어떤 배출물은 엔진 동력수준이나 기타 변수들에 의해 크게 좌우된다. 예를 들어, 이산화탄소와 수증기의 경우에 Emission Factor가 상수이므로 그 배출량은 사용된 연료량에 비례해서 증가한다. 반면 질산화물은 동일한 양의 연료가 연소되더라도 엔진의 동력 수준이 높을수록 생성량이 많아지며 온도, 압력, 기압조건, 항공기의 전진속도에 의해서도 질산화물의 Emission Factor는 매우 달라진다. 그을음 입자의 Emission Factor 또한 동력 수준이 높을수록 높아진다. 탄화수소(HCs)와 일산화탄소의 경우, Emission Factor는 연소효율에 반비례하는 경향이 있는데 이 두 가지 배출가스는 동력 수준을 가장 낮게 했을 때 배출량이 최대가 된다. 황산화물의 배출은 연료 내에 황 물질이 포함되어 있을 때 직접 배출된다. 그렇기 때문에 황산화물의 Emission Factor는 연료 유형에 따라 결정되는 상수이다.

국제민간항공기구에서는 이렇게 항공기 엔진에서 유발되는 오염물질을 규제하고 있으며 각각 CO, HCs, NO_x, Smoke의 엔진별 배출 데이터는 ICAO Engine Emissions Databank(CAA 2006)으로 발간되었다. 이 데이터들은 엔진증명(Engine Certificate) 시점에 측정된 것이므로 비행 중 실제 엔진의 성능은 '이상적인 수치'와는 상당히 다를 수 있다. 최근 일부 학자의 연구에 따르면 항공기의 Emission Factor는 엔진유형에 따라 다양하고 ICAO Engine Emissions Databank의 수치와도 많은 차이를 보일 것이라고 주장하였다.

향후 항공기 엔진 배출물질의 양이 어떻게 변할 것인지를 예측하는 일은 항공산업의 발전을 논의할 때 중요한 이슈가 될 것이다. 지금까지는 이산화탄소와 질산화물이라는 두 가지의 주요 배출가스에 대한 연구가 활발히 진행되어 왔다. 어떤 연구에 의하면 과학기술의 전망이 밝다고 가정하더라도 항공산업의 이산화탄소 배출량은 2050년에는 1992년 수준의 3배 이상이 될 것이라고 전망한다. 질산화물 배출의 경우에는 2050년에는 1990년대 초반보다 2~6배로 증가할 것으로 보고 있다.

5 기타 공항운영에 의한 배기가스

앞에서는 주로 항공기 엔진 배기가스가 공항 주변의 공기 질에 미치는 영향을 논의하였다. 그러나 항공기 엔진 배기가스 외에 공항 운영과 항공기 지원업무 활동에 따른 공해물질 배출 또한 공항주변의 공기 질에 영향을 준다. 예를 들면 가스 상태의 오염물질과 에어로졸은 공항 건설과 운영, 유지 보수를 위한 에너지 사용, 공항 내 물품 운반, 기타의 화석연료 사용 활동, 초목 파괴 등으로 인하여 발생한다. 또한 항공여객이나 공항직원이 공항접근 목적으로 이용하는 지상 교통이나 공항에서 수행하는 화물 처리, 음식 공급, 청소 등의 부가 서비스 활동과 관련해서도 오염물질이 배출된다.

이렇게 공항 운영 활동과 관련해 발생된 배출가스의 영향은 항공기 엔진 배출가스와 비교했을 때 그 영향력이 작은 편이지만 점차 주목받고 있다. 특히 도심과 인접한 지역에 위치한 공항의 경우 대기 환경 기준이 엄격해지고 있어서, 공항 운영자들이 지역 당국과 긴밀히 협력하여 대기 질에 대한 영향을 관리해야 한다. 아래의 표는 공항지역 공기를 오염시키는 공해물질 배출활동과 배출원을 체계적으로 분류하여 정리한 표이다.

표 1-3-3 공항지역 공기오염 공해물질 배출활동 및 배출원

항공기 배기가스 (Aircraft Emissions)	주 엔진(Aircraft Engine Emissions)
	보조 동력 장치(Aircraft APU Emissions)
	지상 동력 장치, 견인차, 컨베이어 벨트와 같은 지상 지원 장비 (Ground Support Equipment)
항공기 조업 배출가스 (Aircraft Handling Emissions)	에어 사이드의 교통수단(Airside Traffic)
	항공기 급유(Aircraft Refueling)
	항공기 De-icing
	발전소와 난방 시설

기반시설 (Stationary or Infrastructure)	비상 동력 장치
	항공기 및 공항 보수 · 유지
	연료
	건설 활동
육상교통수단 (Ground Transportation)	소방 훈련
	지면 De-icing
	승객과 직원이 이용하는 지상 운송수단

6 배기가스산정과업(Emission Inventory)

지금까지 공항주변 공기의 질에 영향을 주는 항공 활동에 따른 공해물질 배출에 대하여 논의하였다. 인체와 주변 생태계에 영향을 주는 유해물질의 수준은 환경관련 법규에 따라 규제를 받고 있다. 이에 따라 각종 장비와 시설 운영에 따른 다양한 오염물질의 배출량이나 공기 속에 포함된 유해물질의 농도를 측정하는 절차를 명확히 수립하고 이행해야 할 필요가 있다. 이 때 공항 주변 공기의 질을 분석하고, 공항 발전 계획에 따른 미래의 환경 영향을 예측하기 위해서는 정교한 유해물질 배출량과 농도 분포값을 조사 측정하고 모델링하는 기술이 요구된다.

공항 지역의 공해물질 배출량을 측정하고 산출하는 과업을 'Airport Emission Inventory(배기가스산정과업)'라고 한다. 공항의 배출가스 산정방법은 아직 표준화되지는 못했으나 대체적인 합의는 이루어졌다. 국제민간항공기구가 발간한 매뉴얼(ICAO Doc 9889 Airport Air Quality Guidance Manual)에 의하면 공항의 각 배출원(Emission Source)에서 발생되는 배출가스를 보다 정확하게 산정하기 위해서는 상향식 조사절차(A Bottom-up Process)를 적용할 것을 권고하며, 각 배출원에서 발생하는 배출물은 '배출가스(g)/연료량(kg)'으로 표현되는 배기단위(Emission Factor)를 활용하도록 한다.

앞에서 설명한 대로 공항주변 공기의 질을 악화시키는 오염물질 배출원은 다양하지만 항공기엔진 배출가스가 가장 심각한 배출원이 된다. 본 섹션에서는 국제민간항공기구의 'Airport Air Quality Manual'에 제시된 공항주변 공기 질에 영향을 미치는 항공기 엔진 '배기가스산정과업(Emission Inventory)'에 대하여 논의하고자 한다. 공항운영자가 배기가스산정과업을 처음 도입하려면 적지 않은 요인들을 고려해야 하는데 고려 요인들을 표로 정리하면 다음과 같다.

표 1-3-4 배기가스산정과업 고려요인

Factors to Consider when Developing Emissions Inventory	
Inventory Purpose	The use and requirement of an emissions inventory largely determines its design. If the requirement is solely to calculate the total emission mass, then the methodologies utilized will be simple and straight forward. If the inventory is to be utilized as part of a dispersion model, the methodologies could be different and more detailed as dispersion modeling requires spatial and more detailed temporal information. The design of the emissions inventory has to take this into account so as not to limit its future use.
System Perimeter	The system perimeter defines the spatial and the functional area within which emissions will be calculated. The spatial area could be the airport perimeter fence, a designated height (e.g. mixing height) and/or access roads leading to the airport. The functional area is typically defined by emission sources that are connected functionally to airport operations, but could be located outside the airport perimeter (e.g. fuel farms).
Updates	The frequency of inventory updates influences the design of the inventory and any applied databases or data tables (e.g. one annual value versus many values over the year determines the necessary temporal resolution). It is also important to evaluate the efforts needed and available to compile the inventory at a certain frequency.

Level of Accuracy/Complexity	The necessary accuracy level of data inputs is determined by the fidelity required for the analysis and the knowledge level of the analyst. This guidance is to have a framework for conducting analysis at various levels of complexity. Whenever possible, guidance is given for three different levels of complexity: Simple Approach Advanced Approach Sophisticated Approach

출처 : ICAO Doc 9889, "Airport Air Quality Guidance Manual", p.21.

항공기는 공항지역에서 착륙과 이륙을 위한 기동을 한다. 항공기의 착륙과 이륙단계에서 발생하는 항공기 엔진 배기가스의 양은 항공기 기종 및 장착된 엔진, 항공기 운영 방식 등에 따라 결정될 것이다. 따라서 공항 지역에서 항공기가 배출하는 각 공해물질의 양을 산정하려면 해당 공항에 운항하는 항공기 기종 및 장착엔진 정보와 항공기 운항방식에 대한 구체적인 정보가 필요하다. 그러나 공항에 따라서는 이와 같은 기종이나 장착엔진 및 각 항공기의 운항방식에 대한 정보 획득이 불가능한 경우가 허다하다. 따라서 ICAO 매뉴얼은 배기가스산정과업(Emissions Inventory)에 필요한 정보 획득 수준에 따라, Simple Approach, Advanced Approach, Sophisticated Approach로 구분하여 배기가스산정과업을 수행하도록 하고 있다. 각각의 접근방법의 특징과 필요 정보의 수준에 대해서는 다음 표에 정리되어 있다.

표 1-3-5 배기가스 산정 형태별 산출

Approach	Simple	Advanced	Sophisticated
Complexity	Little Knowledge required, necessary data easy and standardised available, straight forward methodology	Advanced knowledge, airport specific and of access to additional data sources is required	In depth knowledge, cooperation among various entities and or access to proprietary data might be required.
Accuracy	Generally conservative	Good	Very high
Confidence	Low	Medium	High

출처 : ICAO Doc 9889, "Airport Air Quality Guidance Manual", p.22.

표에서 보는 바와 같이 'Simple Approach'는 해당 공항에 운항하는 항공기에 대한 정보나 항공기 운항 방식과 절차에 대한 정보를 구체적으로 알 수 없는 경우에 활용한다. 대개 취항하는 항공기의 기종과 기종별 운항횟수 정도만 알고 있고 각 항공기에 장착된 엔진이나 운항데이터를 획득할 수 없는 경우에 적용하는 방법이므로 정확도가 매우 낮고 산출된 값은 실제 배출량보다 높게 나타나는 경우가 많다. 그 이유는 보수적(Conservative) 개념을 적용하여, 각 항공기 기종별로 공해물질 배출량이 많은 엔진을 장착한 것으로 가정하여 계산하기 때문이다.

　'Advanced Approach'는 해당공항에 취항하는 항공기의 기종과 운항횟수뿐만 아니라 각 항공기에 장착된 엔진 모델까지 알 수 있으며 항공기 운항 방식이나 절차에 대해서도 표준값을 알고 있는 경우에 적용 가능하다. 끝으로 'Sophisticated Approach'는 항공기와 엔진에 대한 정보뿐만 아니라 각 비행편의 구체적 운항데이터(특히, 공항지역에서의 기동과 관련한 데이터)까지 획득 가능한 경우에 적용하고 있어서 그 정확도가 매우 높을 수밖에 없다. 현실적으로 가장 많이 적용되는 방법은 'Advanced Approach'이다.

　항공기 엔진 배기가스산정은 1회의 완전한 이·착륙 사이클(Landing and Take Off cycle : LTO cycle)에 배출되는 공해물질의 산출을 기본으로 수행된다. 국제민간항공기구는 LTO cycle을 "해당 공항에 착륙을 시도하는 항공기가 지면에서 3000피트 높이까지 하강한 시점에서부터 시작하며, 접근(Approach), 지상주행(Taxi-in, Taxi-out), 이륙(Take-off), 상승(Climb)의 4가지 모드로 이루어진다"고 정의하고 있다. 다음은 LTO cycle을 시각적으로 표현한 그림과 각 구간별 단계를 설명한 것이다.

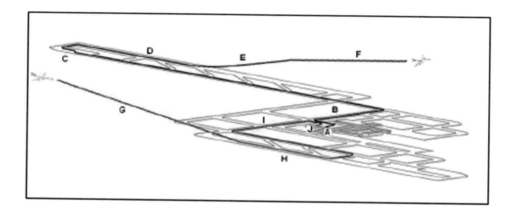

출발(Departure)	도착(Arrival)
A : 엔진 시동	G : 최종 접근
B : 활주로까지 주행	
C : 지상 대기	H : 착륙 및 착륙 활주
D : 이륙 활주	
E : 초기 상승	I : 활주로에서 게이트까지 주행
F : 가속, 순항 상승	J : 엔진 정지

그림 1-3-2 Operational Flight Cycle

출처 : ICAO Doc 9889, "Airport Air Quality Guidance Manual", p.28.

7 엔진 배기가스 산출방법

국제민간항공기구는 부속서 16의 제1권에서 명시한 바와 같이 항공기 엔진 배기가스 중에서 일산화탄소(CO), 탄화수소(HC), 질소산화물(NO_x)와 스모크(Smoke)만을 규제 대상 공해물질로 규정했기 때문에 배기가스 산출도 이 네 가지 공해물질만을 대상으로 하고 있다.

우선 배기가스를 산출하는 단위에 대하여 소개한다. 일산화탄소, 탄화수소, 질산화물은 1kg의 항공유 연소에 따른 배출량을 g수로 표시하여 계산하고 스모크는 국제민간항공기구가 정의한 'Smoke number'이라는 단위를 사용한다. 국제민간항공기구는 Simple Approach와 Advanced Approach를 적용하는 경우의 각 공해물질별 배기가스 산출을 위해 필요한 지표를 제공한다. 다음 표는 각 접근방식별 배기가스 산출에 필요한 요소들을 정리한 것이다.

표 1-3-6 항공기 접근방식별 배기가스산출 필요요소

Key Parameters	Aircraft Main Engine Emissions Inventory Methodology Factors		
	Simple Approach	Advanced Approach	Sophisticated Approach
Fleet (aircraft/engines combinations)	Identification of aircraft types	Identification of aircraft and Corresponding engine types	Actual fleet composition in terms of aircraft types and engine combinations
Time in Mode	N/A(indirectly accounted for via United Nations Framework Convention for Climate Change (UNFCC) LTO Emission Factors)	ICAO Databank Certification Values, adjusted if possible to reflect airport-specific information	Refined values (e.g. with consideration to performance)
Emission Indices and Fuel Flow	UNFCC LTO Emission Factors by Aircraft Type	ICAO Databank Certification Values	Refined values using actual performance and operational data
Movements	Number of aircraft movements by aircraft type	Number of aircraft movements by aircraft-engine combination	Number of actual aircraft movements by aircraft-engine combination

출처 : ICAO Doc 9889, "Airport Air Quality Guidance Manual", p.33.

위 표에서 제시하는 바와 같이 주요매개변수(Key Parameter)의 정밀도에 따라 구분되는 각 접근방식별 배기가스 산출 방법을 설명해 보겠다. 먼저, Simple Approach의 배기가스 산출은 항공기 기종별로 UNFCC(United Nations Framework Convention on Climate Change)에서 제시하는 'Emission Factor'를 매 LTO cycle당 적용하므로 총 배출량은 Emission Factor에 이착륙 횟수만 곱하면 된다. Simple Approach에 의한 배기가스 산정 방법을 예제를 사용하여 설명하면 다음과 같다.

표 1-3-7 LTO Emission Factor by Aircraft

| | | Aircraft[11] | \multicolumn{5}{c}{LTO emissions factors/airplane (kg/LTO/aircraft)[10]} | Fuel consumption (kg/LTO/aircraft) |
			CO_2[9]	HC	NO_x	CO	SO_2[8]	
		A300	5450	1.25	25.86	14.80	1.72	1720
		A310	4760	6.30	19.46	28.30	1.51	1510
		A319	2310	0.59	8.73	6.35	0.73	730
		A320	2440	0.57	9.01	6.19	0.77	770
		A321	3020	1.42	16.72	7.55	0.96	960
		A330-200/300	7050	1.28	35.57	16.20	2.23	2230
		A340-200	5890	4.20	28.31	26.19	1.86	1860
		A340-300	6380	3.90	34.81	25.23	2.02	2020
		A340-500/600	10660	0.14	64.45	15.31	3.37	3370
		707	5890	97.45	10.96	92.37	1.86	1860
		717	2140	0.05	6.68	6.78	0.68	680
		727-100	3970	6.94	9.23	24.44	1.26	1260
		727-200	4610	8.14	11.97	27.16	1.46	1460
Source : ICAO (2004)[1]	Large Commercial Aircraft[2]	737-100/200	2740	4.51	6.74	16.04	0.87	870
		737-300/400/500	2480	0.84	7.19	13.03	0.78	780
		737-600	2280	1.01	7.66	8.65	0.72	720
		737-700	2460	0.86	9.12	8.00	0.78	780
		737-800/900	2780	0.72	12.30	7.07	0.88	880
		747-100	10140	48.43	49.17	114.59	3.21	3210
		747-200	11370	18.24	49.52	79.78	3.60	3600
		747-300	11080	2.73	65.00	17.84	3.51	3510
		747-400	10240	2.25	42.88	26.72	3.24	3240
		757-200	4320	0.22	23.43	8.08	1.37	1370
		757-300	4630	0.11	17.85	11.62	1.46	1460
		767-200	4620	3.32	23.76	14.80	1.46	1460
		767-300	5610	1.19	28.19	14.47	1.77	1780
		767-400	5520	0.98	24.80	12.37	1.75	1750
		777-200/300	8100	0.66	52.81	12.76	2.56	2560
		DC-10	7290	2.37	35.65	20.59	2.31	2310
		DC-8-50/60/70	5360	1.51	15.62	26.31	1.70	1700
		DC-9	2650	4.63	6.16	16.29	0.84	840
		L-1011	7300	73.96	31.64	103.33	2.31	2310
		MD-11	7290	2.37	35.65	20.59	2.31	2310

		MD-80	3180	1.87	11.97	6.46	1.01	1010
		MD-90	2760	0.06	10.76	5.53	0.87	870
		TU-134	5860	35.97	17.35	55.96	1.86	1860
		TU-154-M	7040	17.56	16.00	110.51	2.51	2510
		TU-154-B	9370	158.71	19.11	190.74	2.97	2970
Source: FA EED222 (3)	Regional Jets/Business Jets > 26.7 kN thrust	RJ-RJ85	950	0.67	2.17	5.61	0.30	300
		BAE 146	900	0.70	2.03	5.59	0.29	290
		CRJ-100ER	1060	0.63	2.27	6.70	0.33	330
		ERJ-145	990	0.56	2.69	6.18	0.31	310
		Fokker 100/70/28	2390	1.43	5.75	13.84	0.76	760
		BAC111	2520	1.52	7.40	13.07	0.80	800
		Dornier 328 Jet	870	0.57	2.99	5.35	0.27	280
		Gulfstream IV	2160	1.37	5.63	8.88	0.68	680
		Gulfstream V	1890	0.31	5.58	8.42	0.60	600
		Yak-42M	1920	1.68	7.11	6.81	0.61	610
	Low Thrust Jets (Fn < 26.7 kN)	Cessna 525/560	1060	3.35	0.74	34.07	0.34	340
Source: FOI (4)	Turboprops	Beech King Air (5)	230	0.64	0.30	2.97	0.07	70
		DHC8-100 (6)	640	0.00	1.51	2.24	0.20	200
		ATR72-500 (7)	620	0.29	1.82	2.33	0.20	200

Notes :
(1) ICAO(international civil Aviation Organization) Engine Exhaust Emissions Data Bank(2004) based on average measured certification data.
(2) Engine types for each aircraft were selected on a basis of the engine with the most LTOs as of 30 July 2004(except 747-300—see text).
This approach, for some engine types, may underestimate(or overestimate) fleet emissions which are not dire city related to fuel consumption(eg NOx, CO, HC).
(3) U.S. Federal Aviation Administration(FAA) Emissions and Dispersion Modeling System(EDMS) non-certified
(4) FOI(The Swedish Defense Research Agency) Turboprop LTO Emissions database non-certified
(5) Representative of Turboprop aircraft with shaft horsepower of up to 10000
(6) Representative of Turboprop aircraft with shaft horsepower of 1000 to 2000
(7) Representative of Turboprop aircraft with shaft horsepower of more than 2000
(8) The sulphur content of the fuel is assumed to be 0.05%[Same assumption as in 1996 IPCC NGGIP revision]
(9) CO2 for each aircraft based on 3.16kg CO2 produced for each kg fuel used, then rounded to the nearest 10kg.
(10) Information regarding the uncertainties associated with the data can be found in the following references:
QinetiQ/FST/CR030440 "EC-NEPAir : Work Package 1 Aircraft engine emissions certification — a review of the development of ICAO Annex 16, Bolume II", by D H Lister and P D Norman
ICAO Annex 16 "International Standards and Recommended Practices Environmental Protection", Volume II "Aricraft Engine Emissions", 2nd edition(1993)
(11) Equivalent aircraft are contained in

출처 : ICAO Doc 9889, "Airport Air Quality Guidance Manual", pp.48~50.

표 1-3-8 Engine Designations by Aircraft

Aircraft	ICAO Engine	Engine UID
A300	PW4158	1PW048
A310	CF6-80C2A2	1GE016
A319	CFM56-5A5	4CM036
A320	CFM56-5A1	1CM008
A321	CFM56-5B3/P	3CM025
A330-200/300	Trent 772B-60	3RR030
A340-200	CFM56-5C2	1CM010
A340-300	CFM56-5C4	2CM015
A340-500/600	TRENT 556-61	6RR041
707	JT3D-3B	1PW001
717	BR700-715A1-30	4BR005
727-100	JT8D-7B	1PW004
727-200	JT8D-15	1PW009
737-100/200	JT8D-9A	1PW006
737-300/400/500	CFM56-3B-1	1CM004
737-600	CFM56-7B20	3CM030
737-700	CFM56-7B22	3CM031
737-800/900	CFM56-7B26	3CM033
474-100	JT9D-7A	1PW021
747-200	JT9D-7Q	1PW025
747-300	JT9D-7R4G2(66%) RB211-524D4(34%)	1PW029(66%) 1RR008(34%)
747-400	CF6-80C2B1F	2GE041
757-200	RB211-535E4	3RR028
757-300	RB211-535E4B	5RR039
767-200	CF6-80A2	1GE012
767-300	PW4060	1PW043
767-400	CF6-80C2B8F	3GE058
777-200/300	Trent 892	2RR027
DC-10	CF6-50C2	3GE074
DC-8-50/60/70	CFM56-2C1	1CM003
DC-9	JT8D-7B	1PW004
L-1011	RB211-22B	1RR003
MD-11	CF6-80C2D1F	3GE074
MD-80	JT8D-217C	1PW018
MD-90	V2525-D5	1IA002
TU-134	D-30-3	1AA001

TU-154-M	D-30-JY-154-Ⅱ	1AA004
TU-154-B	NK-8-2U	1KK001
RJ-RJ85	LF507-1F, -1H	1TL004
BAE 146	ALF 502R-5	1TL003
CRJ-100ER	CF34-3A1	1GE035
ERJ-145	AE3007A1	6AL007
Fokker 100/70/28	TAY Mk650-15	1RR021
BAC111	Spey-512-14DW	1RR016
Dornier 328 Jet	PW306B	7PW078
Gulfstream Ⅳ	Tay MK611-8	1RR019
Gulfstream Ⅴ	BR700-710A1-10	4BR008
Yak-42M	D-36	1ZM001
Cessna 525/560	PW545A or similar	FAEED222
Beech King Air	PT6A-42	PT6A-42
DHC8-100	PW120 or similar	PW 120
ATR72-500	PW127F or similar	PW 127F

출처 : ICAO Doc 9889, Airport Air Quality Guidance Manual pp.48~50.

예제

A공항에서 어느 날 항공기 운항 횟수를 조사해보니 B737이 10회 운항(LTO cycle 기준)했고, A300이 15회 운항했다면 그 날 하루 동안 항공기 엔진에서 배출된 일산화탄소(CO), 탄화수소(HC), 질산화물(NO_x)의 배기량은 얼마나 되나?
(Emission Factor 자료를 활용할 것)

Emission of Species X = $\displaystyle\sum_{\text{All Aircraft}}$ (Number of LTO cycles) ∗ (Emissions Factor)
(in kg)   of Aircraft Y   for Species X

〈공식 1-3-1 Simple Approach를 이용한 배기량 산출법〉

> Fuel consumption = $\sum_{\text{All Aircraft}}$ (Number of LTO cycles) * (Fuel consumption)
> (in kg)   of Aircraft Y

〈공식 1-3-2 Simple Approach를 이용한 연료소모량 산출법〉

앞서 제시된 〈표 1-3-6 LTO Emission Factor by Aircraft〉에서 문제에 주어진 기종별로 각각 Emission Factor를 구한다. B737(B737-300/400/500으로 가정한다)와 A300의 Emission Factor를 공해물질별로 정리해 보면 다음과 같다.

	B737-300/400/500	A300
CO	13.03	14.80
HC	0.84	1.25
NOₓ	7.19	25.86

(단위 : kg)

LTO는 B737은 10회, A300은 15이므로 각각에 해당하는 배기량은 다음과 같이 계산된다.

	B737-300/400/500	A300
CO	13.03 * 10 = 130.3	14.80 * 15 = 222
HC	0.84 * 10 = 8.4	1.25 * 15 = 18.75
NOₓ	7.19 * 10 = 71.9	25.86 * 15 = 432.9

(단위 : kg)

Advanced Approach의 배기가스 산출은 국제민간항공기구가 개발한 'Aircraft Engine Emission Databank'에서 제시하는 '배출지표(Emission Index)'를 활용한다. 즉, 운항 모드별 소요시간(TIM)과 Engine Emission Data Bank의 특정 엔진별 배

출지수(Emission Indices : EI)와 연료 흐름량, 이 3가지 변수로 구성된 다음의 공식을 이용하여 산출한다. 이때 운항 모드별 소요시간은 공항별로 실제 운항 현황을 반영하여 적용하는데, 실제 운항 자료를 얻는 것이 불가능할 때는 아래 예제에서 제시하는 바와 같은 국제민간항공기구의 표준값을 적용한다.

> 엔진당 항공기 배출물(Emissions for an ac/eng)
>
> = TIM * EI * fuel used * number of Eng.

〈공식 1-3-3 Advanced Approach를 이용한 엔진당 항공기배출물 산출법〉

예제

앞의 예제에서 다루었던 문제의 A공항에서 운항했던 그 날의 항공기와 각 항공기에 장착된 엔진을 상세히 조사해보니 B737은 xxx엔진을 장착했고 A300은 yyy엔진을 장착했다. 운항횟수는 앞의 문제에서와 같이 B737이 10회 운항(LTO cycle 기준)했고, A300이 15회 운항했다면 Advanced Approach 방법으로 항공기 엔진에서 배출한 일산화탄소(CO), 탄화수소(HC), 질산화물(NO_x)의 배기량은 얼마나 되나? (아래에 주어진 국제민간항공기구가 정한 운항모드별 표준시간과 Emission Data Bank 샘플자료를 이용할 것)

표 1-3-9 Aircraft Engine Emission Databank

ICAO ENGINE EXHAUST EMISSIONS DATA BANK

SUBSONIC ENGINES

ENGINE IDENTIFICATION:	Trent 895	BYPASS RATIO:	5.7
UNIQUE ID NUMBER:	5RR040	PRESSURE RATIO (π_{oo}):	41.52
ENGINE TYPE:	TF	RATED OUTPUT (F_{oo}) (kN):	413.05

REGULATORY DATA

CHARACTERISTIC VALUE:	HC	CO	NOx	SMOKE NUMBER
D_p/F_{oo} (g/kN) or SN	1.7	23.1	78.6	6.9
AS % OF ORIGINAL LIMIT	8.6 %	19.6 %	63.9 %	42.8 %
AS % OF CAEP/2 LIMIT (NOx)			79.9 %	
AS % OF CAEP/4 LIMIT (NOx)			87.3 %	

DATA STATUS

-     PRE-REGULATION
- x   CERTIFICATION
-     REVISED (SEE REMARKS)

TEST ENGINE STATUS

-     NEWLY MANUFACTURED ENGINES
- x   DEDICATED ENGINES TO PRODUCTION STANDARD
-     OTHER (SEE REMARKS)

EMISSIONS STATUS

- x   DATA CORRECTED TO REFERENCE
   (ANNEX 16 VOLUME II)

CURRENT ENGINE STATUS

(IN PRODUCTION, IN SERVICE UNLESS OTHERWISE NOTED)
-     OUT OF PRODUCTION
-     OUT OF SERVICE

MEASURED DATA

MODE	POWER SETTING (%F_{oo})	TIME minutes	FUEL FLOW kg/s	EMISSIONS INDICES (g/kg) HC	CO	NOx	SMOKE NUMBER
TAKE-OFF	100	0.7	4.03	0.02	0.27	47.79	-
CLIMB OUT	85	2.2	3.19	0	0.19	34.29	-
APPROACH	30	4.0	1.05	0	0.54	11.39	-
IDLE	7	26.0	0.33	0.89	14.71	5.11	-
LTO TOTAL FUEL (kg) or EMISSIONS (g)	1357			462	7834	28029	-
NUMBER OF ENGINES	1			1	1	1	1
NUMBER OF TESTS	3			3	3	3	3
AVERAGE D_p/F_{oo} (g/kN) or AVERAGE SN (MAX)	1.1			18.8	67.81	5.34	
SIGMA (D_p/F_{oo} in g/kN, or SN)	-			-	-	-	-
RANGE (D_p/F_{oo} in g/kN, or SN)	0.95 - 1.24			17.71 - 19.67	65.76 - 69.5	4.7 - 6.0	

ACCESSORY LOADS

POWER EXTRACTION	0	(KW)	AT	-	POWER SETTINGS
STAGE BLEED	0	% CORE FLOW	AT	-	POWER SETTINGS

ATMOSPHERIC CONDITIONS

BAROMETER (kPa)	100.2
TEMPERATURE (K)	287
ABS HUMIDITY (kg/kg)	.0053 - .0089

FUEL

SPEC	AVTUR
H/C	1.95
AROM (%)	16

MANUFACTURER:	Rolls-Royce plc	
TEST ORGANIZATION:	Rolls-Royce plc	
TEST LOCATION:	SINFIN, Derby	
TEST DATES:	FROM Sep 94	TO -

REMARKS

1. Data from certification report DNS59304

출처 : ICAO Doc 9889, "Airport Air Quality Guidance Manual", p.47.

국제민간항공기구가 정한 운항모드별 표준시간과 Emission Data Bank 샘플자료를 정리하면 다음과 같다.

Mode	Time (minutes)	Fuel Flow (kg/s)	Emission Indices (g/kg)		
			HC	CO	NO$_x$
Take-off	0.7	4.03	0.02	0.27	47.79
Climb out	2.2	3.19	0	0.19	34.29
Approach	4.0	1.05	0	0.54	11.39
Idle	26.0	0.33	0.89	14.71	5.11
Number of Engines			1	1	1

위의 자료를 토대로 다음의 식을 적용하면 각 운항모드별, 배출물질에 따른 배기량을 구할 수 있다.

$$E_{ij} = (TIM_{jk} * 60) * (FF_{jk}/1000) * (EI_{jk}) * (NE_j)$$

i = 배출원의 종류

j = 항공기 기종

k = 운항모드

E_{ij} = 배출원 i의 총 배기량(예를 들면, HC, CO, NO$_x$)

TIM_{jk} = 모드 k에서 j종 항공기의 운항시간

FF_{jk} = 모드 k에서 j종 항공기의 연료량

EI_{jk} = 배출원 i의 j종 모드 k에서 j종 항공기의 배출지표

NE_j = j종 항공기에서 이용하는 엔진개수

Mode	TIM$_{jk}$ * 60	FF$_{jk}$ /1000	EI$_{jk}$		
			HC	CO	NO$_x$
Take-off	0.7 * 60	4.03/1000	0.02	0.27	47.79
Climb out	2.2 * 60	3.19/1000	0	0.19	34.29
Approach	4.0 * 60	1.05/1000	0	0.54	11.39
Idle	26.0 * 60	0.33/1000	0.89	14.71	5.11
NE$_j$			1	1	1
비행단계별, 배출물질별 총배기량					
			HC	CO	NO$_x$
Take-off			0.0033852	0.0457002	8.089354
Climb out			0	0.0800052	14.438833
Approach			0	0.13608	2.87082
Idle			0.458172	7.5708	2.630628

표 1-3-10 운항모드별 표준 소요시간

Operating Phase	Time-in-mode (Minutes)		Thrust setting (Percentage of rated thrust)
Approach	4.0		30
Taxi and Ground idle	26	7.0(in) 19.0(out)	7
Take-off	0.7		100
Climb	2.2		85

출처 : ICAO Doc 9889, "Airport Air Quality Guidance Manual", p.29.

위의 예제들에서 본 바와 같이 공항 지역에서 항공기 운항에 따른 공해물질 배출량을 국제민간항공기구가 정의한 Emission Inventory 방법에 따라 산출해본 결과 Simple Approach에 의해 산출한 값이 Advanced Approach로 산출한 값보다 더 많은 것을 알 수 있다. 이는 이미 설명한대로 보수적인(Conservative)개념을 적용하기 때문이다.

Sophisticated Approach에서는 모든 파라미터에 실제 운항 데이터를 적용한다. 가장 정확한 배출량을 산출할 수 있는 방법이지만 정밀도가 매우 높은 운항정보의 획득이 가능한 경우에만 적용할 수 있는 방법이다. Sophisticated Approach에 의해 계산된 값은 실시간으로 측정된 실제값을 사용하기 때문에 정확한 수치를 얻을 수 있는데, 기본적인 운항정보뿐만 아니라, 공항의 날씨자료, 활주로 길이와 같은 공항 시설자료, 상황별 특이 운항자료(예 : 역 추진운항)와 같은 정보들이 추가적으로 필요하다. Simple Approach와 Advanced Approach는 실제 운항정보가 아닌 표준화된 데이터를 사용하기 때문에, 실제 운항 자료를 사용하는 Sophisticated Approach로 산출한 결과값과 차이가 날 수밖에 없는데 보수주의를 택하기 때문에 이 두 접근방법으로 산출한 값은 실제 값보다 큰 값으로 산출된다고 보아야 한다.

항공기 주 엔진과 함께, 항공기 보조동력 장치(Aircraft Auxiliary Power Units : APUs)도 석유를 사용하는 발전기이며 항공기가 지상에 대기할 때 사용된다. APUs는 항공기가 이륙 전 서비스나 이륙 준비 중 상당히 오랜 시간 동안 이용되기 때문에 공항 주변의 대기오염에 상당한 영향을 줄 수 있다. 하지만 항공기 엔진 배기가스 산출 방식과 유사한 원리로 산출할 수 있고 지상전원이 공급되는 공항에서는 APUs를 사용할 필요가 없으므로 이 책에서는 설명을 생략한다.

8 항공기 엔진 공해 배기가스 감축 방안

항공기 운항에 따른 항공기 엔진의 공해물질 배출량 감축 방안은 다양한데, 이 방안들은 세 개의 범주로 나누어 볼 수 있을 것이다. 즉, 항공기 엔진을 개량하여 연료소모량이나 공해물질 배출량을 근본적으로 줄이는 기술적 방법, 항공기 운영 방식이나 항공교통관리(Air Traffic Management : ATM)의 개선 등을 포함하는 운영적 방법, 정부가 배기가스 감축을 촉진하기 위하여 구사하는 정책적 방법 이 세 가지 방법으로 정리할 수 있다.

첫째로, 기술적 방법은 항공기 기체(Airframe)개선, 엔진의 개선, 연료의 개선에 중점을 두는데 주로 장기적 기술 발전을 전제로 한다. 반면에 운영적 방법은 항공사의 항공기 운항 방식의 개선(예 : 탑재율 개선, 운항개선, 화물탑재방식 개선 등)과 주로 정부가 주도하는 공역운영과 절차 설계의 개선, ATM 개선, 공항의 에어사이드 디자인 및 운영 개선 등 광범위한 항공교통 시스템 운영기관들의 참여를 필요로 한다. 마지막으로 정책적인 방법에 대하여 고려해보면, 지금까지는 대기의 질 관리에 있어 다양한 범위의 정책적 방안들이 도입되지 않았다. 즉, 항공활동으로 인한 대기오염은 직접적인 규제보다는 공항이 위치한 지역에 적용되는 일반적인 기준에 의해 관리됐다. 그러나 앞으로는 항공교통 수요가 급격히 늘어남에 따라 이와 더불어서 항공에 의한 대기의 질도 저하될 것으로 예상되기 때문에, 이를 감축시키기 위한 효과적이고 다양한 정책적 방안을 적용해야 할 필요가 있다.

사실상, 항공교통이 대기 질에 미치는 영향을 감소시키는 것은 쉽지 않다. 항공교통 산업은 국제 경쟁적인 성격이 강하여 국가 지원을 받으며, 빠르게 성장했고 이미 기술적으로 충분히 발달하였다. 기체(Airframe)와 엔진 설계의 개선을 통한 연료 효율의 점진적 개선은 가능할지 모르지만, 기술적으로 급격한 발전에 힘입어 획기적 효율 개선을 통한 급진적인 공해물질 배출 감축의 가능성은 없어 보인다. 운영적 방법은 지금까지 그 목적을 대기 질 개선에 두고는 거의 분석된 바가 없다. 그러나 항공교통산업의 고율의 성장을 고려해 볼 때 증가하는 항공활동이 대기 질에 미치는 영향을 관리하기 위해서 효과적인 정책 도입이 필요하다.

반면에, IPCC는 항공기 엔진 배기가스가 대기 질에 미치는 영향 경감방안을 네 가지로 분류하였다. 즉 기술적 방안을, 엔진 및 기체(Airframe) 기술과 대체연료 개발 관련 기술 방안으로 세분하였고, 운영적 방안과 정책적 방안(규제, 경제적 인센티브, 자발적 참여)으로 분류하였다. 이하에서 보다 자세히 살펴보도록 하자.

8.1 엔진 및 기체(Airframe) 기술

엔진 및 기체(Airframe) 기술 개선은 연료 효율성을 개선하여 연료소모량을 줄이고 그에 따라 공해물질의 배출량도 감소시키므로, 이산화탄소 배출을 줄이는 것을 목적으로 하는 기후변화 대응책(제2부에서 논의될 것임)과 그 목적을 같이한다. 사실, 항공사 운영비용에 결정적 영향을 미치는 화석연료 값의 상승으로 촉발된 연료절감기술은 지난 수십 년간 연구·개발 되어왔다. 이는 결국 기체(Airframe)와 엔진의 환경 성능을 향상시켰고, 연료 효율의 개선으로 항공기로부터 발생되는 오염물질의 배출을 감축시켰다.

항공기 연료 효율은 공기 역학적 개량, 항공기 중량 감소, 고 효율 엔진 개발과 기타 시스템 개선에 의해 향상시킬 수 있는 여지가 있다. 기체(Airframe) 개선은 공기 저항을 줄이는 것을 주요 목적으로 하며, 항공기 중량 감소는 항공기 부품 설계 시 가벼운 재질을 사용하는 것에 중점을 둔다. 그러나 대체적으로 평가하여 기체(Airframe) 개량을 통한 항공기 배출가스 감축은 미미 할 것이고, 기체 개량을 통해서보다 엔진 기술의 개선이 좀 더 급격한 효과를 보여줄 것으로 보인다.

그러나, 기술적인 개발에 의해 NO_x 배출을 줄이는 것은 쉽지 않을 것이다. 왜냐하면 소음 문제와 연료 절감을 목적으로 개발한 엔진 기술은 엔진의 전반적인 압축비를 상승시키고, 고온에서 연소하도록 발전해야 하는데, 고온·고압에서 연소가 일어나면 NO_x의 배출은 증가하기 때문이다. 따라서 미래의 엔진과 기체 설계는 복잡한 의사결정과정이 수반될 것이며 그 과정에서 다양한 요인들이 동일하게 고려되어야 한다. 결론적으로, 기체(Airframe)와 엔진 기술의 발전은 항공기 배출의 영향을 감소시키는데 도움을 주지만 완전히 새로운 기체(Airframe) 및 엔진의 설계가 가능해지기 전까지는 규제 등의 정책적 접근이 함께 고려되어야 한다.

그 밖에, 공항에서는 APUs, 지상 교통수단, 공항 터미널 전력·난방시설과 같이 연료를 소모하여 공해 배출물을 생성하는 요소들이 있는데, 항공기 관련 기술뿐만 아니라 이러한 장비 및 시설에 관한 기술 개발도 고려되어야 한다.

8.2 대체연료 개발 기술

지구상에 매장된 화석연료의 양은 유한하고 인류는 끊임없이 화석연료를 사용하고 있으므로 매장량은 점점 희박해지고 언젠가는 고갈될 것이다. 다른 운송산업과 같이 항공교통산업도 화석 연료에 전적으로 의존하여 운용되고 있어서 화석연료를 대체할 수 있는 연료개발은 오랜 동안 고민되어 왔다.

최근 기후변화 대응책이 국제사회의 주요 이슈가 되면서 온실가스 배출을 줄일 수 있는 대체연료의 개발이 다각적으로 시도되고 있다. 현재 회자되고 있는 수소연료와 바이오 연료(Biofuel), 합성연료와 같은 대체연료 이용은 항공산업에 의한 온실가스 배출 감축뿐만 아니라 공해물질 배출량 감소에도 기여할 것이다.

바이오 연료의 경우 항공기 엔진연료로 사용하기 위한 목적으로 개발되었고, 실제로 바이오 연료를 탑재하여 시험비행도 실시되었다. 그러나 바이오 연료 기술은 지속가능한 발전(Sustainable Development)이라는 관점에서 회의적인 측면이 부각된다. 연료 생산에 필요한 식물을 재배하려면 곡물을 재배하기 위한 식량 생산지가 줄어들게 되는데, 아직도 인류는 식량부족에 의한 기아문제를 해결하지 못하고 있는 상황이라는 점이 지적되고 있다. 따라서 곡물 경작에 부적합한 황무지나 척박한 토양에서도 재배가 가능한 식물을 원료로 하는 바이오 연료의 개발이 필요하다. 또한, 바이오 연료가 상용화되려면 원료용 식물 획득비용, 제조비용 등이 대체연료로서 시장 경쟁력을 갖출 수 있을 정도로 저렴해야 할 것이다.

8.3 항공교통시스템 운영 개선

항공운항을 비롯한 항공교통산업 운영 활동 개선을 통한 공해물질 배출 감축 노력은 다양한 분야에서 시도되고 있다. 우선, 항공사는 항공기 운항의 연료 효율성을 개선함으로써 단위운송량당 공해물질 배출량을 줄일 수 있다.[2] 즉, 불필요한 항공기 중량 감소, 탑승률(Load Factor) 증대, 항공기 정비 수준 향상, 운항

---

2) 항공여객운송의 경우 단위운송량은 RPM(Revenue Passenger Mile)으로 정의할 수 있음.

항로 단축, 순항 속도와 고도 최적화와 같이 항공기 구성, 적재, 조종, 정비 등을 통하여 연료 효율성을 개선할 수 있다.

두 번째로, 항공교통관제기관은 공역의 설계 개선, 공역 운영 개선, 항공교통관리의 개선 등을 통하여 항공기 운항시스템의 효율성을 향상시킴으로써 배출가스 감소에 기여할 수 있다. 이때 혼잡과 지연에 따른 시스템 비효율성 개선에 의한 효과를 우선 고려하여야 한다. 왜냐하면, 오늘날 주요 도시의 공항들은 급증하는 교통 수요로 인해 혼잡과 지연을 겪는 경우가 다반사이고 이로 인한 공해물질 배출량 증대가 심각하기 때문이다.

세 번째로, 공항운영 개선에 따른 공해물질 배출 감소효과이다. 공항 에어사이드 내 혼잡이 빚어지면 유도로나 주기장에서 대기하는 항공기 대수가 증가하고, 공항 상공에서는 홀딩이 길어진다. 즉 지상 활주와 관련한 시스템의 효율성을 증대시키는 ATM 개선은 항공기 엔진에 의한 공해물질 배출 감소에 상당히 기여할 것이다. 연료 소모의 감소가 반드시 NO_x 배출 감축에 영향을 주는 것은 아니지만, IPCC는 ATM과 운영 절차를 개선하면 연료소모의 8~16%를 감축할 수 있다고 평가하고 있다. 또한, 도착 관리(Arrival Management : AMAN)와 출발 관리(Departure Management : DMAN) 시스템, 연속강하접근(Continuous Descent Approaches : CDAs)과 같은 ATM 시스템과 절차 개선은 특히 LTO cycle 동안의 오염물질 배출을 감축시킬 수 있다.

8.4 정책적 방안

정책적 방안에는, 법규에 의한 통제, 시장 기반 접근법, 자발적 참여 접근법 등이 있다. 앞에서 항공기 기술적 연구 개발과 항공교통시스템 운영 개선을 통한 오염물질 배출 감소 방안을 소개하였으나, 이 두 방안을 통해서 지속적으로 성장하는 항공교통에 따른 공기 질 악화를 완전히 상쇄시킬 수는 없다. 중·단기 내에 기술 개발과 운영 개선을 통한 경감 방안을 적용하여 오염물질 배출을 줄이는 데에는 많은 비용이 필요하고, 그 효과 또한 제한되기 때문에, 성공적인 감축을 위해서는 효과적인 정책을 수립하여 실행해야 할 필요가 있다.

법규에 의한 통제 방법은 엄격한 엔진 배기가스 규제, 환경에 부정적 영향을 주는 보조금과 장려금 제도 철폐 등을 들 수 있는데, 이 접근법은 국제항공에는 적용하기가 어렵다는 문제점이 있다. 시장 기반 접근법은 환경세 부과와 배출권 거래제 등이 있는데, 국제 경쟁력 문제나 타 교통수단과의 형평성 문제 등을 고려해야 할 것이다. 자발적 참여 접근법은 정부 주도로 참여 기업에 인센티브를 제공하여 항공사들로 하여금 배기가스 감축 사업을 추진하도록 하는 방법과, 항공사나 공항 당국이 자발적으로 공해물질 배출 감축 프로젝트를 추진하도록 정책적으로 환경을 조성해주는 방법이 있다. 그러나 이 방법은 지속가능한 발전 방향에 맞춰 항공사나 공항당국의 행동 변화를 이끌어내기에는 어려움이 있다는 비판이 있다. 이하에서는 각 접근법에 대하여 더 자세히 설명하겠다.

■ 규제 접근법

규제적 접근법은 공해물질 배출 통제를 위한 표준화된 기준(Standards)을 설정하여 준수하도록 하는 방법이 주가 된다. 예를 들면, HC, CO, NO_x와 매연과 같은 배출물은 ICAO의 엔진 인증 절차(Engine Certification Process)에 의해 규정치(Standards) 이상을 배출할 수 없도록 한다. 최근에는 NO_x가 주요 규제 대상으로 주목받고 있어 새로 개발·제작되는 항공기들에는 보다 엄격한 NO_x 배출 표준이 적용될 것이지만 기존 항공기의 수명이 많이 남아있어 새로운 규제효과는 서서히 나타날 수밖에 없을 것으로 보인다.

■ 시장 기반 접근법

시장 기반 접근법은 경제적 인센티브나 패널티를 부과하여 친환경적 행동을 촉발시키는 접근법으로, 배출가스에 의해 초래되는 환경피해비용 개념이 적용된다. 세금, 부담금, 보조금, 배출권거래 등이 이용될 수 있으며, 배출세나 배출료를 부과하여 배출 감축을 유도하여 궁극적으로 대기 질을 향상시킬 수 있을 것이다.

그러나 CO_2 배출의 경우 소모된 연료와의 일차적 관계식을 통해 기후에 미친 영향정도를 쉽게 계산할 수 있지만, NO_x와 미립자(Particles)는 산출에 어려움이 있다. NO_x와 미립자의 정확한 배출량을 측정하고 이를 모델링 하는데 어려움이 있어 세금 및 환경 부담금 부과가 쉽지 않을 수밖에 없다. 이 밖에도 원유 가격에 대한 민감성과 국제적 활동에 대한 세금부과의 어려움, 세금으로 인한 항공 여행 수요 저하와 같은 문제들이 세금을 통한 배출량 감축정책을 수행해 나가는데 난제로 꼽힌다.

보조금은 배출 감축을 장려하기 위해 사용될 수 있는 시장 기반 정책의 다른 방안이다. 보조금은 대출금이나 조세특별조치와 같은 형태로 이용될 수 있다. 보조금으로 기종 교체를 장려하고, 대체연료의 개발, 저탄소 배출 지상 장비 등의 이용을 추진하여 대기 질 향상에 도움을 줄 수 있다. 그러나 항공 활동은 이미 다양한 경제적 인센티브의 지원을 받고 있는 경우가 많기 때문에 전문가들은 새로운 보조금의 창출보다는 현재의 보조금과 특권을 철폐하는 방향으로 나아가야 한다고 주장한다.

배출권거래제도는 지구 온난화 가스와 관련해서는 상당히 많은 논의가 있었고 이행 준비 계획을 수립하는 단계까지 왔으나, 공해물질 배출과 관련해서는 아직 논의가 활발하지 못한 편이다.

■ 자발적 참여 접근법

자발적 접근법은 규제와 경제적 인센티브 없이, 기관과 개인이 공해물질 배출량을 감축시키겠다는 계획을 수립하고 이행하는 것을 의미한다. 이와 같은 결정을 하기 까지는 규제기관과의 협력이 항공운송사업 추진에 눈에 보이지 않는 혜택을 가져올 수 있다는 기대감과 같은 다양한 동기가 깔려있다. 또한 초기에 자발적 감축을 통해 노하우를 확보하면 향후에 적용될 규제에 대하여 경쟁우위를 확보할 수 있다는 전략도 숨어 있는 경우가 많다. 이와 같은 기대감과 전략은 각

기관이 자발적으로 환경성과를 개선시키고, 기업들은 환경적, 사회적 책임감을 부각시켜 기업 이미지와 소비자와의 관계를 개선시킬 수 있다.

자발적 참여의 원래 의미와는 다소 차이가 있지만, 정부의 인센티브가 개입되는 사업이라도 기업 참여가 자발적 의사결정에 의해 이루어지는 경우라면 자발적 참여 제도의 범주에 포함시킬 수 있을 것이다. 특히 이 책의 제2부에서 다루게 되는 온실가스 감축 제도로서 정부 예산에 의한 경제적 인센티브와 함께 기업들의 자발적 의사결정에 의해 사업 참여 여부를 결정하는 자발적 참여 제도가 영국, 일본 등에서 수행되었고 지금도 일부 국가들에서 수행되고 있다.

> **부록 1**
>
> ## 국제민간항공조약 부속서 16 제2권 주요내용

1. 타이틀 및 문서 소개

가. 문서 명칭 : "Annex 16 to International Convention on Civil Aviation"

나. 문서 제목 : "Environmental Protection, Volume II Aircraft Engine Emissions"

다. 문서 개발 연혁 :

　　1972년, 총회의 필요성에 대한 결의(Resolution)

　　1977년, Circular 134, "Control of Aircraft Engine Emission" 발간

　　1977년, 이사회 소속 관련 위원회 "Committee on Aircraft Engine Emission(CAEE)" 설립

　　1981년, Annex 16에 Volume II 포함하여 개명 발간

2. 주요 내용

- Annex 16 Volume II는 3부로 구성되었으며, 제1부는 용어의 정의와 사용된 심볼(Symbol)의 의미 소개, 2부는 연료배출(Vented Fuel), 3부는 배기가스 인증(Emission Certification)으로 구성됨

- 본 부록은 해당 문서의 주요 내용만 요약 소개하며 전체내용은 ICAO 홈페이지에서 원문을 다운로드하여 참조할 수 있음

2.1 제1부 : Definitions and Symbols

- Definitions(용어의 정의)는 생략하고 Symbols만 소개함

CO : 일산화탄소

D_p : 시험 이·착륙 시 방출되는 가스형 오염물질의 총 질량

F_n : 국제표준대기, 해수면 조건, 주어진 운항모드에서의 추력

F_∞ : 정격추력(Rated Thrust)

F^*_∞ : 에프터버닝(Afterburning)이 적용된 정격추력

HC : 연소되지 않은 탄화수소

NO : 일산화질소

NO_2 : 이산화질소

NO_x : 질소산화물

SN : Smoke Number

π_∞ : 기준압비율(Reference Pressure Ratio)

2.2 제2부 : Vented Fuel

중(中) Chapter 2. 의도적인 연료분출 금지(Prevention of Intentional Fuel Venting) 부분을 수록함

- 항공기는 비행 후나 엔진 지상 작동 후의 엔진 정지 과정에서 의도적으로 액체연료를 연료노즐을 통하여 대기권으로 분출하는 것을 방지하도록 설계되어야 한다.

2.3 제3부 : 배기가스인증(Emission Certification)

중(中) Chapter 2. Turbojet and Turbofan Engines Intended for Propulsion only at Subsonic Speeds를 수록함

가. 일반사항

(1) 규제대상 배출가스(Emission involved)

　　Smoke(스모크)

　　Unburned hydrocarbons(불연소탄화수소, HC)

　　Carbon monoxide(일산화탄소, CO)

　　Oxides of Nitrogen(질소산화물, NO_x)

(2) 측정단위(Units of measurement)

　　a. 스모크 : Smoke Number(SN)

　　b. 가스형태의 배출가스인 HC, CO, NO_x : Gram(그램)

(3) 배기가스 측정 시의 대기조건은 해수면의 ISA 또는 절대습도가 0.00634kg water/kg dry air인 상태

(4) 추력설정(Thrust settings)

Take-off(이륙단계)	100%
Climb(상승단계)	85%
Approach(접근단계)	30%
Taxi/idle(지상활주/정지)	7%

(5) 운항모드별 표준 시간

Take-off(이륙단계)	0.7분
Climb(상승단계)	2.2분
Approach(접근단계)	4.0분
Taxi/idle(지상활주/정지)	26.0분

(6) 연료조건 : 원문의 Appendix 4 참조

(7) 테스트조건(Test Conditions)

- 테스트는 테스트베드(Test Bed)에서 수행되어야 한다.

- 엔진은 인증된 구성상태(Certificated Configuration)이어야 한다.

- 대기조건이 표준조건과 다를 때에는 테스트 결과를 표준대기상태 값으로 교정해야 한다.

나. 스모크(Smoke) 인증

(1) 적용 : 1983년 1월 1일 이후 제작된 엔진

(2) 규제수치(Regulatory Smoke Number)

Regulatory Smoke Number $= 83.6(F_{00})^{-0.274}$ 또는 50 중 낮은 값

다. 배기가스(Gaseous Emissions) 인증

(1) 적용 : 추력 26.7kN 이상이고 제조일이 1986년 1월 이후인 엔진

(2) 규제수치

Hydrocarbons(HC) : $Dp/(F_{00}) = 19.6$

Carbon monoxide(CO) : $Dp/(F_{00}) = 118$

Oxides of Nitrogen(NO_x) : 최초생산모델 제조일자가 2008년 1월 이후이거나 개별 엔진 제조일이 2013년 1월 이후인 엔진에 대하여 압축비 수준별로 다음 규제 수치 적용

  a. 압축비 30 이하인 엔진 :

   i) 최대출력 89.0kN 이상 $Dp/F_{00} = 16.72 + 1.4080$

> **부록 2**
>
> # 항공산업 온실가스관련 국제항공기구 문헌의 주요개념

1. 배출가스 상쇄제도와 탄소 배출량 계산기
(Emissions Offsetting and Carbon Emission Calculator)

일반적으로 상쇄는 상반되는 것끼리 서로 영향을 주고받아 실질적인 효과가 없어지는 것을 의미한다. 즉, 상쇄활동을 통해 하나의 분야에서 발생된 온실가스 효과가 사라지거나 중화되도록(Neutralize)함을 의미한다.

배출가스 상쇄제도는 배출권거래제와 같이 감축량에 해당하는 배출권을 거래하는 것이 아니라, 경감 프로젝트를 통해 배출된 온실가스를 감축, 제거, 무효화하는 것을 의미한다. 즉, 프로젝트를 통해 감축량만큼 항공활동으로 배출된 온실가스가 상쇄된다. 이 방식은 배출권거래제와는 달리 정해진 허용치(Cap)에 의해 규제되지 않는 개발도상국과 기업의 배출가스 관리 체제 참여를 활성화시킨다. 참여 시 허용량 거래제도에 참여기업에게 상쇄량에 대한 배출권을 판매할 수 있도록 하고 있다. 규제대상자는 감축 목표량을 달성할 수 있고, 규제대상자가 아니더라도 자발적 목표량을 달성하기 위해 사용할 수 있다.

배출가스 상쇄 개념에서는 상쇄해야하는 배출물의 양을 확인하기 위하여 항공활동으로부터 발생한 배출량의 정확한 산출이 매우 중요하다. ICAO는 항공 활동에 의한 온실가스 배출량, 그 중에서도 탄소 배출량을 계산하는 Carbon Emission Calculator 프로그램을 개발하여 운영 중에 있다. Carbon Emission Calculator의 개발은 항공여객들의 개별 항공여행에 의해 배출되는 이산화탄소량을 알기 위해 2006년부터 시작되었다. 초기에는 항공사나 타 기관들이 다양한 방법으로 여정

에 따른 여객당 탄소 배출량을 산출했으나, 산출 방식이 공개되지 않았고 방법에 따라 산출 결과의 편차가 심하여 신뢰성이 문제가 되었다.

그리하여, ICAO의 CAEP(Council for the Accreditation of Educator Preparation)는 2008년 신뢰할 수 있고 공개된 자료에 의해 여정별 여객 일인당 탄소 배출량을 산출하는 'ICAO Carbon Emission Calculator'를 개발했다. CAEP는 또한 이를 홈페이지에 공개함으로써 누구든지 ICAO 홈페이지를 방문하여 자신의 항공여행에 따른 탄소 배출량을 믿을 수 있고 투명한 방법에 의해 산출할 수 있게 하였다.

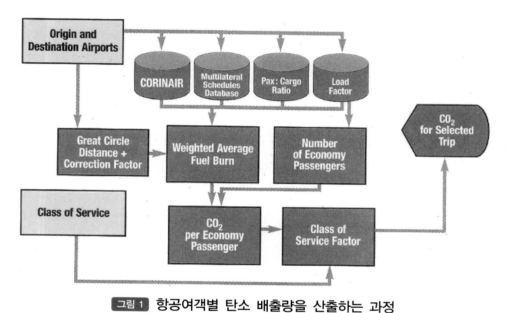

그림 1 항공여객별 탄소 배출량을 산출하는 과정

출처 : CAEP 10, Figure 1 : ICAO Emission Calculator Methodology, p.59.

ICAO Carbon Emission Calculator는 국제민간항공기구의 전문가뿐만 아니라 회원국, 대학교, 항공사, 항공기제작사, 기타 NGO 등에서 전문가들이 참여하여 공동으로 개발되었다. 아래의 그림은 ICAO Carbon Calculator의 탄소량 산출 방법을 제시하고 있는데, 특정 비행편 운항에 따른 평균 연료 소모량과 탑승객 수 및 탑재 화물량 등의 입력 자료를 바탕으로 항공여객별 탄소 배출량을 산출하는 과정을 보여주고 있다.

ICAO Carbon Emission Calculator는 특정 노선의 비행편 운항에 따른 탄소 배출량 산출이나 탑승객 수, 화물량 등의 입력 자료들의 평균값을 이용했기 때문에 개별 비행편에 탑승한 승객들의 실제 탄소 배출량 몫과는 차이가 많을 수 있다. 따라서 항공사들이 자사 항공기 운항에 따른 실제 사용 연료량, 비행기 탑승률(Load Factor), 승객과 화물의 무게를 입력자료로 활용한다면, 보다 현실성 있는 각 등급 좌석별 승객당 배출량을 산출할 수 있을 것이다. IATA에서는 항공사들이 여객별 탄소 배출량을 산출하기 위한 Carbon Emission Calculator모델을 그림과 같이 제공하고 있다.

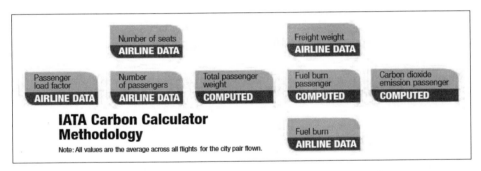

그림 2 IATA Carbon Emission Calculator모델

출처 : 국제민간항공기구, 환경보호위원회(CAEP), 보고서, 2010.

또한, IATA는 상기와 같은 모델에 의하여 산출된 여객별 탄소 배출량을 상쇄할 수 있는 시스템 절차를 표준화하고, 규모가 다른 항공사들이 운영할 수 있는 자체 상쇄 프로그램을 제공하고 있다. 즉, 항공사들은 항공여객이 웹사이트 상에서 항공권을 구매할 때, 자발적으로 자신의 탄소 배출량 몫(Carbon Footprint)을 상쇄할 수 있는 기금제공 기회를 제공하며, 수집되는 기금은 탄소상쇄 프로젝트에 투입될 수 있는 시스템을 운영하는 것이다. 다음 그림은 IATA가 운용하고 있는 탄소 상쇄 절차 모형이다.

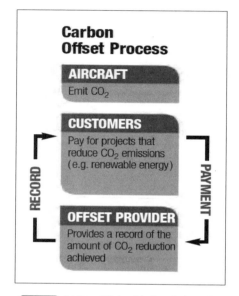

그림 3 IATA 탄소 상쇄 절차 모형

출처 : 국제민간항공기구, 환경보호위원회(CAEP), 보고서, 2010.

이와 같은 여객별 탄소 배출량 산출과 상쇄 활동은 GHG 배출 감축에 기여하며, 이용 고객에게 항공여행이 기후변화에 미치는 영향을 담은 정보를 제공하며, 탄소 시장을 활성화시킨다는 장점을 지닌다. 그러나 항공여객들이 매번 웹사이트를 통해 이용하는 것이 어려울 수 있으며, 참여가 제한되어 있고, 제공되는 상쇄권의 일반적인 검증요건의 부재로 인한 투명성 부족이라는 문제를 가지고 있다. 상쇄 활동은 향후에도 온실가스 배출 감축을 위한 방안으로 중요한 도구가 될 것이다. 따라서 현재 발생하는 문제점과 자체적인 한계를 해결하여, 효과적으로 사용될 수 있도록 해야 한다.

부록 3

ACI[3])의 공항 탄소 인증제도
(Airport Carbon Accreditation)

1. 개요

　Airport Carbon Accreditation은 공항에서 자체적으로 이산화탄소 배출량을 감축하려는 노력의 일환으로, 2009년 6월 유럽에서 시작되었다. 공항을 운영할 때 지구 온난화 가스 배출량을 고려한 환경친화적 운영정책을 수립하고 이에 따른 세부 방안을 통해 공항을 운영하는 것을 말한다. 타의에 의해서가 아닌 공항들 간 자발적이고 독립적인 움직임이라는 점에서 의미 있는 행보다. 2011년 11월에는 적용대상을 아시아 태평양 지역으로 넓혔고 이후 아프리카지역으로까지 확장했다.

2. 운영조직체

　ACI의 지원을 받으며, 운영주체는 WSP Environment & Energy이다. WSP Environment & Energy는 세계적인 컨설팅업체(Consultancy)로서, 환경 · 에너지 · 지속가능성 · 기후변화 관련 문제에 대해 비용효과적이고 실용적인 해결책을 제안한다. 사업 분야로는 토지개선, 지질공학설계, 생산관리, 공항의 마스터플랜, 탄소배출과 에너지 관리, 소음, 디지털솔루션, 폐기물관리 등이 있다.

---

3) ACI : Airport Council International

3. 목표

최종적 목표는 탄소중립(Carbon Neutral)에 도달하는 것이다. 탄소중립은 실질적인 탄소 배출량을 0으로 만드는 것이다. 즉, 개인이나 기업체 혹은 산업군에서 배출한 이산화탄소량과 동일한 양을 다시 흡수해 실질적인 배출량이 0이 되게 하는 것이다. 예를 들면, 배출한 이산화탄소량을 계산한 후에 그 양에 해당하는 만큼의 나무를 심거나, 풍력발전 또는 태양력발전과 같은 청정에너지 분야에 투자하여 오염을 상쇄한다.

4. 구체적 방안

공항에서 탄소 배출량을 줄일 수 있는 방법은 다양하다. 예를 들면 절연, 에너지효율 높이기, 그린에너지자원(Green Energy Sources) 및 하이브리드 투자를 들 수 있다. 그 이외에 전기자동차 혹은 가스차량 운영, 직원·승객·방문객들의 대중교통 이용 권장, 활주로에서 택싱시간을 줄이기 위한 항공사와 관제사와의 협업, 목초지 늘리기 등이 포함된다.

5. 네 가지 자격등급
Mapping, Reduction, Optimization, Neutrality

본 프로그램은 공항에 부여하는 자격 등급을 4가지로 분류했다. 각각 Mapping, Reduction, Optimization, Neutrality인데 Neutrality 쪽으로 갈수록 실질적인 탄소 배출량이 적을 때 부여된다. 자격증명에 지원(Apply)하기 위해서는 공항에서 독자적으로 확인된(Independently Verified) 탄소 발자국이 있어야 하며 이는 ISO14064(Greenhouse Gas Accounting)에 부합해야 한다. 탄소발자국(Carbon Footprint)은 개인 또는 단체가 직·간접적으로 발생시키는 온실 기체의 총량을 의미한다. 여기에는 일상생활에서 사용하는 연료, 전기 등이 모두 포함된다.

■ Mapping

Mapping에서는 탄소발자국을 측정해야 한다. 공항 운영 주체는 공항에서 어떤 활동을 할 때, 어떤 운영과정에서 얼마만큼의 탄소가 배출되는지 파악해야 한다. 이때 Mapping 자격을 얻기 위한 방법은 다음과 같다.

- 운영상의 경계(Operational Boundary)를 정한 후 바운더리 내에서 발생원(Emissions Sources)을 정한다.
- 데이터를 모으고 발생원에 대한 전년도 탄소 배출량을 계산한다.
- 탄소발자국 보고서를 작성한다.
- Independent Third Party가 본 보고서를 제출하기 전에 탄소 발자국 계산량이 ISO14064의 인가조건을 충족시키는지 살핀다.

■ Reduction

Reduction에서 공항은 탄소 배출량을 감소를 위한 탄소관리(Carbon Management)를 한다. 이때 Reduction 자격을 얻기 위한 방법은 다음과 같다.

- Mapping 단계에서의 모든 조건을 만족시켜야 한다.
- 효과적인 탄소관리 절차(Carbon Management Procedures)를 뒷받침하는 증거를 제공한다. 목표치 설정을 예로 들 수 있다.
- 몇 년간 탄소 배출 데이터를 분석하여 탄소 발자국이 줄어듦을 보인다.

탄소관리(Carbon Management) 시 공항의 역할은 다음과 같다.

- 공항이 저탄소 혹은 저에너지 정책을 취하고 있다는 것을 보인다.

- 상부 위원이나 이사회가 기후변화 · 탄소 · 에너지 문제에 책임이 있다는 것을 보인다.
- 관련 주주들에게 탄소 배출량이 공항 운영에 있어서 어떤 연관성이 있는지 잘 설명한다.

탄소 관리 방법 예시는 다음과 같다.

- 에너지 수요 감축 : 회계감사, 탄소량 측정 및 관리, 자동화계량리더기 (AMR) 이용, 자동화된 감시 시스템과 목표 설정(AM&T)
- 청정에너지 공급 : 열과 파워의 혼합, 재생 가능한 에너지원
- 저에너지 디자인 : 새 단장과 새로운 건물, 건축 프로젝트에 탄소량 감축 조항을 반드시 포함시킨다.
- 대체에너지 지상조업차량(전기, 하이브리드, 수소, LPG 외)을 이용한다.
- 직원 내 소통 및 참여를 통한 계획을 수립한다.
- 탄소감축 프로젝트에 관해서 동일한 평가(Equal Appraisal) 혹은 선택적 평가(Preferential Appraisal)를 한다.
- Supply Chain 관련 배출을 줄이고 평가할 수 있는 프로그램을 도입한다.

■ Optimization

Optimization에서는 제삼자(Third Party)의 참여가 필요하다. 제삼자는 항공사 및 다양한 서비스 제공자를 포함한다. 예를 들면, 독립적인 지상조업자 (Independent Ground Handler), 기내식 담당 회사, 공항 내 관제 및 기타 업무 수행주체 등을 포함한다.

이때 Optimization 자격을 얻기 위한 방법은 다음과 같다.

- Mapping과 Reduction에 명시된 모든 조건을 충족시켜야 한다.
- Scope 3 배출까지 탄소발자국의 범위를 확장시킨다. 측정되어야 하는 Scope 3 배출은 다음을 포함한다.

    이·착륙 시 배출량, 승객과 직원들의 공항으로의 Surface Access, 직원 해외출장 시 배출량, 그 외에 Scope 3에 포함되는 기타 배출량

- 공항에서 발생하는 탄소 배출량을 줄이기 위한 제삼자의 참여의 뒷받침 근거를 제시한다.

주주들과 협업을 통한 탄소 배출량 감축 방안은 다음을 들 수 있다.

- 인식 및 행동 변화 캠페인, 조업장비들의 스위치 끄기, 기계 Idle 시간 줄이기
- Car Sharing Program, 자동차 깨끗이 쓰기, 쓰레기 발생 최소화하기
- 핵심 사업 파트너들이 공항 정책과 목표를 이해하고 이를 시행될 수 있게 한다. 예를 들어 세입자 포럼(Tenant Forum)을 열거나 에어사이드 운영자 그룹이나 고문 협의체와의 만남을 갖는다.
- 공항 계획자와 제삼자들과 함께 공항의 구조 계획이 탄소 감축 목표에 부합하도록 한다. 예를 들면 항공사와의 협력을 통해 지상에서의 항공기 운항시간과 지상활주시간을 줄인다.
- 에너지 효율화와 탄소관리 기법을 익히도록 제삼자를 훈련시킨다. 예를 들면, 건물의 재정비, 운영상 실행규칙, 수송차량에 대한 최소 시행 기준을 세운다.

- 인센티브제와 원가구조(Cost Structure)를 적용한다. 예를 들면 배출량에 따라 차등적으로 항공기에 비용을 매긴다(Charging Aircraft).
- 제삼자의 임대조건 혹은 계약조건에 탄소나 에너지 관련 항목을 포함시킨다. 공항회계감사에서 성과 및 실행여부를 함께 확인한다.
- 핵심 공항 운영자들과의 전략적인 파트너십을 구축한다. 예를 들면 항공사나 투자 프로젝트(Investment Project) 계약자를 들 수 있다.

■ Neutrality

탄소 중립은 한 해에 걸친 순수 탄소 배출량이 0인 상태를 말한다. 실 배출량이 0일 때 Neutrality가 부여된다. 공항에서 외부 도움 없이 이 상태에 도달한다는 것은 거의 불가능한데, 이 때문에 탄소 중립에 도달하는 것을 가장 최종 단계로 본다. 탄소상쇄(Carbon Offsetting)를 통해 공항은 석탄  발전장치를 대체하는 풍력 에너지 비용을 지불함으로써 불가피하게 발생하는 탄소 배출량을 상쇄시킨다. 이때 국제적으로 공인된 상쇄 방법을 사용해야 한다.

Neutrality 자격을 얻기 위한 방법은 다음과 같다.
- Mapping, Reduction, Optimization의 모든 조건을 만족시킨다.
- Scope 1과 Scope 2에서 남은 모든 탄소 배출량을 상쇄시킨다.

세계적으로 공신력 있는 상쇄 수단(Offset Instruments)으로는 Certified Emission Reductions(CER), Emission Reduction Units(ERU), Proprietary Verified Emission Reductions(VER), European Union Allowance을 들 수 있다.

항 공 환 경 과 기 후 변 화

제 **2** 부

항공산업과
기후변화

제 **4** 장

항공교통과 기후변화

항공환경과 기후변화

제 4 장

항공교통과 기후변화

1 서언

최근 들어 기후변화는 사회 전반적으로 거의 모든 분야에서 공통 화두가 되었으며, 전 세계적으로도 중요한 이슈로 자리매김했다. 기후변화는 광범위하게 일어나고 있고, 영향력이 크기 때문에 변화 속도를 줄이기 위한 사회 전반적인 노력이 필요한 실정이다. 항공산업에서는 항공기 배출가스가 기후변화의 주범으로 인식되고는 있으나 아직까지 그 영향은 미미하다. 그러나 항공산업은 연간 약 5%라는 급격한 성장률을 보이며, 이러한 성장률이 지속될 것으로 전망됨에 따라 2050년까지 항공운항으로 발생되는 온실가스가 전체 온실가스에서 상당 부분을 차지할 것으로 보인다.

항공산업은 이미 기술적으로 성숙단계에 접어들었기 때문에 추가적인 기술 개발이 쉽지 않다. 또한 기존 항공기의 생애주기(Life Time)가 매우 길다는 사실을 감안해 본다면, 현재 보유중인 항공기는 상당기간 동안 이용될 것이다. 따라서 단시간 내에 혁신적인 기술 개발을 통해 항공기 운항으로 발생한 온실가스를 줄이는 것은 사실상 어렵다. 그럼에도 불구하고 세계적으로 항공산업이 기후변화에 차지하는 비중을 줄이기 위한 노력은 계속되고 있으며 2005년 7월 8일 'G8 Gleneagles Climate Statement'에서 한 번 더 그 의지를 확인할 수 있었다.

본 장에서는 기후변화의 다양한 양상을 소개하고 기후변화에 따른 결과와 대응책을 다룬다. 항공환경론을 이해하기 위한 핵심 개념을 설명하고 구체적으로 항공교통이 기후에 미치는 영향을 논의한다. 항공산업에서 배출되는 온실가스 중 '이산화탄소'와 '비(非)이산화탄소' 요인이 각각 환경에 미치는 영향을 구분지어 살펴본다. 항공산업에서 배출되는 대부분의 온실가스는 항공기에서 배출되므로 주로 여기에 초점을 맞추긴 하겠으나, 그 밖에 공항운영과 부수적인 서비스가 기후변화에 미치는 영향도 고려한다.

2 기후변화

2.1 기후변화의 정의

인간의 산업활동에 따른 기후변화는 오래 전부터 이슈가 되어 왔다. 19세기 말부터 인간 활동에 의해 배출되는 이산화탄소는 지구 온난화를 일으킬 수 있다고 주장하는 학자들이 등장했다. 그러나 (전 지구적 평균기온 상승과 이에 따른 연쇄작용들을 중심으로 한) 기후변화는 최근 들어 과학계 및 정계에서 더욱 큰 주목을 받고 있다.

기후는 시간과 공간에 따라 자연적, 계속적으로 변하기 때문에 '기후변화'라는 용어를 정의할 때 주의해야 한다. '기후'라는 용어는 장기간(수십 년 이상)에 걸쳐 특징지어진 '대기의 상태'라고 정의된다. '적당한 기간에 걸친 날씨변화 양상(Behavior of the weather over some appropriate averaging time)'을 일컬으며 여기서 적당한 기간은 대략 30년을 의미한다. 또한 국제연합(UN)이 설립한 기후변화 전문연구기구인 IPCC(Intergovernmental Panel on Climate Change)[4]는 기후변

---

4) 기후변화와 관련된 전 지구적 위험을 평가하고 국제적 대책을 마련하기 위해 세계기상기구(WMO)와 유엔환경계획(UNEP)이 공동으로 설립한 유엔 산하 국제 협의체이다. 기후변화 문제의 해결을 위한 노력이 인정되어 2007년 노벨 평화상을 수상하였다. (출처 : 두산백과)

화를 다음과 같이 정의한다.

"Climate change refers to a change in the state of the climate that can be identified by changes in the mean and/or the variability of its properties, and that persists for an extended period, typically decades or longer. It refers to any change in climate over time whether due to natural variability or as a result of human activity" (IPCC, 2007)

즉, 기후변화란 수십 년에 걸쳐 지속되는 기후 속성의 평균값과 가변성을 의미하며, 인간 활동 또는 자연에 의한 변화 모두를 포함한다. IPCC는 기후변화의 원인은 자연적인 원인과 인간 활동에 의한 원인 둘 다 될 수 있음을 밝혔다. 자연적 현상에 의한 기후변화로는 지구 궤도의 변화 등이고 인간 활동에 의한 변화는 인간의 토지 사용패턴 또는 대기 구성의 변화 등을 의미한다.

반대로, 유엔기후변화협약(United Nations Framework Convention on Climate Change : UNFCCC)의 조항 1을 보면 기후변화를 '인간 활동에 의해 지구 대기 조성이 바뀌고 이로 인해 나타나는 직 · 간접적인 기후변화, 비교적 장기간에 걸쳐 관찰된 자연현상에 의한 기후변화5)'로 정의한다.

2.2 기후변화 요인

UNFCCC는 기후변화 원인으로 'Climate Change'와 'Climate Variability' 두 가지로 구분한다. '기후변화(Climate Change)'는 오로지 인간활동에 의해 대기 구성이 변화하여 나타나는 기후변화이고 '기후의 가변성(Climate Variability)'은 자연적 원인에 의해 나타나는 현상이다. UNFCCC는 기후변화를 인간 활동에 의해 나타나

---

5) A change of climate which is attributed directly or indirectly to human activity that alters the composition of the global atmosphere and which is in addition to natural climate variability observed over comparable time periods. (UN, 1992)

는 현상으로만 국한시키고 그 현상에 초점을 맞춰 연구한다.

IPCC는 기후의 가변성(Climate Variability)을 개별적인 날씨현상에 국한시키지 않고 모든 시공간을 고려한 기후 파라미터의 평균값, 표준편차, 범위의 변이(Variation)로 정의한다. 기후의 가변성은 기후변화와 마찬가지로 자연적 원인과 인간 활동에 의한 원인 모두에 의한다.

인간활동 결과 온실가스와 에어로졸이 배출되며, 대지표면 구성이 바뀐다. 화석연료를 태워서 발생되는 온실가스는 지구표면에서 방출된 적외선을 흡수하여 외부로 방출되지 못하게 하여 대기는 가열된 상태로 유지된다. 교토의정서[6]에는 이산화탄소(CO_2), 메탄(CH_4), 이산화질소(N_2O), 수소화불화탄소(HFCs), 과불화탄소(PFCs), 육불화황(SF_6)을 온실가스로 규정하고 있다. 이 중 이산화탄소는 상대적으로 그 양이 많고 대기에 머무는 생애주기가 길기 때문에(이산화탄소는 천 년을 주기로 기후변화에 영향을 준다) 가장 중요하게 다뤄진다. 온실가스 별로 대기 내 열을 붙잡아두는 능력이 다른데, 이에 따라 기후변화에 미치는 영향력도 제각기 다르다. 이러한 영향력은 지구 온난화지수(Global Warming Potential : GWP)[7]로 표시된다. 에어로졸은 그을음이나 황산화물을 뜻하는데, 주로 태양복사열을 흩뿌리거나 흡수하고 구름의 형성을 촉진시키며 결과적으로 대기온도를 낮춘다. 하지만 아직까지 에어로졸의 영향력이 측정되지 않았기 때문에 온실가스의 총 영향력은 알 수 없다. 지표면의 상태가 달라지면 기후도 변하는데, 지표면의 반사도(Albedo)[8]도 변하고, 삼림벌채로 이후 식물이 자체적으로 대기 중 이산화탄소를 흡수하는 비율은 이전에 비해 낮아졌다.

결국, 인간에 의하든 자연적인 요소이건 간에 대기복사열의 순환양상(Scattered, Absorbed, Re-emitted)을 변화시켜 기후변화를 유발한다. 특히, 인간의 사회 · 경

---

6) 이산화탄소(CO_2), 메탄(CH_4), 아산화질소(N_2O), 불화탄소(PFC), 수소화불화탄소(HFC), 불화유황(SF_6) 등 6가지 온실가스배출량을 줄이기 위한 국제협약
7) GWP : Global Warming Potential. 이산화탄소, 메탄, 오존과 같이 온난화를 초래하는 가스가 지구 온난화에 얼마나 영향을 미치는지를 측정하는 지수. 이산화탄소 1kg과 비교할 때, 특정기체 1kg이 지구 온난화에 얼마나 영향을 미치는 지를 나타낸다. 백년을 기준으로 이산화탄소의 온난화 효과를 1로 볼 때, 메탄가스가 23, 일산화질소 296, 수소불화탄소 1200 등이다. (출처 : 한경 경제용어사전)
8) 알베도 : 빛을 반사하는 정도를 수치로 나타낸 것으로 반사율이라고도 한다. (출처 : 두산백과)

제활동에 의해 배출되는 온실가스의 영향력은 '복사강제력(Radiative Forcing)'[9]이 라는 개념으로 표현되는데, 지구 대기시스템의 에너지를 $W\ m^{-2}$(Watts per square meter)로 계산하며 대기시스템의 에너지 균형을 변화시키는 정도를 의미한다.[10] 양의 값은 기온상승(Warming)으로, 음의 값은 기온 하강(Cooling)으로 해석된다. 각각의 복사강제력은 계량화되며 전 지구에 걸친 복사강제력의 평균값은 지구의 지표면 온도 변화와 선형관계가 있다.

2.3 기후변화 양상

기후변화는 태양열 복사, 대기 순환, 해수면, 해류, 구름, 강우, 눈 및 얼음의 양에 변화를 주고 이들은 서로 상호작용하여 복잡한 현상을 만들어낸다. 평균적 인 기상 현상뿐만 아니라 편차가 커진다는 점을 주목해야 한다. 한 가지 예로, 평균 기온이 상승함에도 불구하고 최근 겨울에는 혹한(酷寒)이 나타나고 있다. 평균 대기온도와 해양기온 모두 상승했고 빙하가 녹고 있으며 이로 인해 지구평 균해수면 높이도 높아지고 있다. 해수면 상승과 기온상승은 또한 많고 잦은 강우 현상을 유발시켰다. 특정 지역은 더욱 더 많은 강우를, 다른 지역은 강우량의 감 소 및 심한 한발 현상을 일으켰다. 이러한 극한 날씨들의 경향을 살펴보면, 대륙 대부분에서 한파 사건(Cold Events)이 일어나는 빈도는 적어진 반면 열파(Heat Waves)는 잦아졌으며, 북아틀란타 지역에서는 열대저기압(Tropical Cyclones)이 자주 발생하고 있다.

미래에는 더욱 심한 결과가 예상된다. 과학자들은 미래의 인구증가, 경제성장, 기술발전 등의 변화 정도를 다양하게 반영하여 '배출 시나리오(Emission Scenarios)' 를 만들어서 결과를 예측했다. 배출 시나리오에 의하면, 적어도 한 세기 동안은 인간 활동에 의한 온난화 및 해수면의 변화가 계속될 것이라는 평가가 지배적이

---

9) 복사강제력 : 온실가스가 대기를 가열하는 정도를 복사강제력이라고 한다.

10) Radiative forcing is a measure of the influence a factor has in altering the balance of incoming and outgoing energy in the Earth-atmosphere system and is an index of the importance of the factor as a potential climate change mechanism.

다. 기후변화 현상들은 다양한 시스템과 인간활동 분야 및 지역에 영향을 미칠 것으로 보인다. 시나리오에서는 생태계가 가진 다양한 복원력을 추월하여 많은 식물과 동물 종은 멸종 위기에 처할 것이며 생물의 다양성과 먹이사슬에 변화가 생길 것으로 분석했다. 특히, 해안지역은 해변 침식(Coast Erosion)과 바닷물의 범람으로 위험에 노출될 것이며 기후변화에 따른 식량 생산 감소로 영양실조를 겪거나 건강 약화와 죽음에 직면하게 된다. 반건조지대(Semi-Arid Areas)는 말라가고 가뭄이 확대되며 오염된 물이 증가하고 수질악화로 청정지역에 사는 종과 생태계는 큰 위험에 처할 것이다.

2.4 기후변화 대처방안

그렇다면 인류는 기후변화에 어떻게 대처해야 할까? 기후변화에 인간은 다음의 두 가지 방식으로 대처할 수 있다. '적응(Adaption)기법'과 '완화(Mitigation)기법'을 적용할 수 있다. '적응(Adaptation)'이란 말 그대로 긴 시간에 걸쳐 나타나는, 피할 수 없는 기후변화에 대처하기 위해 인간 활동과 사회 전반적인 체제를 변화된 날씨에 맞추는 것이다. 그러나 장기적인 관점에서는 적응은 기후변화에 대한 적절한 대응이라 보기 어렵다. 기후변화는 시간이 지날수록 심화될 것이기 때문이다. 그러므로 기후변화를 '완화(Mitigation)'시키는 전략이 더욱 효과적이다. '완화(Mitigation)'는 기후변화의 속도와 규모를 조절하기 위해 주로 온실가스 배출량을 줄이는 체제 도입을 의미한다. 특히, 온실가스 배출을 '완화'할 때 드는 비용이 '적응'하는 데 필요한 비용보다 훨씬 적다고 평가되어 경제적으로도 정당성을 확보한다.

기후변화 완화를 위해서는 국가 간 상호 조정과 협동이 전제되어야 하며, 유효한 국제기후변화협약의 체결이 있어야 한다. UNFCCC와 교토의정서 체결('더 알아보기'에서 자세히 살펴보도록 한다) 등으로 국제적인 노력이 이루어졌으며, 교토의정서 이후에도 2012년까지 다양한 협상을 진행해왔다. 하지만 기후변화 대응책을 효과적으로 이행하기 위한 국제적인 틀을 완성하기에는 아직 갈 길이 멀다. 궁극적으로는 대기권의 온실가스의 농도를 안정시켜야 하며 이를 위해 각국은 상당한 수준으로 온실가스 배출량을 감축해야 하는데 앞서 지적한 대로 경제적 정당성이 있는 노력이라는 점을 상호 인식하고 지속적으로 협조 · 협동해야 할 것이다.

'기후변화의 경제학(The Economics of Climate Change)'이라는 저명한 보고서 (Stern, 2007)에 의하면 우선, 국제사회는 투명하고 대조 가능한 국제탄소가격 길잡이(Worldwide Carbon Price Signal)를 창안해야 한다. 탄소가격 길잡이는 탄소가 적게 배출되는 상품, 기술, 운영 절차들을 창안하도록 생산자 및 소비자들에게 경제적 인센티브를 유발하기 때문이다. 일반적으로 어떤 수준의 사회에서든지 생활방식과 행동방식의 변화를 유도하기 위해서는 다양한 정책적 장치가 동원되는 기후변화에 대응책이 마련되어야 한다.

> ● 더 알아보기
>
> ## UNFCCC
>
> ### (United Nations Framework Convention on Climate Change)
>
> UNFCCC는 지구 온난화 방지를 위해 온실가스의 인위적 방출을 규제하기 위한 협약이다. 정식명칭은 '기후변화에 관한 기본협약'으로 흔히 '유엔기후변화협약'이라 불린다. 유엔기후변화협약은 생물다양성협약과 함께 1992년 6월 리우회의(유엔환경개발회의, UNCED)에서 채택되었고, 1994년 3월 21일 발효되었다. 2001년 가입국은 186개국이며 우리나라는 1993년 12월에 47번째로 이 협약에 가입, 1994년 3월부터 적용받기 시작했다. 기후변화협약의 주요내용은 다음과 같다.
>
> - 각국의 온실가스 배출
> - 흡수 현황에 대한 국가통계 및 정책이행에 관한 국가보고서 작성
> - 온실가스 배출 감축을 위한 국내 정책 수립 및 시행

• 온실가스 배출량 감축 권고

정도의 차이는 있지만 모든 나라에 책임이 있으므로 능력에 따라 의무를 부담하되, 지금까지 에너지를 많이 사용해왔고 기술적, 경제적 능력이 있는 선진국이 선도적 역할을 하면서 개도국의 사정을 배려한다는 원칙 하에 당사국들을 부속서 Ⅰ 국가와 부속서 Ⅱ 국가, 기타국가(개도국)로 구분하여 각기 다른 의무를 부과하고 있다.

부속서 Ⅰ 국가는 협약 채택 당시 OECD 24개국 및 EU와 동구권 국가 등 35개국이었으나 제3차 당사국총회(COP3)에서 5개국(크로아티아, 슬로바키아, 슬로베니아, 리히텐스타인 및 모나코)이 추가로 가입하여 현재는 40개국이다. 부속서 Ⅰ 국가군은 자국의 온실가스 배출량을 2000년까지 1990년 수준으로 감축하기 위해 노력하되, 감축목표에 관한 의정서를 3차 당사국총회(COP3)까지 마련하기로 결정하였고, 이에 따라 1997년 12월에 「교토의정서(Kyoto Protocol)」가 채택되었다. '교토의정서'의 채택으로 기후변화협약이 실효성을 갖게 됐다.

부속서 Ⅱ 국가는 부속서 Ⅰ 국가에서 동구권국가가 제외된 국가군으로 OECD 24개국과 EU이다. 모든 당사국은 온실가스를 줄이기 위한 국가 전략을 수립·시행하고, 이를 공개해야 하며, 통계자료와 정책이행에 대한 보고서를 협약 당사국총회(Conference Of the Parties : COP)에 제출해야 한다. 협약체결 당시 OECD 회원국이었던 24개 선진국(부속서 Ⅱ 국가)은 개도국에 대한 재정지원 및 기술이전 의무를 가진다.

우리나라는 기타국가로 분류되어 국가보고서 제출 등 협약 상 일반적 의무만 수행하면 되지만 OECD 가입이후 미국, 일본 등 선진국에서 자발적으로 부속서 Ⅰ 국가와 같은 의무를 부담하여 줄 것을 요구하고 있다.

교토의정서11)

교토의정서란 이산화탄소(CO_2), 메탄(CH_4), 아산화질소(N_2O), 불화탄소(PFC), 수소화불화탄소(HFC), 불화유황(SF_6) 등 6가지 온실가스배출량을 줄이기 위한 국제협약이다. 1992년 6월, 리우 유엔환경회의에서 채택된 기후변화협약(UNFCCC)을 이행하기 위해 1997년 만들어진 국가 간 이행협약으로, '교토기후협약'이라고도 한다. 정식 명칭은 Kyoto Protocol to the United Nations Framework Convention on Climate Change이다.

지구 온난화가 범국제적인 문제라는 것을 인식한 세계 정상들이 1992년 브라질 리우에 모여 지구 온난화를 야기하는 화석연료 사용을 제한하자는 원칙을 정하면서 이를 추진하기 위해 매년 당사국 총회(COP)를 열기로 하였다. 이후 1997년 12월 일본 교토에서 열린 기후변화협약 제3차 당사국총회(COP 3)는 선진국으로 하여금 이산화탄소 배출량을 1990년 기준으로 5.2% 줄이기로 하는 교토의정서를 만들어냈다. 이산화탄소 최대 배출국인 미국이 자국 산업 보호를 위해 반대하다 2001년 탈퇴를 선언, 이후 러시아가 2004년 11월 교토의정서를 비준함으로써 55개국 이상 서명해야 한다는 발효요건이 충족돼 2005년 2월 16일부터 발효되었다.

지구 온난화를 일으키는 온실가스에는 탄산가스, 메탄, 이산화질소, 염화불화탄소 등 여러 가지 물질이 있는데, 이 중 인위적 요인에 의해 배출량이 가장 많은 물질이 탄산가스이기 때문에 주로 탄산가스 배출량의 규제에 초점이 맞춰져 국가별 목표수치를 제시하고 있다. 또한 선진국의 감축의무에 대한 효율적 이행과 신축성을 확보하기 위해 감축의무가 있는 선진국들이 서로의 배출량을 사고 팔 수 있도록 한 배출권거래제도(Emission Trading : ET), 다른 나라에서 달성한 온실가스 감축실적도 해당국 실적으로 인정해 주는 공동이행제도(Joint Implementation : JI) 및

---

11) 출처 : [네이버 지식백과] 교토의정서[京都議定書, Kyoto Protocol](시사상식사전, 박문각).

청정개발체제(Clean Development Mechanism : CDM) 등의 신축성 체제 (Flexibility Mechanism)를 도입하였다.

- 배출권거래제도 : 온실가스 감축의무가 있는 국가가 당초 감축목표를 초과 달성 또는 미달 여부에 따라 감축쿼터를 다른 나라에 팔거나 살 수 있도록 한 제도
- 공동이행제도 : 선진국 기업이 다른 선진국에 투자해 얻은 온실가스 감축분의 일정량을 자국의 감축실적으로 인정받을 수 있도록 한 제도
- 청정개발체제(Clean Development Mechanism : CDM) : 선진국 기업 이 개발도상국에 투자해 얻은 온실가스 감축분을 자국의 온실가스 감축실적에 반영할 수 있게 한 제도

교토의정서에 따르면, 온실가스 배출량의 55%를 차지하는 선진 38개 국들은 온실가스 저감목표를 2008~2012년까지 1990년 수준의 평균 5.2% 이상을 줄여야 한다. 기후변화협약 회원국 186개국 중 유럽연합(EU) 15 개 회원국들은 8%, 미국은 7%, 일본은 6%를 줄여야 한다. 2002년 비준한 한국은 1997년 당시 기후변화협약 상 개발도상국으로 분류되어 온실가스 배출감소의무가 유예된 바 있다. 하지만 우리나라는 1990~2000년 온실가스 누적 배출량 세계 11위, 1990~2005년 배출 증가율은 99%로 경제협력개발기구(OECD) 국가 중 1위여서 일부 선진국들이 우리나라를 의무감축 대상에 포함시켜야 한다고 주장해 왔다.

2011년 12월 남아프리카공화국 더반에서 열린 제17차 유엔기후변화협약 당사국총회(COP 17)에서 각국 대표단은 2012년 말 1차 공약기간이 만료되는 교토의정서의 연장을 주요 내용으로 하는 '더반 결정문(Durban Outcome)'을 채택하였다. 이 내용에 따르면 교토의정서는 2012년에 시한이 만료되지만 2차 공약기간(2013~2017)을 설정해 2013년부터 최소한 5

년은 교토의정서 체제가 유지된다. 또한 미국, 중국 등 교토의정서 상 온실가스 의무 감축국에서 빠졌던 국가들도 모두 참여하는 새로운 의정서를 2020년 출범하기로 합의하였다.

한편 캐나다가 제17차 유엔기후협약 당사국 총회가 폐막된 다음날인 2011년 12월 12일 교토의정서 탈퇴를 선언하였다. 1997년 교토의정서가 채택된 이래 당사국이 탈퇴 의사를 밝힌 것은 처음이다. 캐나다는 교토의정서에 따라 1990년 온실가스 배출량 대비 2012년까지 배출량을 6% 감축해야 하지만 2009년까지 배출량이 오히려 17% 늘어 140억 달러(약 16조 원)의 벌금을 내야 할 상황이 오자 이러한 결정을 내린 것으로 보고 있다.

2012년 12월 8일 카타르 도하에서 열린 제18차 유엔기후변화협약 당사국총회에서 2012년 만료될 예정이었던 선진국의 온실가스 의무감축 유효기간을 2020년까지 연장하는 데 최종 합의하였다. 하지만 온실가스 주요 의무감축 대상국인 일본·러시아·뉴질랜드·캐나다 등은 합의를 거부하였으며, 온실가스 배출량 1·3위인 중국과 인도는 개발도상국으로 분류되어 감축의무가 없고, 2위인 미국은 2001년부터 경제적 이유와 자국 법상 문제를 이유로 교토의정서를 비준하지 않고 있어 합의가 유명무실하다는 비판이 제기되기도 하였다.

한편, 2002년 비준한 한국은 1997년 당시 기후변화협약상 개발도상국으로 분류돼 온실가스 배출감소 의무가 유예된 상태로, 온실가스 감축의무가 없지만 2020년까지 온실가스를 전혀 감축하지 않을 경우에 비해 30%를 감축하기로 선언하여 자발적 감축에 앞장서고 있으며, 2015년부터는 온실가스배출권거래제도를 시행해 산업계의 온실가스 감축을 이행하도록 한다는 계획이다

3 ┃ 항공산업이 기후에 미치는 영향

  항공교통은 다양한 측면에서 기후에 영향을 미치는데, 항공기 엔진운용과 공항 운영 및 부가 서비스를 수행하면서 나오는 배출로 인한 영향, 두 가지 범주로 크게 나눌 수 있다. 항공산업이 기후에 미치는 영향에 대한 과학자들 및 학계 대부분의 연구는 항공기 엔진에 의한 배출가스에 집중해왔다. 물론 학자들은 아음속 항공기 및 초음속 항공기 모두 고려해서 연구를 수행했지만 현재 민간항공은 아음속 비행기의 사용에 국한되었다.

3.1 항공기 배출가스가 기후에 미치는 직 · 간접적인 영향

  민간 항공기 엔진 배출가스가 기후에 미치는 영향은 직접적인 영향과 간접적인 영향으로 나눌 수 있다. 직접적인 영향은 항공기 배기가스가 대기로 유입되어 Radiative Forcing을 유발하는 것이다. 화석연료를 연소하여 발생하는 이산화탄소, 그을음과 황산화물이 포함된 에어로졸의 배출 또한 Radiative Forcing을 직접유발한다. 반면 간접적인 영향은 항공기의 배출가스가 2차적인 물리 · 화학 작용을 거쳐서 결과적으로는 Radiative Forcing을 유도하는 것이다. 항공기에서 배출된 질산화물(NO_x)은 대류권의 오존의 양을 증가시키고 메탄을 파괴하여 대기 중 온실가스의 농도를 바꾼다. 항공기가 고고도에서 비행할 때는 콘트레일(Contrail)을 형성하며 적란운(Cirrus Cloud)의 양을 증가시킨다. 이 모든 현상은 항공기 배출가스의 간접적인 영향에 따른 결과이다.

  공항주변 저고도 및 지표면에서의 운항 단계인 LTO cycle 동안에 항공기 배출가스는 콘트레일과 적란운을 형성하지는 않지만, 온실가스 및 온실효과 물질을 계속해서 배출한다. 그러므로 LTO cycle도 항공기가 기후에 미치는 전반적인 영향을 고려할 때 간과되어서는 안 된다. 항공기가 배출하는 주된 오염물질에 대해서는 앞 단원에서 이미 언급되었으므로 아래에서는 항공기 엔진 배출가스의 기후변화 영향에 대해서만 상세하게 설명한다.

표 2-4-1 항공기가 기후에 미치는 주된 영향

배출가스의 종류	영향력
이산화탄소의 배출	• 인간 활동에 의해 배출되는 온실가스 중 가장 중요한 기체 • 지구 온난화를 일으킴
질산화물의 배출	• 대류권 오존을 생성 • 온실가스인 메탄을 파괴함
수증기의 배출	• 항공기 배출 수증기의 영향은 미미하지만 초음속항공기가 운용되면 영향력 증대가 예상됨
그을음 미립자(Soot Particles) 배출	• 태양 복사에너지의 흡수로 미미한 국지적 온난화현상 유발 • 적란운과 콘트레일 응결핵 역할
황산화물의 배출로 생성되는 황산 미립자	• 태양복사선을 후방 산란시켜 미미한 냉각효과 • 콘트레일과 적란운의 응결핵 역할
콘트레일	• 대기의 온난화 현상 유발 • 공기 중에 잔류 및 확산되어 적란운 형성
적란운	• 잠재적인 대기 온난화 유발(과학적인 규명 필요)

■ 이산화탄소의 영향

교토의정서에서 이산화탄소는 중요한 온실가스로 규명되었고, 민간항공에 의해 상당량이 대기권에 배출되는 것으로 평가되었다. 이산화탄소 배출량은 연료 소모량에 정비례하므로 연료 소모량만 알면 이산화탄소 배출량은 쉽게 산출할 수 있다. 항공기 연료효율을 높이면 이산화탄소 배출량 감소로 이어질 수 있다.

개별 이산화탄소 분자는 대기 중에 약 4년 정도 잔류하지만, 기후에 미치는 영향력은 오랜 기간 지속된다. 왜냐하면 이산화탄소 분자들은 대기 중에서는 파괴되지 않고 대기, 해양(해양생물군 포함), 대지(육지생물군 포함), 암석 및 빙하 등 다양한 탄소흡수원(Carbon Reservoir)에 재분배되기 때문이다. 이러한 탄소흡수원들 간의 이산화탄소 교환은 긴 세월에 걸쳐 일어나므로 대류권에 존재하는 이산화탄소의 수명은 상당히 길다고 볼 수 있다. 결국, 이산화탄소는 대기 중에 오랜 동안 남으며, 전 지구적으로 대기에 골고루 섞여 있다. 이산화탄소는 온실가스 중 효과가 가장 강력한 기체는 아니지만 상대적으로 배출량이 많고 오랫동안 남기 때문에 영향력이 크다. 그러므로 국제 기후변화 정책을 논의할 때도 늘 가장 중요한 온실가스로 취급된다.

항공기가 배출하는 이산화탄소는 2010년 그 양이 연간 0.7Gt에 달한다. 이는 인간 활동에 의한 온실가스 총 배출량의 2~2.5%에 불과하지만 미래 온실가스 예측모델에 의해 2025년까지 항공산업의 이산화탄소 배출량은 지금(기준 2010년)의 2배에 달할 것으로 산출되었다. 모든 산업분야에서 현재와 같은 경향으로 온실가스를 배출한다는 가정 하에, 2050년까지도 항공산업의 이산화탄소 배출량은 전 세계 온실가스 배출량의 2.5%에 달할 것으로 전망된다.

그러나 교토협약에서 제시한 대로 이산화탄소 배출량을 줄이는 노력을 전 산업 분야에서 성공적으로 추진한다면, 2050년쯤에 이르면 항공기 엔진의 이산화탄소 배출량이 각국가의 온실가스 배출 할당허용량(Allowance)의 대부분 또는 전부를 차지하게 될 것으로 예측하는 학자들도 있다. EC TRADEOFF 프로젝트 기간 동안 이루어진 조사들에 의하면 2000년 항공기가 배출하는 전 지구적인 이산화탄소의 양에 따른 Radiative Forcing은 0.028 W m^{-2}이며 이 또한 빠르게 증가하고 있다. 항공교통산업의 성장과 함께 항공산업에 사용되는 연료량도 증가하면서, 항공산업에서 나오는 이산화탄소는 2030년까지 급증할 것이고 과학기술이 상당히 발달한다고 해도 2050년에는 1992년 배출량의 3배에 이를 것이다. 이러한 이유에서, Houghton(2009)은 "기후에 대한 항공산업의 영향을 통제하는 것은 아마도 기후변화를 완화시키려는 노력 중에서 가장 힘든 도전이 될 것이다"라고 말했다.

■ 질산화물의 영향

NO와 NO_2로 구성된 질산화물은 대부분 항공기 엔진 배기가스의 고온 조건에서 공기 중에 포함된 질소의 산화과정에서 발생되며, 일부는 연료에 포함된 질소의 연소 과정에서 발생된다. 항공기에서 배출되는 질산화물의 대부분은 NO로부터 형성되지만 이들은 대기 중으로 나오자마자 NO_2로 변환된다. 물론 약간의 NO_2(1차 NO_2)가 항공기의 엔진에서 직접 배출되기도 한다.

연소과정 중 질산화물의 형성은 불가피하지만, 항공기 엔진 연소실의 디자인을 개선하여 질산화물의 배출량을 줄일 수는 있다. 현재와 같은 경향으로 기술 발전을 지속한다면, 항공기에 의한 질산화물 배출물은 2002년에서 2025년 사이에 약 1.6배 증가한다고 예측되었다. 항공기로부터 나오는 질산화물은 기후변화에 두 가지 중요한 간접적인 영향을 미친다. 하나는 대류권의 오존을 증가시키는 것이고 또 하나는 메탄의 양을 줄이는 것으로써 이 물질 둘 다 온실가스이다.

질산화물 배출에 따라 이루어지는 대류권 오존의 촉매반응은 몇 가지 복잡한 화학과정을 통해 일어난다. 대기 중 질산화물의 잔류시간은 배출고도에 따라 좌우되고 지표면에서보다 대류권 상층에서 더욱 오래 지속된다. 또한 순항고도에서 질산화물이 오래 잔류할수록 오존이 생성되는 횟수는 더욱 많아진다. 대류권 상층부에서 오존농도가 증가하면 낮은 고도에서의 오존농도 증가에 비해 더욱 강력한 Radiative Forcing을 유발한다. 게다가 대류권에서 만들어진 오존은 지표면 부근에서 생성된 오존보다 쉽게 사라지지 않는다. 결과적으로 순항고도에서 질산화물은 오존의 촉매반응을 유발한다.

대류권의 오존의 촉매반응 외에도, 질산화물의 배출로 잠재적인 온실가스인 메탄이 파괴된다. 전체적으로, 항공기에 의한 질산화물의 배출은 오존 농도를 증가시켜 Radiative Forcing을 양의 값으로 증가시키고 메탄의 파괴를 통해 Radiative Forcing을 음의 값으로 감소시킨다. 이러한 상반된 영향은 서로 비슷한 규모로 일어나지만 그렇다고 해서 기후에 미치는 영향이 상쇄되는 것은 아니다. 왜냐하면 각각의 기체들은 서로 대기 중에 존재하는 시간도 다르고 지리적으로 미치는 영향 또한 다르기 때문이다.

대류권의 오존은 상대적으로 잔존기간이 짧기 때문에(몇 주~몇 달) 전 지구적으로 공기에 모두 잘 섞이지는 않는다. 대신에 증가된 대류권의 오존 농도는 항공기들이 주로 운항하는 북반구에 집중 분포된다. 반면 메탄은 공기 중에 오래 잔류하고 대기 중에 잘 섞이는 온실가스이므로, 질산화물에 의해 고갈되는 메탄의 양은 전 지구적으로 영향을 미친다. 몇몇 연구에서는 대류권에 오존의 농도가 불균등하게 배분되면 공기 중에 균등하게 섞일 때보다 지표 온도를 더 많이 증가시킨다고 주장한다.

질산화물 배출 결과로 오존 농도가 증가하고 메탄이 파괴되어 기후가 계속하여 변하겠지만 메탄의 감소는 부분적으로는 또 다른 오염물질인 이산화탄소의 영향을 상쇄시킨다. 왜냐하면 메탄과 이산화탄소 모두 대기 중에 잘 혼합되고 오래 잔류하기 때문이다. 이러한 불확실성 때문에 항공기 엔진에서 배출되는 질소산화물이 기후변화에 미치는 영향에 대해서는 추가적인 연구와 논의가 필요한 것으로 평가되고 있다.

■ 수증기의 영향

항공기 엔진에서 배출되는 수증기 또한 케로신의 연소에 따른 결과이다. 수증기는 매우 강력한 온실가스이고 지구의 온실가스들 중에서도 중요한 비중을 차지한다. 대류권에서는 자연적으로 수문학(Hydrological, 水文學)적인 과정이 많이 발생하기 때문에 대기는 수증기를 많이 포함하고 있다. 이 때문에 항공기 엔진에서 배출되는 수증기량은 상대적으로 미미하다고 볼 수 있다. 하지만 대류권 상층과 성층권 하부는 건조하며 특히나 성층권의 중간 및 상층부는 극도로 건조하다. 그렇기 때문에 성층권으로 유입되는 소량의 수증기라도 대기의 온난화 현상에 상당하게 기여한다. 미래에는 초음속 항공기가 성층권의 더 높은 고도에서 비행한다는 시나리오에 따르면 항공기에서 배출되는 수증기가 기후변화에 중대한 영향을 미칠 수도 있다는 논란이 제기되고 있다.

■ 에어로졸의 영향

에어로졸은 공기 중의 미세한 고체입자 또는 액체입자 형태로 부유한다. 이들은 입자모양 그대로 공기 중에 배출되거나(1차 에어로졸) 대기 중에서 변환 과정을 통해 형성된다(2차 에어로졸). 전형적으로 대기 중의 에어로졸은 지름이 나노미터 단위에서 몇십 마이크로미터까지 그 크기가 다양하다. 항공기에 의한 에어로졸의 대부분은 그을음 입자와 황산화물이고 각각은 태양 복사열을 흡수하거나 방출하여 기후에 영향을 미친다. 그을음 입자는 태양 복사열을 흡수해서 국부적으로 기온상승을 유발한다. 황산화물들은 복사에너지를 후방 산란시켜(Back-scattered) 냉각 효과를 일으킨다. 그렇지만 두 가지 반응 모두 그 영향력은 상대적으로 작다고 판명되었다. 이러한 직접적인 반응 외에도 입자 형태의 배출은 간접적으로 기후에 영향을 미친다. 이들은 적란운 및 콘트레일 형성 과정에서 응결핵의 역할을 하기 때문이다. 항공기 엔진 연소에 의한 입자형태의 에어로졸은 2002~2025년까지 배출량이 증가할 것이다. 왜냐하면 이 분야에서 괄목할만하고 지속적인 기술발전이 매우 어렵기 때문이다.

■ 콘트레일의 영향

콘트레일(Contrails)은 항공기 엔진의 가열 현상 및 항공기 배기가스로 인해 형성되는 선형의 얼음구름이다. 콘트레일은 항공기 엔진에서 나오는 고온의 습한 배기가스가 차갑고 건조한 대기와 만나서 상대습도가 급상승한 결과로 생성되는 물질이다. 그러므로 대기가 매우 차갑고(일반적으로 -40℃ 이하) 습한(얼음이 과포화된 상태)조건에서는 콘트레일이 형성된다. 처음에는 엔진으로부터 나오는 수증기가 그을음 입자 또는 황산화물과 같은 배기가스 입자에 응고되고, 그 이후 대기 중에 존재하는 많은 양의 수증기가 입자 모양으로 농축된다. 그 양이 계속해서 증가하면서(약 98%) 콘트레일이 형성된다. 콘트레일의 수명은 기온 조건과 과포화된 얼음 조건에 의해 좌우되는데, 대기 중에 머무르는 시간은 몇 초에서

몇 시간으로 다양하다. 콘트레일은 빠르게 증발하거나, 대기 중에 머물러서 분산되고 Wind-Shear를 일으키며 적란운을 형성한다.

전 세계적으로 선형 콘트레일의 양은 1992년에 지표면의 약 0.1%로 추정되었다. 콘트레일은 복사력(Radiative Forcing : 화학물질이 대기 온도를 높이는 정도)이 양의 방향으로 작용하거나 음의 방향으로 작용하게 한다. 콘트레일이 지구로 유입되는 태양 방사능을 반사시킬 때 음의 Radiative Forcing 현상이 일어나는 반면, 양의 Radiative Forcing은 콘트레일이 지표면에서 방출되는 적외선 복사열을 흡수할 때 나타난다. 이 두 반응이 얼마만큼 상쇄되는지는 콘트레일의 광학적 성질에 따라 다르다. IPCC(1999)는 1992년 선형 콘트레일에 의한 Radiative Forcing을 20m W m^{-2}로 추정했다. 하지만 여전히 콘트레일이 기후에 미치는 영향은 아직 다 밝혀지지 않았다. 콘트레일의 영향범위(Coverage)는 항공기 연료 소모량이 증가하는 속도보다 훨씬 빠르게 증가하고 있는데 그 이유는 다음과 같다.

- 항공교통량은 주로 대류권 상층부에서 급속히 증가하는데, 콘트레일은 고고도에서 잘 형성되는 경향이 있다.
- 콘트레일은 고온에서 잘 형성되는데, 항공기 연료 효율 향상 기술은 고온 연소 기술 적용을 위주로 한다.

콘트레일 형성에 적합한 상기의 필수 조건들은 주로 겨울의 밤시간 중에 자주 나타난다. 그리고 민간 항공교통량의 대다수는 북반구에 밀집되어 있으므로 겨울 북반구의 밤시간 동안 Radiative Forcing에 대한 콘트레일의 영향은 가장 강하게 나타날 것이다. 밤의 항공교통량은 낮의 항공교통량의 25% 정도에 그치지 않지만 콘트레일에 의한 Radiative Forcing의 60~80%는 야간 비행에 의한 것이다. 겨울 중 항공교통량은 연간 항공교통의 22%밖에 되지 않지만 동절기 비행은 콘트레일에 의한 Radiative Forcing의 연평균 값의 거의 절반을 유발한다는 연구결과도 있다.

■ 적란운의 영향

적란운 또한 항공교통이 기후에 미치는 간접적인 영향 중 하나이다. 항공기들은 다음과 같은 두 가지 방식으로 적란운을 형성한다.

- 장시간 존재하는 콘트레일이 공기 중에 분산되어 자연적인 적란운과 구분할 수 없을 정도의 적란운을 만들어낸다(1차 효과).
- 항공기가 지나간 후 상당한 시간이 흘러도 대기의 온도와 습도 등의 조건이 항공기가 배출한 미립자들에 응결하기에 적절한 상태가 지속되면 적란운이 형성된다(2차 효과).

이러한 두 가지 영향 중 1차 효과가 더욱 확실하게 입증되었고 형성되는 양 또한 2차 효과에 비해 많다. 콘트레일이 만들어내는 적란운에 의한 순 Radiative Forcing 효과는 태양 복사열을 반사하는 능력과 지표면에서 나오는 적외선 복사열을 흡수하는 능력 간의 균형을 이루는 정도에 따라 달라진다. IPCC(1999)는 항공기에 의해 생성된 적란운의 효과는 잠재적으로 보면 상당히 크지만, 얼마나 큰지는 아직 불확실하다고 밝혔다. 하지만 장기적으로 보면 적란운의 양은 계속적으로 증가하고 있으므로 항공교통의 영향력 또한 커지고 있다고 평가된다. 그 밖에도 다양한 연구결과들이 항공교통 증가와 적란운의 증가 간 상관관계가 매우 크다고 밝히고 있다. 즉, 10년 단위로 적란운의 범위가 1~3% 증가하는 것은 항공교통량 증가가 원인이라고 지목한다.

이상에서 언급한 바와 같은 다양한 요인들을 모두 결합하면, 항공교통에 의한 총 Radiative Forcing을 추정할 수 있다. IPCC(1999)는 1992년에 1992~2050년 동안의 기간에 항공기 엔진 배출가스에 의한 Radiative Forcing의 추정치를 발표하였는데, 인간활동에 의한 Radiative Forcing은 평균적으로 전체의 3.5%를 차지하고, 항공교통에 의한 Radiative Forcing은 이들 Radiative Forcing 중 0.05W m^{-2}라고 발표하였다. 또한 IPCC(1999)는 2050년에는 항공산업에 의한 Radiative Forcing

은 0.19 W m⁻²가 될 것이고, 이 값은 인간 활동에 의한 Radiative Forcing의 5%에 달할 것이라고 하였다.

전반적으로 보면, 기후변화에 대한 이해 및 항공교통이 기후에 미치는 영향에 대한 과학적인 규명은 급속하게 발전하고 있다. IPCC(1999) 보고서의 발표 이래로 중요한 연구 성과들이 여러 분야에서 이루어졌다. 예를 들면, 항공산업에 의한 Radiative Forcing의 평가는 EC(European Community)의 연구 프로젝트에 의해 갱신되어왔고, 대류권의 오존 증가와 메탄 파괴에 따른 Radiative Forcing의 측정의 정밀도도 향상되었다. 콘트레일과 항공기에 의한 적란운이 Radiative Forcing에 미치는 영향을 규명하려는 연구 또한 상당히 발전되었다. IPCC(2007) 역시, 항공산업을 포함하여 인간 활동이 야기하는 Radiative Forcing의 영향을 재평가했다. 2005년 항공산업의 Radiative Forcing은 2000년 보고서에서 발표된 수치보다 14%나 증가됐으며, 2050년까지 이는 2000년에 비해 3~4배 이상 증가, 인간 활동에 의한 총 Radiative Forcing의 4~4.7%를 차지할 것으로 예측하고 있다.

그렇지만 이러한 추정치들에 대한 불확실성은 여전히 남아있고 항공산업에 의한 Radiative Forcing을 더욱 정확히 측정하려는 노력도 진행중이다. IPCC(1999)는 항공산업의 "Radiative Forcing은 북반구 중위도 지역에 집중적으로 나타나며 이에 따른 기후변화는 지역적으로 다를 수 있다"고 평가한다. 그렇지만 Radiative Forcing의 지역편차에도 불구하고 항공교통이 기후에 미치는 영향범위는 전 세계이다. 그 이유는 항공교통의 특성상 전 지구적으로 운영되고 수명이 긴 항공기 배기가스가 오랜 기간에 걸쳐 전(全) 기후시스템을 변화시키기 때문이다.

기후변화에 대한 항공교통의 영향력은 전 세계적이라고 규명했지만 인류사회에서의 기후변화 영향은 지역에 따라 다른 특성을 보이고 있다. 그러므로 항공교통이 기후에 미치는 지리학적인 영향력도 보다 심도 깊고 상세한 연구 조사가 뒷받침되어야 한다. 기후시스템에 미치는 항공기 엔진 배출가스의 영향들은 배출가스의 공간적 규모(전 지구적으로 영향을 미치는 이산화탄소에서부터, 지역적으로 영향을 미치는 콘트레일의 Radiative Forcing 효과까지)에 따른 영향과, 횡적분포(전 지구적인 효과가 있는 메탄 파괴 현상에서부터 지역적으로 영향을 미치는 대류권 오존 농도 증가까지)에 따른 영향 및 수직적 분포(공기 중에 잘 섞이고 수명이 긴 온실가스에서부터 순항고도에서 적란운이 형성되는 것까지)에 따른 영향을 모두 고려하여 포괄적으로 분석되어야 한다. 또한, 각 온실가스의 시간규모(이산화탄소의 경우 수천 년, 수명이 짧은 콘트레일의 경우 몇 초)에 따른 효과도 고려해야 하므로 이러한 복잡성 때문에 항공산업에 의한 기후변화의 순 Radiative Forcing을 추정은 시도를 더욱 어려워지고 있다.

과학자들과 정책 담당자들은 Radiative Forcing Index(RFI)라는 개념을 적용하여 이러한 어려움을 극복하려는 시도를 해왔다. RFI의 사용은 항공기 배출가스에 대하여 앞에서 소개한 GWP(Global Warming Potential)라는 개념을 적용하는 데 어려움이 많아서, IPCC에 의해 처음 도입되었다. 즉, 콘트레일과 다른 온실가스의 속성을 비교하는 어려움, 질산화물 배출이 위치 및 계절에 따라 Radiative Forcing의 편차가 다양하다는 문제, 에어로졸을 포함하여 수명이 짧은 기체의 위치 및 생성시기의 변화에 따른 영향력의 가변성, 그리고 대기 전체 조성변화 등으로 인해 GWP 개념을 항공기 엔진 배출물의 기후변화 영향력 측정에 적용하는 것이 어려웠기 때문이다. GWP는 이산화탄소와 메탄같이 공기 중에 잘 섞이고 수명이 긴 기체들의 기후변화 영향력 측정에는 유용하지만, 이산화탄소와 메탄 외의 다른 기체에는 적합하지 않다. 이를 해결하기 위하여 RFI가 개발되었다.

RFI는 전반적인 인간 활동에 따른 Radiative Forcing과 인간의 특정 활동에 의해 단독적으로 배출되는 이산화탄소에 의한 Radiative Forcing의 비율로 나타낸 값이다. 1992~2050년 동안의 배기가스 시나리오 분석에 따라, IPCC(1999, 8~9)는 "항공기(적란운의 영향을 제외함)에 의한 Radiative Forcing의 총량은 항공기의 이산화탄소 배출에 의한 Radiative Forcing보다 2~4배 더 많다"고 평가했다. 항공산업의 RFI는 1992년에 2.7(범위는 1.9~4.0)로 평가되었고(이 수치는 적용한 시나리오별로 산출한 값을 평균낸 것임), 대략적으로 IPCC(1999, 213)는 항공산업의 RFI는 '약 3'이라고 공표했다.

RFI 개념을 도입함으로써, 이산화탄소 배출에 의한 항공산업의 기후변화에 대한 영향과 '비이산화탄소'에 의한 영향으로 나누어 분석할 수 있다. 후자는 질산화물, 수증기, 콘트레일, 항공기에 의한 적란운의 영향을 포함한다. 기후변화에 대한 이산화탄소와 비이산화탄소의 영향의 구별은 중요하다. 왜냐하면 상당한 논쟁이 RFI의 사용과 정책실행 그리고 과학적인 유효성에 집중되어 왔기 때문이다. 항공교통산업 정책 중에서 RFI 사용이 두드러지는 예는 영국정부가 발간한 Aviation White Paper인 The Future of Air Transport이며, 본서에서는 RFI를 2~4 (정확하게는 2.5)로 사용했다. 이 문서에서, 영국정부는 항공산업이 기후에 미치는 영향은 "이산화탄소 단독으로 미치는 영향의 2~4배로 보인다"라고 평가했고, EC는 자체 연구 프로젝트 결과로 항공산업의 RFI를 약 1.9로 산출해냈는데, 이 수치는 항공기에 의한 적란운의 영향은 제외된 것이다.

그러나 아직까지도 Emissions Trading Schemes와 같은 몇몇 정책적 대안들에서는 항공교통이 기후에 미치는 영향을 이산화탄소의 배출만 염두에 두고 측정해서 그 영향을 과소평가하기도 한다. 이산화탄소 배출이 일반적으로 인간 활동이 기후에 미치는 영향 중 가장 중대한 부분을 차지하지만, 항공산업과 같은 경우는 이산화탄소 이외의 영향력을 고려해야 할 필요성이 충분하다고 볼 수 있다.

지금까지는 항공기 엔진 배출가스에 의한 기후변화 영향만 논의해왔으나, 항공산업의 그 밖의 활동에 의한 기후변화 영향도 생각해보아야 할 것이다. 예를 들면, 공항의 건설·운영·유지보수는 에너지 공급 및 변환을 필요로 하고, 공항 내에서 소비되는 자재의 생산, 화석연료 연소 그리고 삼림파괴 등의 과정을 통해 에어로졸과 온실가스를 배출한다. 추가적으로, 공항 및 공항접근을 위해 운행되는 육상교통수단도 온실가스를 배출한다. 수하물 처리, 음식공급, 청소, 연료 재급유 및 쓰레기 관리 서비스 등을 포함한 공항의 서비스 제공에 의해서도 추가적인 가스배출이 이루어진다. 만일 공항에서 운영되는 육상교통 차량들이 디젤 또는 휘발유 엔진으로 가동된다면 더 많은 온실가스와 에어로졸을 생성할 것이다. 이러한 배출 및 그에 따른 기후변화 영향은 항공기의 엔진 배출가스에 비하면 미미한 편이지만 적절한 정책 수행이 고려되어야 한다.

제 **5** 장

기후변화 관련
국제협약과 동향

항공환경과 기후변화

기후변화 관련 국제협약과 동향

제 5 장

1 기후변화 관련 국제협약 배경과 발전과정

지구 온난화에 관한 국제적인 우려와 대책 필요성에 대한 인식이 확산되면서 국제적인 협약 내용에 대한 본격적인 협상이 시작되어, 1992년 6월 리우데 자네이로에서 열린 환경회의에서 기후변화에 관한 국제연합기본협약(United Nations Framework Convention on Climate Change : UNFCCC)이 채택되었고, 1994년 3월 발표되었다. 우리나라는 1993년 12월 이 협약을 비준하였고, 2008년 12월 현재 192개국이 비준한 상태이다. 이 협약에서는 차별화된 공동부담 원칙에 따라 가입 당사국을 부속서 I (Annex I) 국가와 비부속서 I(non-Annex I) 국가로 구분하여 각기 다른 의무를 자발적으로 부담하기로 결정되었으며, 우리나라는 비부속서 I 국가에 포함되어 현재 온실가스 감축에 대한 의무를 부담하고 있지는 않다.

기후변화협약의 내용은 인류의 활동에 의해 발생되는 위험하고 인위적인 영향이 기후시스템에 미치지 않도록 대기 중 온실가스 농도를 안정화시키는 것을 궁극적인 목표로 하고 있다. 또한 기후변화에 대한 과학적 확실성의 부족이 지구온난화 방지조치 시행을 연기하는 이유가 될 수 없으며, 기후변화를 예측하고 예방적 조치를 시행하며 모든 국가의 지속가능한 성장을 보장하는 것 등을 기본원칙으로 하고 있다. 기후변화협약에는 선진국은 과거에서부터 발전해 오면서 대기 중으로 온실가스를 배출한 역사적 책임이 있으므로 선도적인 역할을 수행하도록 하고, 개발도상국에는 현재의 개발상황에 대한 특수사정을 배려하되 공동의 차별화된 책임과 능력에 입각한 의무부담이 부여되어 있다. 역사적인 책임을 이유로 부속서 I 국가는 온실가스 배출량을 1990년 수준으로 감축하기 위하여 노력하도록 규정하였고, 특히 부속서 I 국가 중에서 부속서 II로 분류된 국가는 감축노력과 함께 온실가스감축을 위해 개도국에 대한 재정지원 및 기술이전의 의무를 지고 있다.

기후변화협약에 가입한 국가를 당사국(Party)이라고 하며, 이들 국가들이 협약의 이행 방법 등 주요 현안들에 대하여 결정하는 회의를 당사국총회(COP)라고 한다. 지난 1995년부터 2014년까지 개최된 당사국 총회에서 논의된 내용은 다음과 같다.

표 2-5-1 UN 기후변화 당사국 총회(COP) 개최 현황

구분	일시	장소	주요 내용
1차	1995. 3	베를린 (독일)	• 2000년 이후의 온실가스 감축을 위한 협상그룹(Ad-hoc Group on Berlin Mandate) 설치 • 논의결과를 제3차 당사국 총회에 보고하도록 하는 베를린 위임(Berlin Mandate) 사항을 결정
2차	1996. 7	제네바 (스위스)	• 미국과 EU는 감축목표에 대해 법적 구속력을 부여하기로 합의하였음 • 기후변화에 관한 정부간협의체(IPCC)의 2차 평가보고서 중 "인간의 활동이 지구의 기후에 명백한 영향을 미치고 있다"는 주장을 과학적 사실로 공식인정
3차	1997. 12	교토 (일본)	• 교토의정서(Kyoto Protocol) 채택
4차	1998. 11	부에노스 아이레스 (아르헨티나)	• 교토의정서의 세부이행절차 마련을 위한 행동계획을 수립 • 아르헨티나와 카자흐스탄이 비부속서 I 국가로는 처음으로 온실가스 감축 의무부담 의사를 표명하였음
5차	1999. 11	본 (독일)	• 아르헨티나가 자국의 자발적인 감축목표를 발표함에 따라 개발도상국의 온실가스 감축의무 부담 문제가 부각됨

6차	2000. 11	헤이그 (네덜란드)	• 2002년 교토의정서를 발효하기 위하여 교토의정서의 상세 운영규정을 확정할 예정이었으나, 미국·일본·호주 등 Umbrella 그룹[12]과 유럽연합 간의 입장 차이로 협상 결렬
6차	2001. 7	본 (독일)	• 2000년 당사국 간 입장 차이로 협상이 결렬된 이후, 속개회의(COP6-bis, Resumed COP6)가 개최됨 • 교토 메커니즘, 흡수원 등에서 EU와 개발도상국의 양보로 캐나다와 일본이 참여하면서 협상이 극적으로 타결 • 미국을 배제한 채 교토의정서 체제에 대한 합의가 이루어졌음
7차	2001. 11	마라케쉬 (모로코)	• 마라케쉬 합의문 도출
8차	2002. 10	뉴델리 (인도)	• 뉴델리 각료선언[13] 채택
9차	2003. 12	밀라노 (이탈리아)	• 기술이전 등 기후변화협약의 이행과 조림 및 재조림 • CDM(청정개발체제) 사업의 정의 및 감축량 산정방식 문제 등 교토의정서의 발효를 전제로 한 이행체제 보완에 대한 논의가 진행됨 • 기후변화특별기금(Special Climate Change Fund) 및 최빈국(Least Developed Countries) 기금의 운용방안이 타결되었음
10차	2004. 12	부에노스 아이레스 (아르헨티나)	• 과학기술자문부속기구(Subsidiary Body for Scientific and Technological Advice : SBSTA)가 기후변화의 영향, 취약성 평가, 적응 수단 등에 관한 5개년 활동 계획을 수립 • 활동계획의 1차 공약기간(2008년~2012년)이후의 의무부담에 대한 비공식적 논의가 시작되었음
11차	2005. 12	몬트리올 (캐나다)	• 교토의정서 발표 이후 개최된 첫 당사국총회 • '포스트교토체제'에 대한 논의가 처음으로 시작됨
12차	2006. 11	나이로비 (케냐)	• 선진국의 후속의무부담(AWG Dialogue) 즉, 포스트 교토체제에 대한 논의가 구체화되었음 • 청정개발체제 개선논의 및 적응부분의 5개년 작업계획이 확정되는 진전이 있었음

---

12) Umbrella 그룹 : EU를 제외한 선진국들의 모임으로 흡수원의 확대 인정, 교토 메커니즘의 적용 확대를 주장함
13) 온실가스 배출통계 작성 및 보고, 메커니즘 및 교토의정서 향후방향 등을 논의하였으며, 당사국들에게 기후변화에의 적응, 지속가능한 발전 및 온실가스 감축노력 촉구 등을 담은 선언

13차	2007. 12	발리 (인도네시아)	• 발리 로드맵 채택
14차	2008. 12	포츠난 (폴란드)	• 2012년 이후 선진국 및 개도국이 참여하는 기후변화 체제의 본격적인 협상모드 전환을 위한 기반을 마련한 회의
15차	2009. 12	코펜하겐 (덴마크)	• '코펜하겐 합의문' 도출 : 지구 온도상승을 산업화 이전을 기준으로 2℃ 이내로 제한하며, 선진국과 개발도상국 모두 2010년 1월 말까지 2020년 온실가스 감축목표를 자발적으로 제출하기로 함
16차	2010. 11	칸쿤 (멕시코)	• '녹색기후기금(Green Climate Fund : GCF)' 설립 공식화 합의 • 상대적 빈국들의 남벌을 막기 위해 선진국에서 탄소 배출량을 동결시키는 유엔의 남벌계획안인 REDD[14]의 공식적 지지 • 국가 간 청정기술지식 이전 아이디어[15] 지지 • 온실가스 실제 감축여부를 공신력 있는 국제기관에 의한 제3자 검증이 필요하므로, 제3자 적합성평가 체제를 위한 인프라 구축 논의
17차	2011. 11	더반 (남아프리카 공화국)	• 교토의정서 2차 공약기간 설정[16] • 2020년 이후 '모든 당사국'[17]에 적용 가능한 의정서 혹은 법적문건 채택을 위한 협상개시[18] • 칸쿤합의문 이행관련 적응위원회 설치를 위한 구체적 역할 규정 및 기술집행위원회, 기술센터의 선정절차 및 기준 마련 • 녹색기후기금설립[19]

---

14) REDD : Reducing Emissions from Deforestation and Degradation. 공식적인 지지는 받았으나, 해당 계획안이 언제 실행되며, 어떤 형태를 갖게 될지는 구체화되지 않음
15) 기술행정위원회와 기후기술 센터와 네트워크가 구축되어야 할 것이지만, 자금문제, 근거지, 설립시기, 설립주체 등에 대한 세부사항은 정해지지 않음
16) 한계로는 2차 공약기간에 참여하는 선진국의 감축목표가 확정되지 않았다는 점과, 2차 공약기간 참여국은 EU, 노르웨이, 스위스, 리히텐슈타인, 호주, 뉴질랜드이며 일본, 러시아, 캐나다는 참여거부 의사를 밝혔다.
17) 모든 당사국이라 함은 선진국과 개발도상국 모두를 지칭한다.
18) 2020년부터 개발도상국 또한 감축의무를 지겠다는 합의를 했다는 점에서 의미를 지닌다.
19) 2010~2012까지 300억 달러의 재원을 마련하였으며, 2020년까지 선진국을 중심으로 매년 1,000억 달러씩 기금을 조성하여 개발도상국의 기후적응, 에너지 효율 제고, 저탄소 기술 도입, 산림보호 등의 사업을 지원한다는 내용을 담음

18차	2012. 11	도하 (카타르)	• 교토의정서 개정안 채택. 효력을 2020년까지 연장하는 데 합의함[20] • 당사국 총회의 참가국 인준으로 대한민국의 GCF 사무 국 유치 정식 확정
19차	2013. 11	바르샤바 (폴란드)	• 새로운 기후변화체제에서의 온실가스 감축목표 2015년 말까지 제시하기로 합의 • 개발도상국의 기후변화로 인한 손실과 피해에 대한 위험 관리, 관련기구와 조직, 이해관계자 간 연계, 재원 및 기술 지원을 하는 집행위원회 설치
20차	2014. 12	리마 (페루)	• 신기후체제(Post-2020)의 합의문에 들어갈 초안 내용 논의 • GCF 초기 재원조성 논의
21차	2015. 12	파리 (프랑스)	• 올해 12월, 프랑스 파리에서 진행 예정

2 교토의정서 및 교토 메커니즘

2.1 교토의정서

기후변화협약이 기후변화방지를 위한 일반적인 원칙을 담고 있는 문서라면, 교토의정서는 기후변화협약의 목적을 달성하기 위한 방법과 구체적 절차에 관한 구속력이 있는 문서라고 볼 수 있다. 1998년 3월 UN본부에서 서명을 받아 채택되었으나 미국이 의회에서 비준을 거부하여 실효성에 큰 타격을 받기는 했지만, EU와 일본 등이 중심이 되어 협상을 지속하여 2004년 11월 러시아가 비준서를 제출함에 따라 교토의정서의 발효 요건이 충족되어 2005년 2월 공식 발효되었다. 2008년 12월 현재 우리나라와 북한을 포함한 183개국과 EC(European Community)

---

20) 2020년 이후 새로운 기후체제를 마련하기로 합의(더반플랫폼 작업반 즉, ADP, Ad-hoc Working Group on the Durban Platform for Enhanced Action에서 신기후체제 관련 협상의 2015년까지의 로드맵을 도출하였다). 일본, 캐나다, 러시아, 뉴질랜드 불참선언이 있었으며, 미국, 중국은 의무감축국의 적용대상에서 제외됨

가 의정서를 비준하였다. 의정서의 주요 내용으로는 기후변화협약 상의 부속서 I 국가에 대해 구속력 있는 정량화된 감축목표를 설정, 공동이행(JI), 청정개발체제(CDM), 배출권거래(ET) 등 시장원리에 입각한 새로운 온실가스 감축수단을 도입, 국가 간 연합을 통한 공동 감축목표 달성의 허용 등이 있다. 교토의정서는 선진국(부속서 I 국가) 각국가의 특수한 상황에 따라 서로 차별화된 온실가스 감축목표량을 할당하고 있다.[21] 의정서에 따르면 기후변화협약 부속서 I 국가는 2008~2012년 기간 중 자국 내 온실가스 배출 총량을 1990년대 수준대비 평균 5.2% 감축하여야 하며 그 세부사항은 다음과 같다.

표 2-5-2 교토의정서 주요 내용

구 분	내 용
대상 국가	40개국[22](유럽공동체는 국가는 아니지만 국제 협상 등에서는 1개 국가의 지위를 인정받고 있음)
목표 연도	2008~2012년(1차년도 의무감축기간)
감축 목표율	1990년 배출량 대비 평균 5.2% 감축 (각국의 경제적 여건에 따라 −8% ~ +10%까지 차별화된 감축량 규정)
감축대상 온실가스	CO_2, CH_4, N_2O, HFCs, PFCs, SF_6 6종(각국 사정에 따라 HFCs, PFCs, SF_6 가스의 기준년도는 1995년도 배출량 이용 가능)
온실가스 배출원 범주	에너지, 산업공정, 용매 및 기타 제품 사용, 농업, 폐기물 등으로 구분

---

21) 기후변화협약 상의 부속서 I 국가 각각에 대해 정량화된 감축목표를 할당한 문서가 교토의정서의 부속서 B임. 따라서 기후변화협약의 부속서 I 국가와 교토의정서의 부속서 B 국가는 동일하다고 볼 수 있음

22) 기후변화협약 부속서 I국가 40개 국 중 1997년 당시 기후변화협약에 가입되어 있지 않았던 터키, 벨로루시는 감축 목표가 할당되지 않았으나 이후 벨로루시는 2006년 11월 제2차 CMP 회의에서 교토의정서 개정을 통해 공식적 감축 목표를 할당 받음

2.2 교토 메커니즘

선진국은 교토의정서에서 할당받은 온실가스 감축량을 자국 내 노력만으로 달성하는 데는 막대한 비용이 소요될 것으로 예상하였다. 이에 비용 효과적인 방법으로 배출목표를 달성하기 위해 교토 메커니즘을 도입하였다.

■ 공동이행제도(JI) : 교토의정서 제6조

부속서 Ⅰ 국가들 사이에서 온실가스 감축사업을 공동으로 수행하는 것을 인정하는 것으로 한 국가가 다른 국가에 투자하여 감축한 온실가스 감축량의 일부분을 투자국의 감축실적으로 인정하는 제도(현재 비부속서 Ⅰ 국가인 우리나라가 활용할 수 있는 제도는 아님)이다. 선진국 중 특히 EU가 동유럽국가와 JI를 추진하기 위해 활발히 움직이고 있다. 2008년 12월을 기준으로 JI 사업에 참여하고 있는 국가는 프랑스, 일본, EC를 비롯한 총 33개국이다. JI 사업에서 발생하는 이산화탄소 감축분을 ERU(Emission Reduction Unit)라고 하며, ERU는 2008년 이후부터 발행되고 있다.

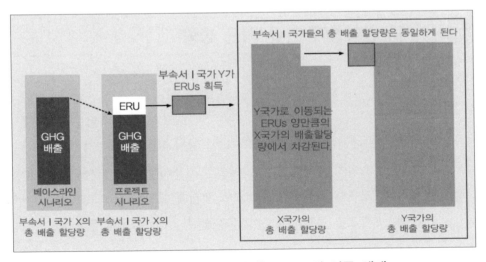

그림 2-5-1 JI에서 발생하는 ERUs의 이동 체제

■ **청정개발체제(CDM) : 교토의정서 제12조**

부속서 I 국가(선진국)가 비부속서 I 국가(개발도상국)에서 온실가스 감축사업을 수행하여 달성한 실적을 부속서 I 국가(선진국)의 감축목표 달성에 활용할 수 있도록 하는 제도이다. CDM 사업을 통하여 선진국은 감축목표 달성에 사용할 수 있는 온실가스 감축량을 얻고, 개발도상국은 선진국으로부터 기술과 재정지원을 받음으로써 자국의 지속가능한 개발에 기여할 수 있을 것으로 기대하고 있다.

■ **배출권거래제도(ET) : 교토의정서 제17조**

온실가스 감축의무국가가 의무감축량을 초과하여 달성하였을 경우, 이 초과분을 다른 온실가스 감축의무국가와 거래할 수 있도록 하는 제도이다. 반대로 의무를 달성하지 못한 온실가스 감축의무국가는 부족분을 다른 온실가스 감축의무국가로부터 구입할 수가 있다. 온실가스 감축량도 시장의 상품처럼 사고 팔 수 있도록 허용한 것이라고 할 수 있다.

3 기후변화협약 관련 최근 동향

3.1 포스트-교토(Post-Kyoto) : 발리 로드맵

2007년 12월 인도네시아 발리에서 열린 13차 당사국총회(COP 13)에서 포스트-교토(Post-Kyoto) 즉, 1차 의무이행기간 이후의 감축의무 협상에 대한 로드맵이 만들어졌으며, 이 로드맵에서는 포스트-교토 체제에 대한 협상 프로세스를 다음과 같은 두 개 트랙으로 구분하여 진행하고 있다.

표 **2-5-3 발리 로드맵의 주요 내용**

트 랙	근 거	참여 대상	주요 의제	종 료
AWG–KP[23]	교토 의정서	Annex I 국가 (미국 제외)	교토의정서에 따라 Annex I 국가의 2013년 이후 감축의무	2009년 말
AWG–LCA[24]	기후변화 협약	협약당사국 (미국 포함)	• 선진국 : 측정, 보고, 검증 가능한 감축 및 대개도국 지원 공약 • 개도국 : 측정, 보고, 검증 가능한 방식으로 선진국의 지원이 전제된 감축 활동	2009년 말

발리로드맵에 따른 협상은 2009년 종료를 목표로 진행되었으며, 1차 및 2차 협상은 각각 2009년 3월 29일~4월 8일과 6월 1일~2일까지 독일 본에서, 3차 협상은 8월 역시 독일 본에서, 4차 협상은 9월 말~10월 초에 걸쳐 태국 방콕에서, 5차 협상은 11월 초 스페인 바르셀로나에서 개최되었으며, 마지막 최종 협상은 덴마크 코펜하겐에서 열리는 제15차 당사국총회에서 결정하기로 예정되었다. 한편, 2009년 6월 초 독일 본에서 열린 2차 협상의 주요 의제는 AWG-LCA와 AWG-KP에서 각각 협상문 초안을 검토하는 것이었다. 2차 협상에 대해서는 선진국-개도국 간 입장 대립으로 내용상의 진전은 없었다는 평가이며, 서로의 기본 입장만을 강경하게 되풀이하여 코펜하겐 협상 타결에 난항이 있을 것으로 예상되었다.

3.2 코펜하겐 당사국총회(COP)

제15차 UN 기후변화협약(UNFCCC) 당사국 총회(COP)는 2009년 12월 덴마크 코펜하겐에서 전 세계 193개국이 참가한 가운데 개최되었으며 '코펜하겐 합의(Copenhagen Accord)'를 채택하고 막을 내렸다.

---

23) AWG-KP : Ad Hoc Working Group on Further Commitments for Annex 1 Parties under the Kyoto Protocol
24) AWG-LCA : Ad Hoc Working Group on Long-term Cooperative Action under the Convention

당초 계획대로라면 2013년 이후 적용될 '법적 구속력이 있는' 협정이 통과됐어야 했지만 세계 각국은 회의 막판까지 온실가스 감축 목표 설정 등 주요 쟁점에 대해 입씨름을 벌이다 "지구 평균기온의 상승 폭을 산업화 시대에 비해 섭씨 2도 이내로 제한한다"는 것을 골자로 한 합의문을 채택하는 데 겨우 성공했다. 하지만 선진국과 개도국 간, 선진국 및 개도국 내부 간 갈라진 입장이 끝까지 이어지면서 합의문은 일치된 의견이라기보다는 오히려 '이견의 노출' 성격이 더 강했다. 당장 '코펜하겐 합의'의 표지에서부터 적나라하게 드러난다. 정상대로라면 코펜하겐 합의가 '승인'되어야 하지만 193개국은 "이 합의를 주목 한다(Take note of)"는 표현으로 통과시켜 스스로 효력과 공신력을 깎아내렸다.[25]

표 2-5-4 코펜하겐 합의(Copenhagen Accord)의 주요 내용

구 분	주 요 내 용
장기 비전	• 기온 상승 폭 산업화 이전 대비 2℃ 이내로 제한 • 2015년에 상승제한 목표치를 1.5℃로 재조정하는 방안 검토

온실가스 감축	• 2010년 1월까지
	  – 선진국 : 교토의정서보다 강화된 '중기(2010년) 감축 목표' 제시
	  – 개도국 : 국가별 '감축계획' 제시
	• 온실가스 배출의 피크 시점을 '가능한 조기' 달성

선진국의 자금 지원	• 2010~2012년까지 총 300억 달러 긴급 지원 • 2013~2020년까지 매년 1000억 달러를 목표로 함 • 개도국이 자금 지원 받으려면 2년 마다 온실가스 감축 계획을 검증받아야 함
기후변화 적용	• 선진국은 개도국의 기후변화 적응을 위해 적절한 기술·자금 등을 지원
산림보호	• 선진국은 개도국의 산림보호 지원
향후 계획	• 코펜하겐 합의의 이행 평가를 2015년까지 완료

출처 : 조선일보(2009. 12. 21자 보도 내용).

---

25) 조선일보 기사(2009. 12. 21자) 참조

코펜하겐 합의문은 위와 같이 크게 6가지로 요약되며, 가장 중요한 장기 비전으로 지구 기온 상의 폭을 '산업화 시대에 비해 섭씨 2도 이내로 제한한다'고 명문화했다. 그러나 가장 중요한 사항인 이 목표 달성을 위한 온실가스 총량과 나라별 분담량 결정 방법 등 핵심 사항은 전혀 언급되지 않은 한계를 보였다. 이처럼 코펜하겐 당사국총회가 2013년 이후의 새로운 기후변화협약 체결에 대한 합의 도출에는 실패했지만 우리나라 정부로서는 당분간 큰 부담을 덜게 되었다. 우리 정부가 이 회의에 참가하기 전에 세운 '개도국 지위 유지'라는 1순위 목표가 자동 달성되었기 때문이다. 이에 따라 2009년 11월 확정된 '2020년까지 2005년 대비 온실가스를 30% 감축한다'는 우리나라 정부의 국가 목표는 일단 2010년 말 16차 당사국총회 전까지는 어떤 '국제법적 의무' 없이 우리가 세운 일정과 방식에 맞춰 자발적으로 진행해 나갈 수 있게 되었다.

3.3 제18차 유엔기후변화협약 당사국총회(COP18)

제18차 유엔기후변화협약 당사국총회(COP18)는 2012년 11월 26일부터 12월 8일까지 카타르 도하에서 개최되었다. 총 195개국 유엔기후변화협약(UNFCCC) 당사국들이 참석하였으며, 2013~2020년간 선진국의 온실가스 의무감축을 규정하는 교토 의정서 개정안이 채택되었으며, EU, 호주, 스위스, 노르웨이 등 선진국들이 참여한 가운데 2013년 1월 1일부터 온실가스 감축을 위한 2차 공약기간이 개시되었다. EU, 노르웨이, 일본, 스위스, 모나코 등은 교토의정서 1차 공약기간 중 발생한 구동구권 국가의 잉여배출권을 구매하지 않겠다는 의사를 명확히 선언함으로써 실질적인 온실가스 감축을 위한 정치적 의지를 표명했다.

또한, 발리행동계획에 의하여 출범된 장기협력에 관한 협상트랙(AWG-LCA)이 종료되었으며, 2020년 이후 모든 당사국에 적용되는 新기후체제를 위한 협상회의(ADP)의 2013~2015년간 작업계획이 마련되었다. 2020년 新기후체제 및 2020년 이전 감축상향의 구체적인 논의를 위해 2013-2015년간 매년 최소 2회의 회의를 개최하여 2015년 5월까지 협상문안 초안을 마련하기로 합의하였다.

한편, 이번 당사국총회에서 우리나라의 녹색기후기금(Green Climate Fund) 사무국 유치가 성공적으로 인준되었으며, 당사국들은 GCF가 조속한 시일 내에 운영될 수 있도록 우리 정부와 GCF 간 법적·행정적 제도를 마련할 것을 촉구하였다.[26)]

다음은 이 외에도 기후변화와 관련된 최근 협약을 정리한 표이다.

표 2-5-5 주요 기후변화협약 당사국회의 결과

연도	회의명(장소)	회의내용
1997	COP3 (교토)	• 교토의정서 채택 – 선진국(부속서국가3) 1차 공약기간(2008~2012년)까지 1990년 대비 평균 5.2% 감축의무 부담 – 청정개발체제, 공동이행제도, 배출권거래제도 등 시장원리에 기반한 교토 메커니즘 도입
2005	COP11 (몬트리올)	• 교토의정서 체제 공식 출범 – 제1차 교토의정서 당사국총회(COP/MOP 1)에서 교토의정서 이행 절차와 방안을 담은 마라케시 결정문 승인
2007	COP13 (발리)	• 발리행동계획 채택 – 2009년까지 2012년 이후 온실가스 감축 체제 협상을 끝내도록 합의 – Two track 기후변화 협상체제의 기본 구도에 합의
2008	COP14 (포즈난)	• COP14 Post-2012 협상문 초안 마련 – 배출권거래, 공동이행, 청정개발체제의 Post-2012 협상문 초안이 마련되어 전 세계의 이목을 집중시킴
2009	COP15 (코펜하겐)	• 코펜하겐 합의(Copenhagen Accord) 채택 – 기온상승을 산업화이전 대비 2℃ 이내로 억제 – 2010. 1. 31까지 부속서 1 국가는 중기 온실가스 감축목표, 비부속서 국가는 감축행동 계획(NAMA) 제출 – 비부속서 국가들의 감축행동은 국내적인 측정, 보고, 검증(MRV)을 받으며, 이에 대한 국제적 협의와 분석 가능 – 선진국은 2010~2012년 동안 개도국 지원을 위한 단기 지원 자금 30억 달러 조성, 2020년까지 매년 1,000억 달러 조성

26) 2012. 12. 9.(일) 보도자료 COP 18결과 참조

2010	COP16 (칸쿤)	• 칸쿤 합의문(Cancún Agreement) 채택 　– 코펜하겐 합의 주요내용을 결정문으로 채택했으나, 온실가스 감축에 대한 핵심내용 부재 　– 개도국 감축행동 등록부(NAMA Registry), 칸쿤적응체계(Cancún Adaptation Framework), 녹색기후기금(Green Climate Fund), 기술메커니즘 등 다양한 기구 및 메커니즘의 설립에 합의
2011	COP17 (더반)	• 더반 플랫폼(Durban Platform for Enhanced Action) 채택 　– 교토의정서 연장 합의 　– 2020년 이후 모든 당사국에 적용되는 신기후변화체제 협상을 2015년까지 완료 　– 2020년까지 매년 1,000억불 규모의 녹색기후기금 설립 방안 합의
2012	COP18 (도하)	• 도하 게이트웨이(Doha Climate Gateway) 　– 제2차 교토의정서 공약기간은 2013~2020년 8년간으로 확정하고 2020년까지 1990년 대비 18%를 감축하는 새로운 감축 목표 설정 　– 발리 행동계획 관련 실무그룹 논의 종결, 더반 플랫폼 이행 작업계획 합의 　– 녹색기후기금 송도 유치 승인 　– 기후변화 취약국의 손실과 피해(Loss and Damage) 보상에 관한 논의 시작 　– 단기 재원 수준 이상의 개도국 지원을 향후 3년간 지속하고 개별 선진국이 재원 확대 및 조성에 관한 경로 제시 합의

4 세계 각국 정부의 기후변화협약 대응 동향 사례

4.1 개요

교토의정서에 명시된 온실가스 감축목표를 달성하기 위하여 선진국은 이미 제 1차 공약기간 이전부터 자국의 온실가스 감축을 위한 노력을 계속해 왔다. EU는 2005년부터 역내 온실가스 배출권거래제도(ETS)를 시행하고 있다. 미국은 교토 의정서의 온실가스 감축 의무체계의 불합리성을 주장하며 비준을 거부하고 있으나, 신재생에너지 및 청정에너지기술에 투자를 집중하고 있으며, 일본도 국내의 감축 목표량을 설정하고 청정개발체제 · 공동이행제도 등을 통하여 국외 협력사업의 활성화를 유도하고 있다.

EU의 경우, 2002년까지 기준년도인 1990년 배출량의 −2.9%의 감축성과를 보이고 있음에도 불구하고, 현 추세에서는 2010년까지 −0.5%밖에 감축하지 못할 것으로 예상(교토의정서 상 목표 : −8%)하고, 목표달성을 위하여 2005년부터 역내 온실가스 배출권거래제도를 시행하고 있다. 한편, 미국은 2012년까지 온실가스 배출집약도(온실가스 배출량/GDP)를 18%까지 달성한다는 자체 계획을 수립 · 시행하고 있고, 주정부 차원에서는 동북부 주를 중심으로 온실가스 배출권거래제도 시행을 계획하고 있다. 일본은 국내의 감축 목표량을 설정하고, 청정개발체제 · 공동이행제도 등을 통하여 국외 협력사업의 활성화를 유도하는 한편, 2008년에는 시범적으로 배출권거래제를 시행한 바 있는데 결과에 대해서는 성공적이었다는 평가와 문제점이 많아 본격적인 시행을 위해서는 더 많은 연구 검토가 필요하다는 비판이 엇갈리고 있다.

기후변화협약 체결과 교토의정서 발표 이후, 기후변화협약 대응이 가장 중요한 국제의제 중 하나로 급부상하고 있는 가운데, 세계 주요국은 기후변화 대응 촉진을 위하여 중 · 장기 온실가스 감축목표를 설정 · 공표하였고, 2007년 12월 개최된

기후변화협약 당사국 총회에서는 '발리 로드맵'을 채택하여 2012년 이후의 기후
변화 대응 체제에 대한 협상을 본격화하였다.

표 2-5-6 주요국의 중 · 장기 온실가스 감축 목표

구 분		감 축 목 표
EU	영 국	• 2050년까지 1990년 대비 80% 감축
	독 일	• 2020년까지 1990년 대비 40% 감축
	노르웨이	• 2050년까지 배출량을 zero로 추진
미 국		• Lieberman-Warner Act(2050년까지 2000년 대비 70% 감축) • 상원 환경위 통과(2007. 12) • 캘리포니아주 : 2020년까지 1990년 수준으로 감축
일 본		• 2050년까지 현재 수준 대비 50% 감축
중 국		• 2010년까지 2005년 대비 GDP당 에너지소비량을 20% 감축, 2020년 까지 30% 감축
호 주		• 2050년까지 2000년 대비 60% 감축
G8 정상회의(독일)		• 2050년까지 1990년 대비 절반수준으로 감축 제안
APEC 정상회담		• 2050년까지 에너지집약도를 2005년 대비 25% 감축
IPCC 보고서 (2007. 11)		• 2050년까지 2000년 대비 50~85%로 감축
UNDP(2007. 11)		• 2050년까지 1990년 대비 개도국은 20% 감축, 선진국은 80% 감축

4.2 EU

EU 집행위원회는 2000년 8월 유럽기후변화계획(ECCP)을 발표하였고, EU 회원
국은 동 계획에 따라 국가기후보호계획(NCPP)을 시행하고, 온실가스 배출감축
의무분담협약에 따라 국가별 감축목표를 할당하는 한편, 교토의정서에 의한 온실
가스 감축을 위한 유연한 공동수행체제를 추진하고 있다. 또한 2005년 1월 EU
배출권거래제도(Emissions Trading Scheme : EU-ETS)를 시행하였고 온실가스 감
축을 위한 지침(Directives)이 채택되었다.

배출권거래제를 통하여 일정규모 이상의 에너지 생산 및 소비 시설에 대해 개별 절감목표를 설정하고 그 범위 내에서 무료 배출권(Free Emissions Allowances)을 부여하며, 이 중 미사용 인증서(Unused Certificates)는 온실가스거래소에서 판매할 수 있도록 허용하고 있다. 반면에, 목표 초과분에 상당하는 배출 인증서를 거래소를 통하여 구입할 수 있도록 허용하고 있어 일종의 화폐(주식 형태)기능을 하도록 하고 있다. 그러나 배출감축의무를 수행하지 않을 경우에는 일종의 과태료를 부과하며, 미달성 초과량은 다음 해에 당해 연도의 절감목표에 추가하여 이행하도록 의무화하고 있다.

EU는 에너지절약이 에너지 비용의 절감이라는 경제적 측면은 물론 가장 확실한 온실가스 감축방안이라고 판단하였다. 이에 에너지 절약 달성에 최대 역점을 두어 2020년까지 20%의 에너지 절감을 추진하고 있으며, 온실가스 감축목표의 50% 가량을 달성할 수 있을 것으로 전망하고 있다. 신재생에너지를 2010년까지 총 에너지의 6%에서 12% 수준으로 확대하기 위하여 전력 소비량의 21%를 신재생에너지 발전으로 충당하기로 합의하였으며, 2003년에는 2010년까지 휘발유 및 경유를 최소 5.75%까지 바이오 연료로 대체할 것을 합의하였다. 또한 CO_2 배출 관련, 발전연료인 석탄 및 석유를 천연가스로 대체하여 31%, 원자력 발전을 통해 22%, 탄소 격리(Sequestration) 기술을 통해 30%를 각각 감축할 수 있을 것으로 전망하고 있다.

그러나 이러한 종합대책에도 불구하고 2010년까지 온실가스의 배출량은 오히려 5.2% 증가할 것으로 전망되었다. 이러한 온실가스 배출량의 증가분 중 90%는 수송 부문에서 유발될 것으로 예상됨에 따라 EU는 항공기를 포함한 전 수송 시스템의 혁신적 구조개편을 위한 종합대책을 추진 중이다. EU는 또한 교토 메커니즘 중에서 온실가스 배출권거래제도(ET)가 가장 효과적인 제도적 장치라고 인식하고 이 제도의 확충과 유럽이 전 세계 탄소시장에 선도적인 역할을 담당할 수 있도록 다양한 노력을 적극 추진하고 있다.

4.3   영국

■ 기후변화법안

2007년 3월 기후변화법(안)이 수립되었다. 동 법안은 선진국으로서는 최초로 발의된 것으로서 CO_2를 1990년 수준 대비 2020년까지 26~32%, 2050년까지 60% 감축을 의무화하고 있다. 동 법안은 CO_2 배출 목표 달성을 위해 설정된 '탄소 예산'과 관련하여 신설되는 '기후변화위원회'로부터 자문을 받아 2050년까지 적어도 15년 전에 5개년 목표를 법률로 정하고 또한 매년 목표를 정해 의회에 연차 보고를 하도록 의무화하고 있다. 구체적인 시행대상은 아직 명시되지 않고 있으나, 항공 · 해운업은 일단 대상에서 제외될 것으로 예상되고 있다. 배출권 공급과 관련해서는 배출권 공급이 의무이행에 필요한 수준보다 부족할 경우 배출권을 정부가 해외로부터 조달하는 내용도 동 법안에 포함되어 있다.

■ 배출권거래제

선진국 가운데 배출권거래제를 가장 앞서 2002~2006년 동안 시범적으로 시행한 영국의 배출권거래제는 Cap & Trade 방식으로, 이산화탄소를 포함한 모든 온실가스를 대상으로 하고 있다. 영국 환경부인 DEFRA(Department for Environment, Food and Rural Affairs)의 발표에 따르면 이 사업을 통해 5년 동안 약 700만 톤의 CO_2가 삭감되었다. 참여대상 기업은 자발적으로 참여한 33개의 직접참여 기업과 정부와 기후변화협약을 체결한 44개 업종 약 6,000개의 기후변화협정 참여기업, 두 종류로 대별된다. 여기에는 EU-ETS의 대상이 아닌 유통업 및 금융업 등도 자발적으로 참여하여 기업 이미지를 제고시키거나 기업의 사회적 책임(CSR) 이행 효과도 거두고 있다. 영국 정부는 영국 내 배출권거래가 성공적으로 정착됨에 따라 2007년 이후 EU-ETS로 이행이 가능해졌다고 자체 평가하였다.

■ 기후변화세

2001년 4월 산업, 상업 및 공공부문의 천연가스, LPG, 석탄, 전력 등의 에너지 사용에 대해 도입된 이른바 환경세로서 '기후변화세'가 도입된 바 있다. 일반 세 대를 제외하고 기업 및 공장을 대상으로 적용되는 전력 및 가스 등의 이용에 대해 전력은 1kWh당 0.43 펜스, 가스 및 석탄은 1kWh(에너지 환산)당 0.15 펜스를 부과하고 있다. 기후변화세를 통한 세수는 고용보험비의 삭감을 통해 고용주가에 너지절약 조치마련을 촉진하도록 환원되는데 이러한 지원은 독립기관인 Carbon Trust의 운영을 위해서도 사용된다. 1999~2005년 기간 중 기후변화세를 통해 약 1,650만 톤의 탄소가 삭감된 것으로 영국 정부는 추산하고 있다.

■ 신재생에너지 의무(Renewable Obligation : RO)

신재생에너지 의무는 2015년까지 전력공급의 15.4%를 신재생에너지로 조달하 도록 전력소매사업자에 대해 의무화한 제도이다. 1990년대부터 시작된 비화석연 료 의무(Non-Fossil Fuel Obligation : NFFO[27])를 개선하여 2002년 도입된 후 2010 년에는 연간 약 250만 톤의 탄소가 삭감될 것으로 예상된다. 영국 풍력발전협회 (BWEA)의 발표에 따르면 NFFO가 실시되던 2001년까지에 비해 2006년의 풍력발 전설비용량(1개 연도의 증가분)은 6배 이상 증가한 것으로 나타나 풍력발전 설비 투자의 인센티브로 작용한 것으로 분석된다.

4.4 독일

EU에서 Burden Sharing Agreement로서 합의된 독일의 2008~2012년 동안의 삭 감 목표는 21%였다. 이러한 목표달성을 위한 독일 정부의 계획은 2005년 6월 공

---

27) NFFO : NFFO는 잉글랜드와 웨일즈에 있는 전기배분 네트워크 운영자들이(Electricity Distribution Network Operators) 원자력 발전과 재생가능한 발전 분야에서 생산되는 전기에너지를 구매하도록 하는 내용을 담은 조항이다. [출처 : Wikipedia]

표된 '국가기후보존계획 2005 (The National Climate Protection Programme 2005)' 를 기반으로 하였다. 그 후 EU-ETS와 관련하여 NAP2(당초 안)가 작성되고, EU위 원회의 심사(2006.11)를 거쳐 해당 심사결과를 반영하여 수정한 NAP2 수정안의 작성이 2007년 2월에 이루어진 바 있다. 동 수정안에서는 EU-ETS 대상 분야를 중심으로 삭감목표의 달성계획이 소폭 변경되었다. 동 계획에 따르면 독일은 기 준 연도인 1990년에 배출량이 약 12억 3,030톤이었는데, 삭감 목표가 21%였으므 로 2008~2012년까지 배출목표는 연간 약 9억 7,370만 톤으로 설정되었다. 그 가 운데 CO_2 배출 목표는 약 8억 5,150만 톤이고, 메탄, N_2O 등 여타 온실가스 배출 목표는 약 1억 2,050만 톤으로 설정되었다. 에너지 전환부문 및 산업부문의 대책 으로서는 Cap & Trade의 형태인 EU-ETS가 적용되어 해당 배출목표를 달성하도 록 되어 있다.

가정 부문 대책으로서는 독일 에너지기구 등의 홍보활동, 독일부흥금융금고에 의한 건설융자 등의 금융지원 조치, 예상되는 석유가격 상승에 의한 연료소비 감소 등이 포함되어 있다. 업무분야에 대해서는 현재 추세로 볼 때 달성 가능한 것으로 판단된다. 운수부문의 대책으로는 바이오연료 도입 촉진, 고연비 승용차 에 대한 세금 우대, 홍보활동 등을 시행하고 있다. CO_2 외의 온실가스에 대해서 는 상업부문과 마찬가지로 달성 가능한 것으로 판단되고 있다. 이 밖에 독일정 부가 추진하는 CDM/JI 프로젝트가 있는데 독일 정부는 교토의정서 상의 감축목 표 달성을 위해 이러한 프로젝트로부터 발생하는 크레딧의 사용은 고려하지 않 고 있다.

4.5 미국

미국은 2002~2012년 기간 동안 온실가스 배출 집약도를 18% 감축한다는 자발 적 목표를 설정하는 등 온실가스 감축을 위한 대책을 다각적으로 강구하고 있다. 2003년부터 시행되고 있는 민간차원의 온실가스거래제 운영을 위해 70개의 기업이 참여한 시카고 기후거래소[28](CCX)를 설치하였으나 최근에 폐쇄되었다. 또한 2005년 5월에 세계 최대의 에너지거래소인 인터컨티넨탈 거래소(ICE)를 설립하고 6월에는 2005년 세계 최초로 온실가스 거래를 시작한 영국의 국제석유거래소(IPE)를 매입하였다. 한편, 뉴욕을 비롯한 7개 주에서는 2003년부터 추진해 온 지역온실가스추진계획(RGGI)에 따라 발전부문을 중심으로 온실가스 거래가 추진 중이다.

그리고 2002년 2월 공표된 『종합기후변화제안(Global Climate Change Initiative : GCCI)』에 의하면 GDP 대비 CO_2 탄성치를 2002~2012년 기간에 자발적 대책을 통하여 18%를 저감하며 이 중 50% 이상을 탄소처리 수단을 통하여 달성할 계획이다. 이를 효과적으로 달성하기 위해 정부, 가계 및 비정부기구(NGO)의 협력을 통하여 국내 및 해외에서 탄소의 격리(Sequestration) 사업을 활발히 추진하고 있다.

2003년 1월 28일 부시 전 대통령이 의회에서 행한 연설에서 수소 및 기타 청정연료 활용을 제안하며, 향후 5년간 수소에너지의 개발을 적극 추진할 것으로 공표하였다. 이 제안에 의하면 향후 석탄 및 천연가스로부터 수소를 활용한 연료전지를 개발하여 승용차 및 화물차의 동력원과 가정 및 업무용 전력의 공급에 활용할 계획이다. 이 제안의 핵심은 2008년까지 12억 달러를 투입하되 기존의 연료전지자동차개발 제안을 포함하여 17억 달러를 투입하여 이 중 7억 2,000만 달러는 수소의 생산, 수송, 저장, 유통 등 인프라의 구축과 연료자동차 및 전력생산에 관한 기술 개발에 투입할 계획이다. 이러한 계획이 순조롭게 추진되면, 자동차 부문에서만 2020년까지 탄소 배출량을 연간 5억 톤 저감할 수 있을 것으로 전망하고 있다.

---

28) CCX : 시카고 기후 거래소. 북미에서 GHG 감축과 거래를 위해 유일하게 자발적, 합법적으로 인정된 시스템이다. 2003년부터 2010년까지 6개의 지구 온난화가스를 독자적으로 검증했으며(independent verification) 배출권(allowances)를 거래했다. 2010년까지 참가 기업들은 배출량을 6%까지 줄이기로 합의했다. 참가 기업으로는 포드, 듀퐁, 모토롤라 등이 있고, 지역으로는 오클랜드, 시카고, 대학으로는 미시간 주립대 등이 있다.

2003년 1월에는 온실가스 배출량을 2010년까지 2000년 수준으로 억제하고, 2016년까지 1990년 수준으로 억제하는 것을 골자로 하는 기후관리법(Climate Stewardship Act : CSA) 법안이 하원에 상정되었다. 이는 미국이 2001년 3월 교토의정서 비준 거부를 선언한 이래 온실가스 배출과 관련된 가장 획기적인 조치로 평가되었다.

미국의 기후변화 대응정책은 크게 두 가지 접근방식으로 분류할 수 있는데, 하나는 최근 주목되고 있는 Cap & Trade 제도이며 다른 하나는 탄소세 등 경제적 수단이다. 미국에서 이행되고 있는 Cap & Trade 제도 중 대표적인 것으로 CCX를 들 수 있으며, 이외에도 연방차원의 Cap & Trade 제도와 관련된 다양한 법인이 상·하 양원에 상정되어 심의 중이다.

4.6 일본

『경제재정개혁 기본방침 2008』은 경제정책의 핵심목표 가운데 하나로 '저탄소사회 구축'을 정하였다. 저탄소사회 실현을 위해 일본정부가 가장 중시하는 바는 기술혁신으로서 기존의 에너지 절약기술을 널리 보급함과 동시에 기존 기술과는 다른 혁신적인 기술을 개발하여 환경 및 자원제약을 돌파하고자 하는 전략을 취하고 있다. 또한 대외적으로는 주요 온실가스 배출국이 광범위하게 참여하는 포괄적인 기후변화체제 구축을 지향하고 이를 통해 저탄소형 제품이나 기술에 대한 세계시장 규모 확대를 도모하고 있다.

가. 주요 정책

일본은 대내적으로는 고령화, 대외적으로는 세계경제의 불확실성 증대 등의 위기상황에서 '저탄소사회 구축'을 일본경제의 지속성을 보장할 수 있는 새로운 성장 동력으로 활용한다는 계획을 추진하고 있다.

일본은 그 동안에도 다양한 방식으로 저탄소사회에 대한 비전을 제시해 온 바 있으며 2007년 제시된 『Cool Earth 50』이 대표적이다. 2008년 6월에 전임 후쿠다 총리가 발표한 『후쿠다 비전』에는 2050년까지 이산화탄소 배출량을 현재 대비 60~80% 감축한다는 보다 구체적인 목표와 전략이 담겨 있다. 일본은 이러한 비전을 달성하기 위해 중·장기적인 기술 개발 로드맵을 설정하고 국가적인 연구역량을 집중하고 있는데, 환경·에너지 분야에서 21개의 핵심기술을 선정하여 각 기술별로 언제까지 어느 정도의 기술을 확보한다는 개발목표를 설정하고 있다.

표 2-5-7 **일본 후쿠다 비전 주요 목표와 내용**

분야	목표 및 내용
장기목표	2050년까지 장기목표로 CO_2 배출량 현재 대비 60~80% 감축
중기목표	2020년까지 중기목표로 CO_2 배출량 현재 대비 14% 감축노력
CO_2 배출 분석	상향식 접근법에 의한 CO_2 감축잠재량 분석
대개도국 협력	미국, 영국과 더불어 개도국 지원기금에 최대 12억 달러 기여
에너지 절약	2012년까지 백열전구를 절약형 전구로 전환하고 에너지 절약형 주택, 건축물의 의무화. '200년' 주택의 보급 촉진
배출권거래제	2008년 가을까지 배출권 거래의 국내통합시장을 시범 운영하여 제도 설계상의 과제 도출
기타 제도 개선	2008년 가을 세제개혁 시 환경세를 포함하여 환경친화적 세제개혁 추진

또한 대내적으로는 사회 · 경제 시스템 개혁을 위해『저탄소사회 구축을 위한 행동계획』을 수립했고 대외적으로도 개도국의 협력을 유도하기 위한 기후변화 협상전략을 추진하고 있다. 한편『경제재정개혁 기본방침 2008』은 경제정책의 핵심목표 가운데 하나로『저탄소사회 구축』을 정하였다.

표 2-5-8 일본 경제재정개혁 기본 방침 2008의 주요 내용

	세 부 내 용
핵심 목표	• 성장력 강화 • 저탄소사회 구축 • 국민 중심의 행정 · 재정개혁 • 안심할 수 있는 사회보장제도 구축
저탄소사회 구축 세부 전략	• 2008년 7월까지 '저탄소사회 구축을 위한 행동계획' 책정 • 국내 배출권거래제도의 시험 실시 • 신에너지도입 및 에너지 절약 추진을 위해 경제적 지원 및 규제조치 등을 추진. 이를 통해 태양광 발전을 2020년까지 10배, 2030년까지 40배로 증가시킴 • 환경모델도시를 2008년 7월 중에 선정. 현재 요코하마시, 기타큐슈시, 미나마타시, 토야마시 등 6개 도시가 선정 • 각 제품의 생산, 유통, 소비, 폐기에 이르는 과정에서 발생하는 CO_2 배출량을 제품에 표시하는 제도의 시험적 실시 (2009년 이후)

  저탄소사회 실현을 위해 일본정부가 가장 중시하고 있는 것은 기술혁신으로서 기존의 에너지 절약기술을 널리 보급함과 동시에 기존 기술과는 다른 혁신적인 기술을 개발하여 환경 및 자원제약을 돌파하고자 하는 전략을 취하고 있다. 경제산업성은 이러한 취지하에 2008년 5월『Cool Earth 에너지혁신기술계획』을 수립한 바 있는데 동 계획은 저탄소사회구축을 위한 21개의 핵심기술을 선정하고 이들 핵심기술 개발의 로드맵을 제시하고 있다.

표 2-5-9 일본 Cool Earth 에너지 혁신기술계획의 주요 내용

분야	핵심 기술
발전 · 송전	고효율 천연가스화력발전, 고효율 석탄화력발전, 탄소포집 · 저장(CCS), 혁신적 태양광 발전, 선진적 원자력 발전, 초전도 고효율송전
교통	고속도로 교통시스템, 연료전지자동차, 플러그인 하이브리드 자동차 · 전기자동차, 바이오연료제조
산업	혁신적 재료 제조 · 가공기술, 혁신적 제철 공정
민생	에너지 절약형 주택 · 건축물, 차세대 고효율 조명, 고정형 연료전지, 초고효율 히트펌프, 에너지 절약형 정보기기 · 시스템, HEMS/BEMS/지역EMS
기타	고성능 전력저장, 파워 일렉트로닉스, 수소 제조 · 수송 및 저장

나. 특징

일본의 최근 저탄소사회 지향을 위한 정책에서는 구체적인 목표를 최초로 제시했다는 데 큰 의의가 있다. 특히 일본 자체적으로 장기목표와 함께 비록 구속력에 한계가 있을지라도 중기목표도 제시했다는 점에서 이전의 비전과는 큰 차이를 보이고 있다. 이러한 정책들은 그 동안 산업계의 미온적 태도로 도입을 미루어 왔던 배출권거래제나 환경세 등의 경제적 정책수단을 향후 도입할 가능성을 제시하고 있어 과거의 비전과 큰 차별성을 보이고 있다.

일본 정부가 저탄소사회실현을 위해 가장 중시하고 있는 것은 기술혁신으로서 기존의 에너지 절약기술의 보급 확대와 동시에 혁신 기술을 개발하여 환경 및 자원제약을 극복하려는 전략이다. 따라서 혁신기술 개발을 위해 에너지 분야 연구개발투자 규모가 막대한 것은 당연한 귀결이다. 2005년 일본의 에너지 분야 정부 연구개발투자는 약 39억 달러로 미국의 30억 달러를 크게 상회하고 있고 독일이나 프랑스 등 기타 선진국(약 5억 달러)에 비해서도 매우 높은 투자규모를 보이고 있다.

다. 시사점

일본은 우리와 유사한 산업구조를 갖고 있는 선진국일 뿐만 아니라 에너지(특히 석유)의 대외의존도가 절대적이라는 점도 공유하고 있으므로 최근 일본이 제시하고 있는 기후정책은 매우 중요한 시사점을 던져주고 있다. 미국 및 영국 등 서구 선진국들이 배출권거래제 등 경제적 유인수단을 중심으로 대처하고 있는데 반해 일본은 환경·자원 제약을 극복하는 최우선 전략으로서 기술혁신을 강력히 추진하고 있다는 점이다. 물론 서구 선진국들 역시 연구개발에 대한 강력한 지원 정책을 취하고 있지만 관련 지원의 양·질적인 면에서는 일본이 압도적으로 두드러지고 있다.

일본은 환경·자원 제약을 극복하기 위한 21개의 핵심기술을 선정하여 2050년까지의 중장기적인 기술 개발 로드맵을 설정하며, 관련 기술 개발에 정부의 연구개발 자원을 집중 투입할 예정이다. 일본 정부는 또한 그동안 소극적이었던 배출권거래제도나 환경세 등 시장기반형 환경정책수단 도입을 적극 검토하기 시작하였다. 아울러 저탄소형 기술이나 제품이 확대되는 방향으로 기존의 사회경제 제도 전반을 개혁함으로써 경제사회구조 전체의 기본 틀을 새롭게 재구축하는 노력을 시작하고 있다. 대외적으로는 미국, 중국, 인도, 한국 등 주요 온실가스 배출국이 광범위하게 참여하는 포괄적인 기후변화체제 구축을 지향하고 이를 통해 저탄소형 제품이나 기술에 대한 세계시장 규모 확대를 도모하고 있다. 특히 온실가스 감축활동에 대한 자금 및 기술지원을 통해 주요 신흥시장국과의 환경·에너지 협력을 강화하고 나아가 일본이 보유한 기술 및 제품의 시장 선점을 도모하고 있다.

4.7 호주

호주는 기후변화 대응을 위해서는 다양한 정책이 필요함을 강조하고 있으며, 이러한 정책들을 통해 온실가스 감축뿐만 아니라 장기적으로 저탄소경제 구축을 통한 경제적 번영도 동시에 추구하고 있다. 이를 위해 온실가스 배출 감축, 기후변화에 대한 적응, 그리고 기후변화 대응 국제적 해결책 마련 지원 등의 정책 기조 하에 다양한 정책들을 추진하고 있다.[29]

가. 온실가스 배출 감축

먼저 호주 정부는 기후변화에 대한 적극적 대응의 일환으로써, 호주의 온실가스 배출량을 2050년까지 2000년 수준에서 60%를 감축할 것을 천명하였다. 이러한 목표를 달성하기 위한 여러 정책들이 시행되고 있는데, 이러한 대응 정책들은 Carbon Pollution Reduction Scheme(CPRS)에 기초하고 있다.

CPRS는 온실가스 배출량을 감축함과 동시에 산업계와 일반 국민에 대한 피해를 최소화시키기 위한 대응책을 마련하는데 목적을 두고 있다. 호주 정부는 CPRS를 통해 먼저 산업계의 온실가스 배출량을 총량적으로 관리하는데 초점을 맞추고 있다. 즉, 온실가스 배출권거래제(Emission Trading)를 통해 산업계의 적극적인 온실가스 감축노력을 유도하겠다는 전략이다.

배출권거래제를 핵심정책으로 하는 호주의 온실가스 감축정책의 기조가 2008년 초에 발표됨에 따라 국내적으로 많은 관심과 논란이 있었다. 배출권거래제 시행을 위한 세부대책을 2008년 말에 발표했는데, 연간 25,000톤 이상의 온실가스를 배출하는 약 1,000여개의 기업 및 사업장을 대상으로 시행될 것으로 예상되고 있다. 호주 정부는 또한 배출권거래제를 통해 발생하는 모든 수입은 관련 산업계와 가정 부문에 대한 지원과 저탄소 기술 개발에 재투자될 것임을 강조하고 있다.

호주 정부는 배출권거래제로 인해 가정 부문에서의 경제적 비용발생을 인식하고 있다. 따라서 기존의 연료세를 인하하는 방법으로 배출권거래제를 통해 발생할 수 있는 연료가격 상승에 대응할 예정이다. 또한 배출권거래제 시행기간 동안 정기적인 점검을 통하여 이러한 지원 대책을 보완할 예정이다. 한편, 저소득 및

---

29) 한국공항공사, "한국공항공사 저탄소 녹색공항 추진전략 수립용역(중간보고서)", RCC, 2009. 8, pp.34~48 참조.

중산층 가정을 대상으로 추가적인 지원책도 마련할 계획이다. 또한 배출권거래제를 통해 피해를 볼 수밖에 없는 관련 산업계에 대한 지원책도 강구할 예정이다. 이러한 지원책에는 국제시장에서 경쟁이 심한 에너지집약 수출산업에 대한 배출권의 무료할당, 석탄발전에 대한 직접적 지원, Climate Change Action Fund와 Electricity Sector Adjustment Scheme 등의 기금 마련이 포함될 예정이다.

나. 기후변화 적응

기후변화 관련 다각적인 과학적 분석의 결과, 일정 수준의 기후변화는 지구상의 인간들이 피할 수 없는 현상이다. 향후 전 세계적인 온실가스 감축노력이 성공적으로 이루어진다 하더라도 심각한 기후변화 현상은 일정기간 지속될 수밖에 없을 것으로 보이며, 이에 지구상의 국가들은 적절한 적응대책을 강구하여야 할 것이다. 따라서 호주도 이미 발생하고 있는 기후변화에 적절히 대응하기 위한 정책을 강구하고 있다.

다. 기후변화 대응 국제적 해결책 마련 지원

호주 정부는 기후변화 문제 해결을 위해 국제적 해결책이 필요하다는 것을 인식하고, 2007년 12월에 그 동안 전 자유당 정부가 거부해왔던 교토의정서를 전적으로 비준함으로써, 기후변화 대응을 위한 국제적 노력의 필요성을 강조한 바 있다. 또한 호주는 전 세계적인 Post-2012 기후변화 대응체제 구축에 있어서 나름대로의 역할을 할 수 있을 것으로 기대하고 있으며, 구축될 Post-2012 대응체제에서는 모든 주요국들이 각국의 여건과 형편에 맞게 온실가스 감축활동에 참여해야 한다는 입장을 견지하고 있다.

호주는 전 세계의 상위 15개국들이 전체 배출량의 75% 이상을 차지하고 있음을 강조하며, 온실가스 감축의무 참여 국가들의 범위를 확대하는 것이 향후 Post-2012 대응체제 구축에 있어서 핵심적인 사항임을 주장하고 있다. 특히, 향후

고도의 지속적인 경제성장이 예상되고 있는 개발도상국도 경제성장을 지속함과 동시에 공동의 차별화된 책임의 원칙하에 온실가스 감축의무 참여가 필요함을 강조하고 있다. 호주는 향후 Post-2012 체제에서 온실가스 감축의무에 참여함으로써 기후변화 대응체제 구축을 위한 국제적 논의에서 발언권을 강화할 수 있을 것으로 기대하고 있다. 또한 온실가스 감축에 의해 발생할 경제적 비용을 절감하며, 저탄소경제로의 전환을 통해 발생할 수 있는 기회를 활용할 수 있을 것으로 기대하고 있다.

5 우리나라 정부의 기후변화협약 대응 정책

5.1 개요

이 같은 현행 국제 정세 속에서 우리나라는 기후변화대응 노력을 자율적으로 경주하고 이를 국제적으로 인정받을 수 있는 방안을 모색하고 있다. 연구기관들은 온실가스 배출 시나리오를 설정하고, 정책효과 및 신기술 도입 등에 따른 감축잠재량 시나리오를 도출했다. 이를 기반으로 우리나라는 2009년 11월에 국가 온실가스 중기 감축목표를 발표했으며 2010년 4월부터 저탄소 녹색성장 기본법을 시행했다.

5.2 우리나라 온실가스 배출 현황

현재 우리나라는 교토의정서 상 의무감축국은 아니나 OECD 국가로서 2005년 에너지부문 CO_2 배출량 기준으로 세계 10위의 온실가스 다 배출 국가이며, 1990년 이후 온실가스 배출량이 급격히 증가하여, 1990년~2005년 기간 중 증가율은 OECD 국가 중 1위를 기록했다. 이러한 상황에서 국제사회에서는 우리나라에 대

해 감축의무국으로 편입하거나 다른 개도국과 차별화되는 감축행동을 요구할 것
으로 예상된다.

 EU는 OECD국가 등 선진국에 대해서는 2020년에 1990년 대비 25~40%, 개도국
에 대해서는 현추세전망(Business As Usual : BAU) 대비 15~30% 감축을 촉구하고
있다. IEA 발표통계 기준으로 전 세계 온실가스 배출량은 433억 톤CO_2이고, 우리
나라는 538백만 톤CO_2로 전 세계 배출량의 1.2%(세계 16위)를 차지하고 있다.
2005년 기준으로 에너지부문 CO_2 배출량은 449백만 톤CO_2로 세계 10위이며, 1
인당 배출량은 11.1톤CO_2로 OECD 국가 중 17위를 차지한다. 우리나라의 100년
간(1900~2000년) 누적배출량은 70억 톤CO_2로 세계 22위, 10년간(1990~2000년) 누
적배출량은 40억 톤CO_2로 세계 11위를 점하고 있다.[30]

표 2-5-10 우리나라 온실가스 배출 증가율 추이

연 도	1999	2000	2003	2004	2005
증가율	9.7%	6.4%	2.0%	1.3%	0.6%

연 도	2006	2007	2008	2009	2010
증가율	1.0%	2.8%	2.4%	0.6%	9.6%

출처 : 통계청.

---

30) 한국공항공사, 용역 보고서, pp.20~22.

국내 온실가스 총배출량 및 증가율

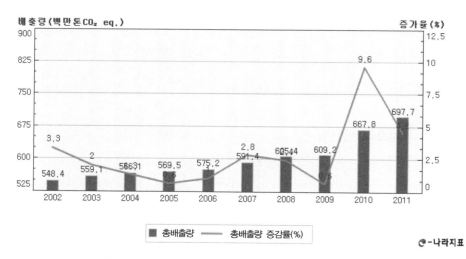

그림 2-5-2 국내 온실가스 총 배출량 및 증가율

출처 : 2013년 국가 온실가스 인벤토리 보고서, GIR

그림 2-5-3 주요 회원국 온실가스 배출량 증가율

출처 : 세계일보, 한국 온실가스 배출 증가율 OECD 1위, 2014.01.14

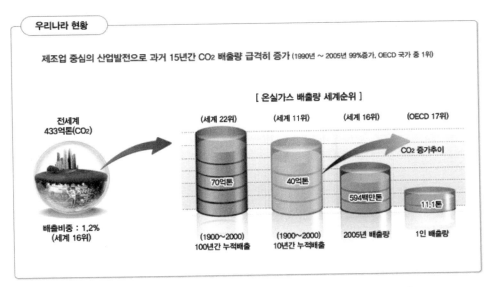

우리나라 현황

제조업 중심의 산업발전으로 과거 15년간 CO_2 배출량 급격히 증가 (1990년 ~ 2005년 99%증가, OECD 국가 중 1위)

[온실가스 배출량 세계순위]

전세계 433억톤(CO_2)

배출비중 : 1.2% (세계 16위)

(세계 22위) 70억톤 (1900~2000) 100년간 누적배출

(세계 11위) 40억톤 (1900~2000) 10년간 누적배출

(세계 16위) 594백만톤 2005년 배출량

(OECD 17위) CO_2 증가추이 11.1톤 1인 배출량

[그림] 2-5-4 OECD 주요 회원국 온실가스 배출량 증가율

출처 : 녹색성장위원회, 2010. 3

[표] 2-5-11 국내 온실가스 배출현황 (단위 : 백만톤 CO_2eq[31])

	2005년	2006년	2007년	2008년	2009년	2010년	2011년
에너지	467.5	473.9	494.4	508.8	515.1	568.9	597.9
산업공정	64.5	36.8	60.8	60.6	57.8	62.6	63.4
농업	22.0	21.8	21.8	21.8	22.1	22.1	22.0
폐기물	15.4	15.8	14.4	14.3	14.1	14.0	14.4
LULUCF	−36.3	−36.8	−40.1	−42.7	−43.6	−43.7	−43.0
총 배출량	569.5	575.2	591.4	605.4	609.2	667.8	697.7
총 배출량 증감율(%)	0.6	1.0	2.8	2.4	0.6	9.6	4.5
순배출량	533.2	538.4	551.3	562.7	565.6	624.0	654.7

출처 : 2013년 국가 온실가스 인벤토리 보고서, GIR

---

31) CO_2eq : 이산화탄소 등가를 뜻하는 단위로서, 온실가스 종류별 지구 온난화 기여도를 수치로 표현한 지구온난화지수(GWP, Global Warning Potential)를 곱한 이산화탄소 환산량

표 2-5-12 국내교통부문 온실가스 배출량

구 분		온실가스 배출량 (백만tCO₂eq)	비율(%)
도로교통	자가용	61.07	57.67
	영업용	24.64	23.27
도로교통 소계		85.71	80.94
철도 교통	지역 간 철도	1.43	1.35
	지하철	0.52	0.49
철도교통 소계		1.95	1.84
수상교통		11.62	10.97
항공교통		6.62	6.25
교통분야 합계		105.89	100.00

출처 : 박진영, "저탄소 녹색성장 구현을 위한 국가교통전략 과제",
월간교통 제142호, 한국교통연구원, 2009. 12, p.9.

5.3 정책동향

우리나라는 교토의정서에 의한 제1차 공약기간 이후부터는 구속적 형태로 온실가스 감축을 위한 국제적 노력에 동참해야 한다는 국제사회의 압박이 거세질 것으로 예상되며, 이에 대비 범국가적 추진체계를 구축하고 제 1, 2, 3차 종합대책을 수립, 분야별 실천계획을 내실 있게 추진해 왔다. 1997~2007년까지 3차에 걸쳐 종합대책(3개년)을 수립 추진하면서 산업계 자발적 협약(VA) 등 부문별 감축추진 및 온실가스 배출통계 기반을 구축하였다. 그리고 2001년 9월에는 국무총리를 위원장으로 하는 기후변화대책위원회를 설치하고 총리실에 기후변화대응을 위한 실무조직을 운영하였다.

한편, 2008년 범정부적으로 환경대책 · 산업정책 · 국제협상 등을 포괄하는 『기후변화대응 종합대책』(5개년, 2008년~2012년)을 수립 추진하고 있다. 2008년 9월 기후변화대응 종합기본계획이 발표되고 같은 해 12월에는 기후변화대응 종합기본계획 세부이행계획이 수립 · 발표되었다. 기후변화대응 종합기본계획에서는 '범

지구적 기후변화대응 노력에 동참하고 녹색성장을 통한 저탄소사회 구현'이라는 비전을 제시하고 3가지 구체적인 목표를 수립하였다.

- 기후친화산업을 신 성장동력으로 육성
- 국민의 삶의 질 제고와 환경 개선
- 기후변화 대처를 위한 국제사회 노력을 선도

또한, 수립된 종합기본계획을 추진하기 위한 정책 수단 및 방안으로 다음과 같은 5가지를 제시하였다.

- 금융·재원 배분 정책 지원 및 R&D 투자 확대
- 저탄소 소비 생산 패턴의 촉진을 위한 점진적 가격 구조 조정
- 주요 사회간접자본 시설의 탄소집약도와 생태효율성 개선
- 법적·제도적 기반 강화
- 대국민 홍보 강화 및 참여제고

5.4 저탄소 녹색성장기본법 및 시행령 제정

정부는 2009년 1월『녹색성장기본법(안)』을 입법 예고하여,[32] 의견수렴을 거쳐 국회를 통과하여 녹색성장 관련 법적 근거를 마련하였고, 이에 따라 녹색성장위원회는 3개월 내에 시행령을 제정하여 2010년 3월 말까지 시행, 운영토록 하였다.[33] 이와 함께 2009년 2월에 '녹색성장위원회'를 공식 출범시켜 그동안 분리되어 운영되던 기후변화대책위원회·국가에너지위원회·지속가능발전위원회를 기능적으로 통합하였다.

---

32) 녹색성장위원회 공고 제2009-1호, "저탄소 녹색성장기본법 제정안 입법예고", 2009년 1월 15일
33) 2010년 4월 시행령 제정 완료, 4월 14일부터 시행

제정된 녹색성장기본법의 주요 내용을 살펴보면 다음과 같다.

① 법의 성격(법안 제8조) : 이 법은 저탄소 녹색성장에 관한 '기본법'으로서, 다른 법률(에너지기본법, 지속가능발전기본법 등)에 우선하여 적용하고, 다른 법률을 제정 또는 개정하는 경우에는 이 법의 목적과 기본원칙에 맞도록 하여야 한다.

② 녹색성장위원회 설치(법안 제14조) : 정부는 국무총리와 민간위원을 공동위원장으로 하는 대통령 소속의 '녹색성장위원회'를 설치하고, 재정부·지경부·환경부·국토부 장관 등 당연직 위원과 대통령이 위촉하는 민간위원 50인 이내로 구성한다.

③ 기후변화대응, 에너지 기본계획 수립·시행(법안 제40조, 41조) : 정부는 온실가스 중장기 감축목표 설정 및 부문별·단계별 대책, 에너지 수요관리 및 안정적 공급 등을 포함한 '기후변화대응 기본계획', '에너지기본계획'을 녹색성장위원회와 국무회의 심의를 거쳐 수립·시행하여야 한다.

④ 중장기 및 단계별 목표 설정·관리(법안 제42조) : 정부는 온실가스 감축·에너지 절약·에너지 자립·에너지 이용효율·신재생에너지 보급 향상을 위하여 중장기 및 단계별 목표를 설정하고 그 달성을 위하여 조기행동을 촉진하며, 필요한 경우 경영지원, 기술적 조언 등의 지원 조치를 강구할 수 있다.

⑤ 온실가스 배출량 보고 및 종합정보관리체계 구축·운영(법안 제44조, 45조) : 온실가스 다(多)배출업체 및 에너지 다소비 업체로 하여금 온실가스 배출량 및 에너지 사용량을 정부에 보고토록 하고, 정부는 온실가스 종합정보관리체제를 구축·운영하여야 한다.

⑥ 총량제한 배출권거래제도 도입(법안 제46조) : 시장기능을 활용하여 효율적으로 온실가스를 감축하고 국제적으로 팽창하는 온실가스 배출권 거래시장에 대비하기 위하여 온실가스 배출허용총량을 설정하고 온실가스 배출허용량을 거래하는 제도(이하 총량제한(Cap & Trade) 배출권거래제) 등을 실시할 수 있으며, 총량제한 배출권거래제 등의 실시를 위한 온실가스 배출허용량의 할당방법, 등록 · 관리방법, 거래소설치 · 운영 및 도입 시기 등은 따로 법률로 정한다.

5.5 국가 온실가스 감축목표 설정

정부는 대통령이 2008년과 2009년 7월 G8 확대정상회의에서 국제사회에 약속한 바와 같이 2020년 기준 우리나라의 온실가스 감축목표를 설정하기 위해 3가지 감축목표 시나리오를 마련하여 2009년 8월 4일 발표하였다.[34]

3가지 시나리오는 2020년 온실가스 배출전망치(BAU[35]) 대비 각각 ① 21% ② 27% ③ 30%를 감축하는 것으로, 이를 2005년 온실가스 배출량(594백만톤 CO_2) 대비 절대기준으로 환산하면 각각 ① 8% 증가 ② 동결 ③ 4% 감소시키는 것에 해당한다. 이 같은 중기 감축 목표 시나리오는 EU가 개도국에 대해 요구하는 BAU 대비 15~30% 감축 권고안을 충족시키는 것으로서, 온실가스 배출량이 지난 15년간 2배나 증가(OECD 국가 중 1위)해 왔던 그간의 추이를 감안할 때, 향후 15년간 소폭 증가(8%) 내지 감소(∇4%)하는 수준을 목표로 제시한 것이다.

시나리오별 주요 내용을 살펴보면, 먼저 시나리오 1의 경우, BAU 대비 ∇21% (2005년 대비 +8%)는 경제적 이익이 되는 기술(정책)을 최대한 도입하는 것으로, 비용측면에서 보면 아래의 수식이 성립된다.

---

34) 녹색성장위원회, 보도자료, "국가 온실가스 중기(2020년) 감축목표 설정을 위한 3가지 시나리오 제시", 2009. 8. 4

35) BAU(Business As Usual) : 기존 온실가스 감축정책을 계속 유지할 경우 미래 온실가스 배출량 추이

> 비용 = (투자비 + 운영비) − (에너지효율개선에 의한 연료비 감소) ≤ 0

이 시나리오는 그린홈·그린빌딩(단열강화, LED 등) 등 단기적으로는 비용이 발생하나, 투자 후에 장기간에 걸친 에너지 절감이익이 발생하는 감축수단을 최대한 도입하는 것이다. 이 시나리오에서는 3차 국가에너지기본계획(2008. 8)에서 확정된 신재생에너지 및 원전 확대정책을 반영하고, 스마트그리드 보급정책을 일부 반영하였다.

시나리오 2의 경우, BAU 대비 ▽27%(2005년 수준 동결)은 시나리오 1 정책과 함께, 국제수준의 감축비용인 5만원/톤 CO_2 이하의 감축수단을 추가로 적용하는 것이다. 지구 온난화지수가 높은 불소계 가스를 제거(변압기, 냉매 등)하고 하이브리드카를 보급하며, 이산화탄소 포집 및 저장기술(Carbon Capture and Storage : CCS)을 일부 반영하였다.

시나리오 3의 경우, BAU 대비 ▽30%(2005년 대비 ▽4%)는 EU에서 요구하는 개도국 최대 감축수준(BAU 대비 30% 감축)이다. 시나리오 2 정책과 함께 전기차, 연료전지차 등 차세대 그린카 보급, 고효율 제품을 강제적으로 보급하는 등 감축비용이 높은 수단도 적극적으로 도입한다는 시나리오이다.

표 2-5-13 우리나라 온실가스 감축 시나리오 비교

시나리오	감축목표		감축정책 선택기준	주요 감축수단(예시) (각각은 이전 시나리오의 정책수단 포함)
	BAU 대비	2005년 기준		
1	21%	+8%	비용효율적 기술 및 정책 도입	• 건물/주택의 녹색화 • 고효율 설비보급 등 수요관리 강화 • 저탄소 교통체계 개편 • 신재생에너지 및 원자력 비중 확대 • 스마트그리드 추진
2	−27%	동결	국제적 기준의 감축비용 부담	• 지구 온난화지수가 높은 불소계가스 제거 • 바이오연료 보급 확대 • CS 일부 도입

3	30%	−4%	개도국 최대 감축수준	• 차세대 그린카(전기차, 연료전지차 등) 보급 • 고효율제품 가전제품 보급 확대 • 강력한 수요관리정책 추진

출처 : 녹색성장위원회, 2010. 3

　녹색성장위원회에 따르면[36], 정부는 온실가스 감축목표를 핵심지표로 한 저탄소 녹색성장 추진에 2009~2013년간 총 107조원 수준(GDP의 2%)을 투입할 계획이며, 이를 통해 총 182~206조원(GDP의 약 3.5~4.0% 수준)의 추가 생산유발효과가 발생할 것으로 예상하고 있다. 온실가스 감축에 따른 GDP 감소효과가 0.29~0.49% 수준이나, 저탄소기술에 대한 R&D 투자 확대를 통해 녹색산업을 육성하여 생산 및 고용증대 등 녹색성장을 하게 되어 총괄적으로는 GDP 증가로 반전하게 된다는 것이다. 또한, 배출권거래제를 도입하거나 탄소세 및 탄소가격에 따른 재원을 연구개발 및 소득세 인하 등에 활용 시 긍정적 효과는 더욱 증대될 것으로 예상하고 있다. 고효율, 친환경 건축물 및 교통수단 전환과 국민 건강증진 등 저탄소 사회 구현으로 국민의 삶의 질 개선 효과도 기대하고 있다.

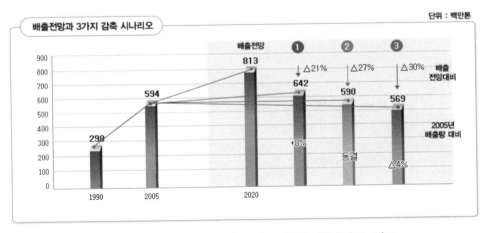

그림 2-5-5 우리나라 온실가스 감축 시나리오 비교

출처 : 녹색성장위원회, 2010. 3

---

36) 녹색성장위원회(http://www.greengrowth.go.kr) 홈페이지, 2010. 3

국제사회는 교토의정서가 만료되는 2012년 이후의 새로운 온실가스 감축체제에 대한 논의를 이미 시작하였고, 주요 국가들은 금세기말 지구온도 상승을 2℃ 이내로 억제하기 위하여 2050년까지 대기 중 이산화탄소 농도를 450ppm 이하로 유지한다는 글로벌 장기목표(Shared Vision)를 실현하기 위해 국가별로 2020년 중기 감축목표를 설정하여 제시하고 있는 중이다. 외국의 사례를 보면, 선진국의 경우, 영국은 1990년 대비 34%, 일본은 2005년 대비 15%, 미국도 2005년 대비 17% 감축이라는 목표를 제시하였다. 개도국의 경우, 대만은 2025년에 2000년 수준으로 동결하고, 멕시코는 2012년 5천만 톤을 감축할 것으로 제시하였다. 해외 주요 국가들은 이 같은 중기 온실가스 감축목표와 연계하여 저탄소 녹색기술·산업을 육성하고 세계시장을 선점하려는 국가전략을 마련 중이다.

표 2-5-14 주요 국가 온실가스 중기감축목표 및 대책

국 가	주 요 내 용
E U	• 2020년까지 1990년 대비 20% 감축 • 「EU 기후변화 종합법(Directives)」(2009.4) • 배출권거래제(EU-ETS) 도입 및 시행(2005) • 자동차 온실가스 배출규제 도입(2009)
영 국	• 세계최초로 기후변화 법안 도입, 감축목표 명시(2008.12) • 2020년까지 1990년 대비 34% 감축목표
미 국	• 10년간 신재생에너지 산업 1,500억 달러 투자 계획(2009.1) • 2020년까지 2005년 대비 17% 감축을 담은 "청정에너지·안보법안(Waxman-Markey)"(2009.6, 하원통과)
일 본	• 저탄소 사회구축을 위해 「Cool Earth 50」 발표(2007.5) • 저탄소혁명전략 등을 담은 미래개척전략(J Recovery plan)(2009.4) • 2020년까지 2005년 대비 15% 감축(2009.6)

정부는 제시된 3가지 시나리오에 대해서 국민 각계 의견 수렴 후, 녹색성장위원회를 개최하여 정부안을 건의하였고, 위기관리대책회의 및 고위 당정협의를 거쳐 국무회의를 통해 2009년 11월 국가 온실가스 중기(2020년) 감축목표를 확정하여 발표하였다. 감축목표는 2020년 온실가스 배출전망치(BAU) 대비 30% 감축하

는 시나리오3으로 확정되었다. 이 목표치는 2005년 온실가스 배출량(594백만 톤 CO_2) 대비 절대기준으로 환산하면 4% 감소에 해당된다. 중기 감축 목표가 확정됨에 따라 향후에는 부문별 감축목표 설정 및 목표관리제를 추진(2010년부터)하고, 주기적 · 체계적 분석 및 목표관리를 위한 인프라 구축을 계속해 나갈 계획이다.

환·경·과·기·후·변·화

항공산업
온실가스 감축정책

항공환경과 기후변화

항공산업 온실가스 감축정책

제**6**장

1 서언

범세계적인 차원에서 항공산업은 경제 성장의 중요한 역할을 한다. 전 세계적인 수송망을 통해 연간 22억 명의 승객을 수송하며, 세계 전체 화물의 35%을 처리한다. 항공 운송 수요는 지속적으로 증가하고 있으며, 승객 수는 지난 10년 동안 45% 증가하였다. 항공산업의 지속적인 성장은 관련 경제 활동 및 일반 산업 발전의 기초가 되지만, 환경에는 부정적인 영향을 미치게 된다. 이에 따라 국제 항공사회는 항공교통이 기후에 미치는 영향을 경감시키기 위한 여러 노력을 하고 있다.

항공교통이 기후에 미치는 영향을 감소시키기 위한 방안은 크게 항공기 및 대체연료관련 기술 개발, 항공기 운항과 관련한 운영 개선, 온실가스 감축유도정책 적용 등의 세 가지 범주로 나누어 논의할 수 있다. 그 중에서도 정책적용 방안은 경제 발전을 희생시키지 않는 지속가능한 발전이라는 원칙을 근간으로 하는 방법이다. 실질적으로 항공기와 엔진 기술, 연료 기술, 운영 시스템과 절차 개선이 기후에 대한 항공 활동의 영향을 어느 정도 경감시킬 수는 있으나, 지속적으로 성장하는 항공 활동에 의한 배출물을 완전히 상쇄할 수는 없다. 또한 중·단기적으로 기술 개발과 운영 개선을 통한 경감 방안은 많은 비용이 필요하며 그 효과 또한 한계가 있다. 따라서 종합적으로 고려해 볼 때 항공산업 활동이 기후에 미치는 영향을 줄이기 위해서는 효과적인 정책설정 및 실행이 매우 중요하다.

정책적용 방안은 다양한 정책적 도구들을 활용하여 구사하는데, 이에는 각종 규제적 조치와 시장 기능에 기반한 정책, 자발적으로 지구 환경보호에 참여하도록 하는 정책들을 포함한다. 구체적으로 말하자면, 구체적 법적 기준치를 설정하여 엄격하게 항공기 엔진의 온실가스 배출을 규제하는 방법, 환경(기후변화제어)에 부정적 결과를 주는 보조금과 인센티브 제도의 철폐 방법, 항공운송시장 참여자들에게 경제적 인센티브를 부여하는 시장 기반 방안, 기업의 이미지 개선과 인도적 선의를 유발하기 위한 자발적 참여 체제 등이 있을 수 있다.

하지만 이러한 정책적용 방안을 실행하기 위해 설정된 구체적 방법들에 대한 문제점도 적지 않게 지적되고 있다. 예를 들면, 규제적 조치의 경우, 항공교통은 감시 능력과 환경 표준이 국가별로 다르기 때문에 규제의 어려움이 예상되고 있다. 또한, 시장 기반 접근은 국가 간에 공평한 기준으로 국제 항공 운송시장에 용이하게 접근하도록 해야 하며, 항공사들의 다양한 경쟁요소들을 고려해야 한다. 자발적 참여 방안 역시 항공교통의 지속가능한 발전 조건과 양립할 수 있음을 보장하면서 행동의 변화를 이끌어내기에는 어려움이 있다는 비판이 있다.

정책적용 방안 중에서도 시장 기반 조치는 탄소 중립 성장(Carbon Neutral Growth)을 위한 가장 비용 효율적인 방법으로 인식된다. 항공사들은 시장 기능에 의하여 온실가스 감축 수준을 결정할 것이며 궁극적으로는 항공사의 기업 전략에 온실가스 배출수준이라는 요소가 추가되는 것으로 볼 수 있다. 본 장에서는 항공 활동이 기후변화에 미치는 영향을 경감시키기 위한 정책적용 방안의 각 요소들을 살펴보고, 그 중 가장 비용 효율적인 방안으로 고려되는 시장 기반 접근법에 대하여 자세히 논의하겠다.

2 법적 규제 방식과 자발적 참여 정책 방식

2.1 규제적 접근법(Regulatory Approaches)

규제적 접근법이란 법적으로 온실가스 배출을 통제하는 방법이다. 예를 들면, 이산화탄소 표준배출량을 법적으로 정해 놓고 이를 집행하는 것이다. 이러한 방법은 지금까지는 인간의 건강에 위험을 주는 오염물질 통제 중심의 환경 관리에 적용되어 왔다. 주지하다시피 HCs, CO, NO_x, 매연과 같은 배출물은 국제민간항공기구의 Committee on Aviation Environmental Protection(CAEP)을 통해 결정된 Certification Standards의 제도에 의해 통제된다. 반면에 인간활동에 의해 발생되는 CO_2 배출은 주로 UN Frame Convention on Climate Change(UNFCCC)와 교토의정서에 의해 관리되는데 법적 규제라고 볼 수는 없다.

UNFCCC는 국제민간항공기구가 국제 항공활동에 의해 발생하는 온실가스를 규제하도록 권고하고 있으나, CAEP는 국제항공 활동 규제와 관련된 합의 도출의 어려움을 거론하고, 이미 항공산업은 항공기 연료비가 시장 경쟁의 주요 변수로 적용되고 있어서 굳이 국제민간항공기구가 표준을 설정하여 항공기의 CO2 배출을 제한할 필요가 없다고 잠정적으로 평가하고 있다. 연료소비량과 이산화탄소 배출량은 거의 완벽한 정비례의 상관관계가 있기 때문이다. 대신에 기후변화에 대한 영향을 자발적으로 줄이도록 권고했다. 그럼에도 불구하고, 국제 항공 활동에 의한 온실가스를 규제 대상에 포함시킬지 여부는 지속적으로 논의되고 있다.

2.2 자발적 참여 정책 접근법(Voluntary Approaches)

국가나 관련 공적조직에서 항공산업 활동에 따른 온실가스 배출 감축 노력을 정부의 법적인 규제 없이 항공사들이 자발적으로 이행하도록 하는 정책을 구사할 수도 있다. 즉, 법적 구속력이나 경제적 인센티브 없이 기업 자체적으로 자발적 온실가스 배출감축 의사결정을 내리고 이를 시행해 나갈 수 있는 환경을 조성해 주는 것이다.

이러한 자발적 접근법에는 항공사가 탄소 상쇄 프로그램을 수립하여 항공여객들에게 자발적 참여기회를 제공한다든지, 탄소 중립(Carbon Neutrality) 성장 계획 수립으로 기업 수익의 사회 환원 등을 예로 들 수 있다. 넓은 의미로 자발적 참여 정책 접근법에는 GHG 배출제한 또는 감축을 위한 정부-기업 간 자발적 협약체결도 포함될 수 있다.

부록 4

항공산업의 자발적 탄소거래
(ICAO Report on Voluntary Emission Trading For Aviation)

1. 자발적 배출권거래제도란

교토의정서에 의하면 국제항공운송은 온실가스 감축의무에서 제외되었고 Cap & Trade 개념에 의한 탄소거래도 의무화 되어있지 않다. 따라서 국제항공산업이 탄소거래 시장에 참여하는 방안은 자발적 배출권 거래 시장을 형성하거나 기존의 거래 시장에 자발적으로 참여하는 것이다. 국제운송 항공사들은 다음 중 한 가지 방법으로 자발적 배출권 거래에 참여할 수 있다.

- 제휴항공사들이 자체적으로 ETS를 형성한 경우
- 항공사와 다른 분야 간에 공동으로 새로운 ETS를 형성한 경우
- 제휴항공사들이 기존의 ETS에 일방적으로 가입하는 경우
- 제휴항공사들이 상쇄 프로그램을 통해 탄소 배출을 보상한 경우

위에 열거한 방법 중 적절히 선택하여 국제항공 분야의 탄소배출권 거래 시스템을 구축해야 하며, 일반적으로 배출권 거래 체계수립을 위해 다음의 요소들이 고려되어야 한다.

표1 **배출권 거래 체계수립을 위한 고려사항**

고려사항	세부사항
환경적 결과	환경적 목표가 얼마나 엄격하게 설정되었으며, 달성가능 확실성은 얼마나 되는지, 기업들이 어떻게 참여하고, 포함된 배출물의 종류는 무엇인지 등이 고려되어야 함
융통성 (Flexibility)	경제성장과 동시에 환경편익을 얻기 위해 충분한 융통성을 발휘하는지, 참여자들이 배출물의 효율적 감축을 위한 행동을 취할 수 있고, 배출물 감축을 장려할 수 있는지가 고려되어야 함
행정 및 제재 비용	운영비용과 감시, 보고, 확인과 같은 일련의 활동에 드는 비용에 대한 고려가 필요함
명료성 (Transparency)	운영자와 참여 기업들이 체계 운영 및 참여 시에 활동이 복잡하지 않게 해야 함
전반적인 비용 및 비용 효율성	비용 효율적 측면에서 부정적 영향 유무에 대한 고려 필요함
경쟁력	거래 체제가 참여자와 비참여자, 혹은 항공과 다른 운송 분야 간의 경쟁에 영향을 주지 않는지 여부를 고려해야 함
다른 경감 방안 과의 상호작용	환경성능을 개선시키기 위한 여타 경감방안과의 상호작용이 필요함
정치적 수용력	항공 활동의 직접적인 참여자는 아니나, 배출에 영향을 주는 다른 이해관계자들이 수용할 수 있는 체제여야 함

이와 같은 고려사항들이 충족되어야 운용가능하고 신뢰할 수 있는 배출권거래제를 형성할 수 있게 된다. Voluntary Emission Trading Scheme(VETS)은 이를 충족시키는 요소들을 가지고 있어 배출물 감축에 도움이 된다. 우선, VETS는 국제적 합의에 의해 제한되지 않기 때문에 다른 의무적 방식들이 진행 중에도 이행이 가능하다. 또한 다른 규제 방안에 비해 자발적 참여 방식은 적은 비용이 든다. 자발적 참여방식은 더 넓은 지역에 걸쳐 기업들이 참여하며, 참여기업 간에 발생할 수 있는 경쟁에 의한 영향이 적다. 또한 배출량 규제에 속하지 않는 기업이나 정부는 VETS를 통해 미리 감축 방식을 익히고 향후 유용하게 사용할 수 있다는 장점이 있다.

2. 자발적 배출권거래제도 현황

현재 운용되고 있는 VETS는 전 세계적으로 그리 많은 편이 아니고, 배출물 감축 효과도 적은 편이다. 그러나 앞으로 지속적으로 발전한다면, 향후 감축에 많은 기여를 할 것으로 보인다.

가. 영국의 배출권거래제도(UK ETS)

UK ETS는 2002년 4월, 영국의 기후변화 프로그램의 일환으로 정부에 의해 시작되었다. 이는 세계 첫 번째 범 경제 GHG 배출 거래 시스템이었다. 유일한 항공사로 영국 항공(British Airways)을 포함하여, 참여 기관들은 자발적으로 목표량 이하로 탄소 배출을 감축하였다.

UK ETS는 기후변화협약을 한 기업에게 시스템을 개방하고, 목표량을 달성한 기업에게는 기후변화세(Climate Change Levy)를 80% 낮춰주었다. 누구나 계좌를 생성하여 시스템을 통해 배출권을 거래할 수 있도록 하였다. 거래 기록에 따르면 시스템 시작 이후 2006년 3월까지 9,000건의 거래가 이루어졌다.

UK ETS는 자발적인 참여에 의해서 이루어지며, 크게 직접 참여자와 동의 참여자(Agreement Participants)로 나뉜다. 직접 참여자는 각 기간 동안 자발적 목표를 설정하고, 정부로부터 금전적 인센티브를 받는다. 직접 참여자들의 배출 목표치는 지난 기간 동안의 배출량을(일반적으로 3년간의 연평균 배출량) 기준으로 하여 계산되며, 인센티브와 관련 목표는 입찰 방식으로 이루어진다. 동의 참여자는 영국의 기후변화프로그램을 통해 목표치가 설정된 기업들로, 목표를 달성했을 때, 기후변화세(Climate Change Levy)를 할인 받을 수 있다. 이들은 또한 ETS의 전산화된 프로그램을 통해 배출권을 거래한다. 직접 참여자들은 총량제한방식(Cap and Trade Program)을 통하여, 동의 참여자들은 기준인정방식(Baseline and Credit)을 통하여 배출량을 할당받는다.

이를 통해 참여자들은 이산화탄소 배출량 감축과 동시에, 에너지 비용과 관련된 데이터의 정확성을 개선하고, 운항에 따른 에너지 관리 정보를 구축할 수 있다는 이점을 얻었다고 보고했다.

나. 일본의 자발적 배출권거래제도
(Japan's Voluntary Emissions Trading Schemes : JVETS)

2005년 5월 일본 환경부가 실시한 JVETS는 이산화탄소 감축을 약속한 선정된 참여자들의 배출물 감축설비 사용에 대해 보조금을 지급하고, 참여자들이 배출권을 교환할 수 있도록 하였다. 이는 비용 효율적이고 실질적인 GHG 배출 감축을 달성하고, 배출권 거래에 대한 지식과 경험을 축적하는 것이 주 목표였다.

배출 기준선은 2002년에서 2004년 사이의 연 평균 이산화탄소 배출을 기준으로 계산되었다. 참여자들은 새로운 시설과 감축시행에 대한 보조금을 받았고, 기간 종료 후 확인 절차 이전에 배출량을 거래하고, 최종 결과 보고는 제3기관에 제출하였다. 그 결과 모든 참여자들이 감축 시설과 거래 시스템을 통해 목표치만큼 배출 감축을 달성하였다.

다음 표는 JVETS의 전체 시스템을 시각화한 그림이다.

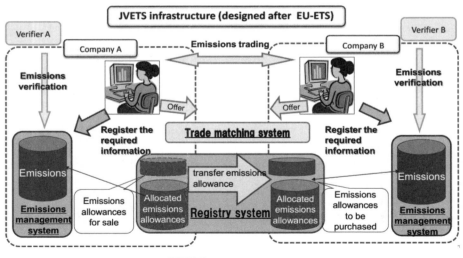

그림 4 JVETS 체계도

출처 : "Japan's Voluntary Emission Trading Scheme", 일본환경성, 2011. 5.

1. Summary of JVETS
-purpose
-participation in JVETS
-summary of JVETS rules
-schedule
-information disclosure

2. Participation Unit

3. Emissions Monitoring
-covered gas and activity
-emission sources
-boundary identification
-data monitoring
-emissions calculation and reporting

4. Target Setting Methodology
-base year emissions
-committed amount of emissions reduction commitment

5. Emissions Verification
-summary of verification
-verification and selecting third-party verifiers

6. Allocation, Trading and Surrendering
-allocation and registry
-how to trade and transfer allowances
-penalty for non-compliance

7. Information and Inquiry
-website about JVETS
-inquiry about JVETS

그림 5 JVETS 운영규칙

출처 : "Japan's Voluntary Emission Trading Scheme", 일본환경성, 2011. 5.

■ **Covered Gas : CO2**

Type	Activity
CO2 from fuel consumption	Fossil fuel burning (including for automobile use within boundary)
CO2 from electricity and heat	Use of electricity and heat supplied from outside boundary
CO2 from waste management	waste incineration / combustion and waste recycling
CO2 from industrial process	Cement production, burnt lime production, use of lime or dolomite, ammonia production, chemical goods production, use of acetylene, dry ice, liquefied carbon dioxide or aerosol.

■ **Calculation method is based on "Act on Promotion of Global Warming Countermeasures"**

■ **Calculation Method**
Fuel : Emissions＝Activity (fuel use) × Heat value per unit volume × Emission factor
Other : Emissions＝Activity × Emission factor

그림 6 JVETS 계산 방법

출처 : "Japan's Voluntary Emission Trading Scheme", 일본환경성, 2011. 5.

System	System overview	Contribution
Registry system	• Manages the initial allocations (JPAs), emissions allowance transactions (trading) and retirement • Manages all accepted allowances and credits in JVETS (JPAs and jCER) • Emission allowance transaction time: 10am-6pm (JST) on business days	• No double counting and the same security level of allowance retirement as the national registry in Kyoto Protocol • Open access to the web-based registry system for all participants
Emissions management system	• Based on the emissions monitoring and reporting guidelines, all participants' emissions base years and their actual emissions amounts in their commitment periods are stored under the system. • The data are used for third-party verification. • EU-ETS verifiers voluntarily use similar management systems	• Integrated emissions calculation method • Streamlined emissions calculation and verification processes • Database of all stakeholder information
Trade matching system ("GHG-trade.com")	• Encourages emission allowance transactions among the participants • Requires pre-contacts before sales of allowances • Updates allowance prices and amounts for participants' transactions on the notice board. (After confirmation of the contract details, participants should pay to their clients' bank accounts and apply for allowance transactions in the registry system.)	• Opportunities for the participants to find their trading counterparts through the Internet

그림 7 JVETS의 3가지 주요시스템

출처 : "Japan's Voluntary Emission Trading Scheme", 일본환경성, 2011. 5.

일본은 2010년 말 각료회의를 통해 배출권거래제를 연기하는 대신, 주요 온실가스 감축수단인 탄소세(지구 온난화 대책세), 신재생에너지 고정가격매입제도를 도입하기로 결정하면서 온실가스 감축의지를 재확인하였다. 또한 전국단위의 배출권거래제 도입은 연기되었으나 미국과 유사하게 현 단위의 배출권거래제 도입이 활성화되고 있다.[37)

그 대표적인 예로는 도쿄도를 들 수 있다. 2010년 4월부터 대형시설을 중심으로 선정된 1,330여 개 사업장을 대상으로 배출권거래제를 시행 중에 있으며 2010~2014년을 1차 계획기간으로 설정했고 이후 매년 5년 단위로 거래제를 운영할 계획이다. 거래제 대상은 전년도 연료, 열, 전기 사용량이 150만 리터 이상인 대형시설(빌딩 및 공장) 소유주이다.[38) 이 외에도 사이타마현과 교토부 또한 자체적인 감축 목표를 설정하였으며, 대상 사업장을 선정하여 거래제를 도입하였다.

---

37) 출처 : "탄소배출권 현황 및 가격변동 요인 고찰", 김재원 전문연구원, 파생상품연구원, p.151
38) 출처 : "탄소배출권 현황 및 가격변동 요인 고찰", 김재원 전문연구원, 파생상품연구원. p.152

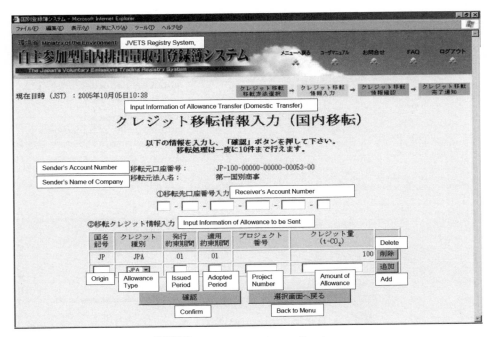

그림 8 JVETS Registry System

출처 : "Japan's Voluntary Emission Trading Scheme", 일본환경성, 2011. 5.

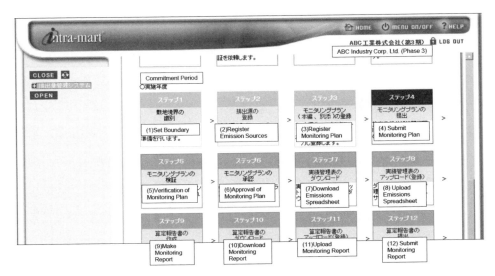

그림 9 JVETS Emission Management System

출처 : "Japan's Voluntary Emission Trading Scheme", 일본환경성, 2011. 5.

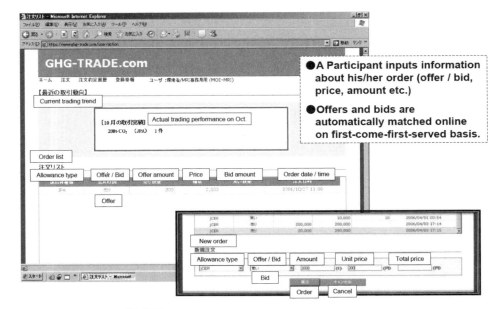

그림 10 Trade Matching System of JVETS

출처 : "Japan's Voluntary Emission Trading Scheme", 일본환경성, 2011. 5.

다. 미국의 탄소 배출 시장(Chicago Climate Exchange : CCX)

시카고 기후 거래소(Chicago Climate Exchange : CCX)는 배출감축 및 거래시스템으로써 자발적 계약체결을 원칙으로 하며, Chicago-based Joyce Foundation의 보조금으로 시행한 실행가능성 연구 일환으로 시작되었다. 자율 규제, 규칙 기반 거래 방식으로 CCX 구성원에 의해 관리된다. 각 구성원들은 자율적이지만 법적 구속력을 가지는 감축목표량을 설정한다. 첫 번째 기간 동안(2003~2006년)에는 기준년(1998~2001년) 대비 4% 이하 감축을, 두 번째 기간(2007~2010년)에는 기준의 6% 이하 감축을 목표로 하였다. 다음은 첫 번째 기간과 두 번째 기간에 참여한 구성원들의 연도별 감축 목표에 대한 표이다.

표 2 CCX 구성원의 연도별 배출감축 목표치−제 1차 시기

Phase I	CCX Emission Reduction Target
2003	1% below Membr's baseline
2004	2% below Membr's baseline
2005	3% below Membr's baseline
2006	4% below Membr's baseline
Phase II	CCX Emission Reduction Target
2007	4.25% below Membr's baseline
2008	4.5% below Membr's baseline
2009	5% below Membr's baseline
2010	6% below Membr's baseline

출처 : ICAO, VETS Report, 2007

CCX는 본 시스템에 참여하는 구성원은 크게 6가지로 분류하였는데, 이는 다음 표와 같다.

표 3 CCX 참여 구성원 분류

회원(Members)	직접적으로 GHG 배출을 하는 기관 및 기업
준회원 (Associate Members)	직접적으로 GHG 배출을 적게 하는 오피스 기반의 사업체
상쇄 제공자 (Offset Providers)	GHG 배출을 감축하는 상쇄 프로젝트 제공자
상쇄 모집자 (Offset Aggregator)	상쇄 프로젝트 제공자를 대신하는 행정 기관
유동성 공급자 (Liquidity Providers)	시장 조성자와 같이 CCX에서 거래하는 기업이나 개인
교환 참여자 (Exchange Participants)	탄소 금융 상품을 구매하는 기업이나 개인

CCX 거래 시스템의 핵심요소로는 인터넷을 통해 접근 가능한 시장인 The CCX Trading Platform, 시장의 정보를 매일 받아볼 수 있는 The Clearing and Settlement Platform, 그리고 모든 거래 기록이 저장되는 The CCX Registry가 있다. 이는 지속적으로 관리하여 거래가 원활하도록 지원할 뿐만 아니라, 각 구성원들의 배출량 기준 및 목표치를 관리하고, 이행 상황을 확인할 수 있도록 도와준다.

정부에서 지급하는 인센티브는 없으나, 참여자들은 다음의 혜택을 CCX를 통해 얻을 수 있다.

- 사전에 금융적, 운영적 위험 요인에 대비할 수 있다.
- 높은 준수 절차를 통해 배출량을 감축할 수 있다.
- 관련 이해관계자와 소비자들에게 기후변화에 대한 구체적인 행동을 보여줄 수 있다.
- 비용 효율적이고 일괄적인 배출물 관리 시스템을 구축할 수 있다.
- 실질적인 경험을 통해 정책을 발전시킬 수 있다.
- 기후변화에 대한 신속하고, 믿을 수 있는 활동을 통해 지도력을 인정받을 수 있다.
- 성장하는 GHG 시장에 대한 경험과 감축 기록을 구축할 수 있다.

발달된 거래 시스템과 다양한 상쇄 프로젝트 등을 통하여 CCX는 지속적으로 배출물 거래 시스템을 발전시키고 있다.

라. 기타 배출권거래제도

이 외에도 스위스의 VETS, 유럽 기후 거래소(European Climate Exchange : ECX), 몬트리올 기후 거래소(Montreal Climate Exchange : MCeX), 아시아 탄소 거래소(Asia Carbon Exchange : ACX-Change)와 호주 기후 거래소(Australian Climate Exchange : ACX) 등이 있다.

스위스의 VETS는 2008년에 시행하여, 배출물 감축을 달성하는 기업에게 연료세를 감면해주는 방식이다. 배출권 거래는 해외 감축프로그램에서 얻은 배출권을 국내 및 국제 시장에서 거래할 수 있도록 하였다. 스위스는 지속적으로 이산화탄소 관련 세금제도를 정비해 나가고 VETS를 발전시킬 계획이며, 추후 EU ETS와의 연계를 고려하고 있다. IntercontinentalExchange, Inc. (ICE)[39]는 런던에 있는 탄소거래시장으로 탄소배출권 거래소 중 가장 규모가 크다.

몬트리올 기후 거래소(Montreal Climate Exchange : MCeX)는 몬트리올 거래소(Montreal Exchange : MX)와 시카고 기후 거래소(Chicago Climate Exchange : CCX)의 협력 체결로, 2006년 7월에 설립되었다. 캐나다 내에 환경 시장 발전을 가속화하기 위해 설립되었으며, 가격 투명성, 환경 보전, 낮은 비용과 대기질 및 기후변화 문제에 관여하여 캐나다 경제 분야에 대한 접근성과 신뢰성을 제공하는 것이 주된 목표이다.

아시아 탄소 거래소(Asia Carbon Exchange : ACX-Change)는 Asia Carbon Group의 자회사로, 규제 탄소 시장과 자발적 탄소 시장 모두에 집중한다. 이는 세계 첫 CDM 입찰 기준 거래소이며, 구매자와 판매자 모두 CERs를 통해 거래한다.

호주 기후 거래소(Australian Climate Exchange : ACX)는 호주의 첫 번째 배출 거래 시스템으로 2007년에 자발적 탄소 상쇄물에 대한 수요에 의해 생겼다. 실시간으로 구매자와 판매자에게 상쇄물에 대한 정보를 제공한다.

마. 항공 분야의 자발적 배출권 거래(VETS) 향후 발전

앞서 살펴보았듯이, 자발적 배출권거래제도(VETS)는 미국과 일본을 포함한 국가들에서 설립되고 있다. 그러나 항공 분야의 참여는 많이 한정되어 있기에 더 넓은 범위로 확장해야 한다. 이는 기존의 VETS에 참여를 통해서, 선도자로서 VETS에 대한 자발적 합의의 발전을 통해서, 항공 분야만을 다루는 VETS의 설립을 통해서 이루어질 수 있다.

---

39) 영국 기후 거래소인 ECX를 2010년 인수함

VETS에 참여하는 첫 번째 방법은 기존에 형성되어 있는 VETS를 이용하는 것이다. 현재 일본과 스위스, 시카고의 VETS가 항공사 운영자들이 참여할 수 있게 하거나 준비 중에 있다. 그러나 이러한 VETS는 특정 국가로 제한되어 새로운 참가자들이 가입하기에 어려움이 있다.

다른 방법으로는 선도자로서 VETS에 대한 자발적 합의를 통해서 이루어질 수 있는데, ICAO가 배출량 감축 달성을 위한 자발적 합의의 시작으로 항공사와 정부에서 사용될 수 있는 자발적 조치에 대한 견본을 생성하고 있다.

마지막으로, 항공을 위한 VETS의 형성을 들 수 있다. 이 방법은 정부의 도움이 있다면 현실화 가능성이 가장 높다. 이와 같은 VETS는 모든 부문에서의 배출량 감축이 아닌, 항공 분야에만 집중된 주제를 다루게 된다.

또한 VETS의 활성화를 위해서는 항공 기업들이 적극적으로 참여할 수 있도록 잠재된 환경적 이익과 경제적 효율성을 증대시키고, 경쟁효과를 최소화하여야 한다. 또한 정부의 금전적 도움이나 인센티브 제공도 좋은 참여유도 방안이다. 인센티브 방식은 빠르게 실행될 수 있는 방법으로, 인센티브가 있는 VETS는 더 많은 기업을 참여하게 되고, 이를 통해 더 큰 환경적 이익을 얻을 수 있다.

3. 시장 기반 접근법(Market-based Approaches)

가. 시장 기반 접근법 도입배경

항공시장에서 이윤 추구를 목적으로 하는 항공사들은 비용최소화와 수입극대화를 통해 수익(Profit)극대화를 달성하려 할 것이다. 통상적으로 항공편 운영에 따른 온실가스 배출은 항공편 운영비용에 포함되지 않지만 사회적으로는 기후변화에 영향을 미침으로써 사회적 비용으로 간주해야 할 것이다. 따라서 온실가스 배출을 사회적 외부비용(External Cost) 유발로 간주하여 이를 항공사의 내부비용(Internal Cost)으로 전환함으로써 항공산업의 사회적 책임을 의무화 할 수 있을 것이다. 이때 항공사들의 온실가스 배출이 합리적으로 항공사의 비용으로 편입되고 공정한 경쟁을 왜곡시키지 않으면서 사회적으로 합의된 온실가스 배출 감축을 달성할 수 있는 정책이어야 한다는 점이 중요하다.

현재까지 고안된 시장 기반 접근 방안 중에서는, 이산화탄소 배출물 거래제도가 있다. 배출권거래제도는 'Emission Trading Scheme(ETS)'으로 명명되어 국제연합(UN)의 기후변화협약체제에서도 가장 효율적인 온실가스 관리 체제로 인정하고 있다. 현재 국제민간항공기구도 항공 활동으로부터 발생하는 지구 온난화 가스(GreenHouse Gas : GHG)의 배출 감축정책 중 하나로 시장 기반 정책 도입을 채택할 것을 결의했고 배출권거래제도를 활용할 것을 고려하고 있다.

우선, 국제연합의 시장기반 온실가스 감축정책 적용계획을 보면 1997년, 기후변화 협약에 따른 온실가스 감축목표에 관한 교토의정서(Kyoto Protocol)는 GHG 배출 거래제와 상쇄 시스템을 제안하며, 1차 의무이행기간(2008~2012년)동안 대부분의 선진국들은 배출량을 1990년 대비 6~8% 수준으로 유지하도록 하였다. 교토의정서는 대표적인 배출물 제한 및 감축 방안으로 배출권거래제(Emissions Trading)에 부수하여 청정개발체제(Clean Development Mechanism : CDM)와 공동이행제도(Joint Implementation : JI)라는 개념을 제안하였고, 이는 세계 탄소시장 형성을 촉발시켰다. 교토의정서에 의해 정의된 시장기반 정책 접근법과 관련된 개념들을 좀 더 구체적으로 설명하면 다음과 같다.

나. 배출권거래제(Emissions Trading)

배출권거래제는 환경적 성과 목표달성과 함께 경제효율성을 증진시킬 수 있는 시장 기반의 정책적 도구 중 하나이다. 이 제도의 논리를 간단히 설명하면 다음과 같다. 온실가스를 배출하는 국가 또는 기업이나 기관 등을 배출량 관리 대상으로 정한 다음 각 대상 조직이 배출할 수 있는 허용량(Allowance)을 할당하고 할당량을 초과하는 조직은 온실가스 배출권을 구매해야 한다. 반면, 할당량보다 온실가스를 적게 배출한 조직은 잔여 배출권을 시장에서 판매하여 경제적 이득을 얻을 수 있다. 이러한 원리를 간단하게 'Cap & Trade'라고 한다. 각 조직에서 경제적인 이유로 온실가스 배출감축 노력을 할 것으로 예상해 볼 수 있다. 즉, 배출권 거래가 허용되면 시장은 상대적으로 낮은 비용으로 허용치 이상으로 배출량을 감축하는 배출자가 인센티브를 얻을 수 있도록 함으로써 비용 효율적으로 온실가스 감축 목표를 달성할 수 있도록 하는 것이다.

이러한 방식은 감축 목표치를 할당량에 반영함으로써 참여 조직들 전체가 배출하는 온실가스의 총량을 관리할 수 있으므로 '총량 제한 방식'이라고 칭하기도 한다. 배출권거래 체제에는 이와 같은 총량 제한 방식(Cap & Trade Program) 이외에도 기준 배출량을 설정하고 이보다 적게 배출한 경우에 인정된 저감량을 서로 거래하도록 하는 '기준인정 방식(Baseline and Credit)'도 있다. 총량 제한 방식(Cap & Trade Program)이 절대적인 배출량 감축을 기본으로 하는 것에 반하여, 기준인정 방식(Baseline and Credit)은 상대적인 양을 지정함으로써 설정된 기준선으로부터 반드시 저감분을 달성해야 한다. 일반적으로 총량 제한 방식이 기준인정 방식보다 환경적, 경제적 효과가 클 것으로 예상된다.

총량 제한 방식(Cap & Trade Program)과 관련하여 가장 논점이 되는 부분은 허용량 할당이다. 허용량 할당은 일반적으로, 기존 업체(조직)에 대한 무상배분(Grand Fathering), 조사에 의한 기준설정(Benchmarking), 경매(Auctioning) 방식 등이 가능하다고 보고 있다. 무상배분(Grand Fathering)은 과거 배출량을 기준으로 설정하는 방식으로 보통 최근 몇 년간의 배출량의 평균을 기준으로 배정한다. 기준 설정 방식(Benchmarking)은 산업 표준을 기준으로 허용치가 할당되는 방식이다. 경매(Auctioning) 방식은 주관 기관이 허용량을 경매를 통해 분배하는 방식이다.

배출권 거래 시스템이 각국가별, 지역별로 별도로 운영되고, 더 세분하여 산업(예 : 항공)별로 운영된다면, 광범위하게 연결되어 자유롭게 운영되는 배출 거래 시장에 비해 효율적이지 못할 것이다. 다양한 부문에서 참여하는 공동참여거래 시스템에서 보다 더 많은 이점이 기대된다. 온실가스 배출 감축을 위한 기술이나 운용방식을 서로 상이한 시스템에 융통성 있게 적용함으로써 최소비용으로 배출량 허용치(총 배출량)를 만족시킬 수 있고 유연하게 배출권의 수요·공급을 맞출 수 있어서 탄소가격의 시장기능을 향상시킬 수 있다.

범세계적으로 각국은 배출량 감축 목표를 달성하기 위해 배출권(Kyoto Units)을 다른 국가와 거래할 수 있어야 한다. 특히 유엔(UN)은 국가 단위로 이 방법을 적용할 때, 선진국 간 또는 선진국과 후진국 간의 공동노력이나 지원을 활성화할 수 있는 체제를 고안했다. 한편, 주요 선진국들은 국가 차원에서의 시장기반 접근방식을 창안하여 적용하고 있다. 대표적으로 27개 회원국과 3개의 유럽 경제지역 국가들이 연합하여 유럽의 온실가스(Green House Gas : GHG) 배출의 절반을 관리하는 EU 배출권 거래 시스템은 탄소 거래 시장의 모범 역할을 하고 있다. 또한, 유럽국가연합은 배출권거래제뿐만 아니라 교토프로토콜에서 정의한 청정개발체제(Clean Development Mechanism : CDM)과 공동이행제도(Joint Implementation : JI)를 수행하고 있다.

유럽연합 이외에도 국가 수준에서 배출권거래제를 시행한 사례로서는 뉴질랜드, 일본, 미국 등을 들 수 있다. 뉴질랜드는 비교적 다양한 산업분야 걸쳐 단계적으로 배출권거래 체제를 발전시켜 왔다. 일본은 몇 년에 걸쳐서 제한적이고 자발적으로 참여하는 배출권거래 시스템을 실험하고 있으나, 의무제도로 도입할지의 여부는 아직 결정되지 않았다. 미국은 연방정부 수준에서 배출량 거래제도 관련 법률을 통과시키려는 시도가 있었고, 국가적 수준의 시스템은 개발 중에 있다. 몇몇 국가의 사례를 통해 알 수 있듯이 국가 내 배출 거래 시스템은 국가적 특성과 정치적인 문제의 영향을 받는다.

다. 청정개발체제(Clean Development Mechanism : CDM)

범지구적 차원의 온실가스 배출 관리를 위해서 배출권거래제도를 보완하기위해 창안된 청정개발체제(Clean Development Mechanism : CDM)에 대하여 알아보자. CDM이란 온실 가스 배출량 감축 활동 사업으로, 선진국이 개발도상국에서 배출감축프로젝트를 실시하거나 조림/재조림(Afforestation/Reforestation)을 통해 온실가스 배출권(CDM Credit)을 획득하여 탄소거래 시장에서 배출권으로 이용하는 개념이다. CDM 배출권(CDM Credit)은 자발적 탄소시장이나 규제 탄소 시장에서 배출권이 필요한 기업들에게 판매되고, 판매로 얻은 수익은 다시 녹색 프로젝트 투자를 지원하는 데 사용될 수 있을 것이다. UNFCCC는 CDM 배출권 등록과 인정에 대하여 엄격한 지침을 정해놓고, 선정된 활동만을 인정하고 있다. 다음 표는 항공 분야에서 승인된 CDM 배출권 획득 사업을 정리한 것이다.

표 4 항공분야 CDM 배출권 획득 사업목록

CDM ID#	Methodology	Aviation Applications
Operations		
AMS Ⅲ.T	BioDiesel	*Alternative fuels**
AMS Ⅲ.C	Low emissions vehicles	*Alternative fuels*; airside vechicles*
AMS Ⅲ.S	Low emissions vehicles(ficed route)	*Alternative fuels**
AMS Ⅲ.AA	Vehicle retrofits	*Alternative fuels*; airside vechicles*
Infrastructure		
AMS Ⅲ.C	Energy efficient equipment	*Airport facilities and terminals*
AMS Ⅲ.E	Building effciency and fuel switching	*Airport facilities and terminals*
AMS Ⅰ.D	renewable energy generation	*Power generations*
AMS Ⅱ.B	renewabel energy generation(grid)	*Power generations*

* Domestic use only   출처 : 국제민간항공기구, 항공환경보호위원회 보고서, 2010.

CDM은 도입 이후, 기대 이상으로 성장하였고 현재 운영되는 대부분의 배출권 거래 시스템에서는 CDM 체제에 의해 획득한 Credit이 상당량 거래되고 있다. 현재 3,000여개 정도의 프로젝트가 이미 검증 단계 수준에 도달하였으며, 등록을 진행하고 있다. CDM체제를 더욱 활성화시키기 위해서는 프로젝트 승인절차의 간소화, 운영기관(Designated Operational Entities : DOE)의 인증 활동 강화, CDM 프로젝트에 대한 대부금 도입 등이 추후 주요 논의사항이다.

라. 공동이행제도(Joint Implementation : JI)

공동이행제도는 선진국이 개발도상국의 배출물 감축이나 기술 향상 프로젝트에 투자했거나, 선진국 간 프로젝트를 공동이행 하여 감축된 배출물에 대한 공제액을 얻는 방법이다. JI는 선진국에서 진행되는 프로젝트라는 점을 제외하고는 CDM과 유사한 프로젝트 기반 사업이다. JI는 CDM보다 늦게 시작되었고 참여 국가는 적으나, 17개의 프로젝트가 완료되었고, 170여 개의 프로젝트가 진행 중에 있다.

마. 배출 관련 부과금(Emissions-related Levies)

국제항공산업의 온실가스 배출관리를 위한 정책의 하나로 항공시장에 참여하는 항공사 등에게 온실가스 배출에 대하여 부과금(Charge)을 징수하는 방안이 있다. 부과금은 국제 항공의 배출물 관리를 위해 설정된 세금이나 요금을 의미한다. 이 방식은 다른 시장 기반 방안과 비교하여 낮은 비용과, 관리의 용이함, 신속한 실행이 가능하여 잠재적 이점을 가지고 있다. 본래 항공산업에서 조세는 많은 논쟁을 발생시키는 주제이나, 최근에는 환경 보호 측면에서는 정책 결정자들의 고려사항이 되고 있다.

ICAO는 부과금(Charge)과 세금(Tax)을 개념적으로 구분하였는데, 부과금(Charge)은 민간 항공의 시설이나 서비스 제공 비용충당을 위해 설정되고, 세금(Tax)은 민간 항공에 국한되지 않는 각국가 정부 세입을 위해 설정된다고 정의했다. 세금이 항공산업의 수익성을 낮춘다는 인식으로 인하여, ICAO는 모든 부과금이 세금이 아닌 부과금의 형태가 되는 것을 선호하고, 부과금으로 형성된 자금은 항공기 엔진 배출에 의한 환경 영향을 경감시키는 데에 사용되어야 한다고 권고한다. 반면, 정부 차원에서는 세금 징수를 선호하는 경향이 있다. 세금은 제도 도입과 운영에 추가적 행정 비용 등이 요구되는 배출권거래제와 비교하여 현저한 장점이 있다. 즉, 세금은 행정적으로 단순하고, 빠르게 도입될 수 있고, 감시, 보고, 확인 절차가 필요한 배출거래제와 비교하여 비용이 적게 든다.

ICAO Doc 9949

(Scoping Study of Issues Related to Linking "Open" Emissions Trading Systems Involving International Aviation)

제1장 서언

1. 배경

2007년 2월 환경보호위원회 회의(CAEP/7)에서 시장기반체제에 보다 나은 정보 구축을 위해 보고서 개발을 위한 T/F팀(Market-Based Measure Task Force)을 구성키로 했다. 그 이후 이사회는 항공부문 ETS 적용에 대한 가이던스(Guidance on Emissions Trading for Aviation) 발간에 동의 하였다.[40]

2. 항공산업에서의 GHG 배출감축

교토의정서에는 협약 부속서 1에 명시된 국가[41]들을 온실가스(GHG)배출 감축 대상으로 명시하고 있다. 1차 감축이행기간은 2008~2012년이며 이를 잇는 조치 는 현재 논의 중이다. 2012년 개최된 유엔기후변화협약(UNFCCC) 당사국 총회에 서 제 2차 교토의정서 감축기간을 2020년까지 연장하기로 했으나, 유럽연합, 호 주 등만이 참여하였다. 이에 추후 총회에서 다른 국가들의 참여에 대한 논의가 필요하며 다른 협약의 체결 등에 대해 논의될 것으로 보인다.

---

40) 항공기 배출가스에 대한 ICAO 시장기반체제 Framework 수립 대응방안 연구, 2012. 12, p.10
41) 부속서 1 국가는 국제기후변화협약에서 규정한 국가로서 배출량 저감의무가 있는 국가 (EU, 미국, 일본, 호주, 뉴질랜드 등 40개국)

교토의정서는 국내항공과 국제항공을 구분지어 취급한다. 국내항공 배출량은 국가감축목표에 포함되는데, 국내항공운송에 따른 배출은 민간항공의 국내승객과 항공화물운송에서의 발생을 의미하며, 국내항공은 동 국가에서(상업적, 개인, 농업용 외) 출·도착 교통량을 의미한다. 국제항공운송은 하나의 국가에서 출발해서 다른 국가에 도착하는 비행을 뜻한다.

　항공운항으로 인해 발생되는 배출물은 복사강제력(Radiative Forcing : RF)[42]에 영향을 미친다. 직접적인 항공기 GHG 배출가스는 이산화탄소(CO_2)와 수증기(H_2O)이다. 다른 배기가스는 질소(NO_x), 황산화물(SO_x)과 숯 검댕(Soot)이다. 이러한 배기가스와 입자들이 오존농도를 바꾸고 대기 중 메탄가스는 비행운(Condensation Trails)[43]을 형성하고 기후변화를 유발하는 권운을 증가시킨다. 기후변화에 관한 정부 간 협의체(Intergovernmental Panel on Climate Change : IPCC)[44]의 4차 평가보고서에서는 2005년 항공의 세계 이산화탄소 배출기여도를 2%로 추정했고, 총 인간활동에 의한 복사강제력(Anthropogenic RF)의 기여도는 3%로 추정했다. 해당 수치는 2000년 항공운항에 따른 데이터에 기반한다. 2000년에서 2005년 사이의 운항 데이터를 반영하는 연구에서는, 2005년 총 Aviation RF(권운은 제외)가 총 인간활동에 의한 복사강제력의 3.5%에 해당한다고 말했다(항공운항유발 권운이 포함된다면 4.9%임).

　비록 항공 분야에서 Fleet 개선, Scheduling/Routing, 연료효율과 기타 기술 개발을 통해 상대적 운항효율을 지속적으로 높이고 있지만, 연간 3~4%에 이를 것으로 전망되는 이산화탄소 배출량 증가를 모두 상쇄시키기 어렵다. 따라서 지속가능한 발전이 가능하며, 동시에 이산화탄소 배출을 완화시킬 수 있는 여타 방안이

---

42) 복사강제력이란 대기를 가열하는 정도를 말한다. 지구 온난화에 따른 이산화탄소가 기여하는 복사강제력은 약 $1.5W/m^2$이다.

43) 비행운 : 한랭하고 습한 대기 속을 비행하는 항공기가 남기는 가늘고 긴 구름을 말한다. 비행기 구름은 겨울철에 잘 나타나며, 항공기 연료가 연소된 후 연료 속에 포함되어 있던 수증기와 연료의 일부가 냉각되어 생긴다. (출처 : 자연지리학사전, 한국지리정보연구회, 2006.05.25)

44) 기후변화에 관한 정부 간 협의체(IPCC) : 기후변화와 관련된 전 지구적 위험을 평가하고 국제적 대책을 마련하기 위해 세계기상기구(WMO)와 유엔환경계획(UNEP)이 공동으로 설립한 유엔 산하 국제협의체이다. (출처 : 두산백과)

함께 마련되어야 한다. 이산화탄소 배출이 지구 온난화에 미치는 영향은 어디서 배출되었는지 여부에 상관없이 동일하다. 따라서 다른 배출거래시스템이나 탄소상쇄(Offsetting)를 통해서 CO_2를 줄일 수 있다. 이는 항공부문 밖에서 Emission Reduction Allowance나 Credit을 구매하거나 폐기하는 것을 뜻한다.

2012년 1월 1일을 시작으로 국제항공분야에서 발생한 CO_2는 European Union Emissions Trading Scheme(EU ETS)에 포함된다. 대상은 MTOW 5700kg 이상 항공기 중 EU 내를 비행해 나가고 들어오는 모든 항공기이며, 예외로는 De mini-mis(최소한도)를 적용하는 경우로, 네 달씩 연속 3회에 걸친 기간 동안 민간항공기 운항이 243회 이하인 경우, 혹은 연간 총 배출량이 10,000톤 이하인 항공기 운항인 경우 이에 해당한다.

하지만 중국, 러시아, 미국과 같은 EU에 속하지 않는 국가들이 이러한 제재를 따르지 않을 것이라고 선언함으로써 2012년 11월 EU위원회는 항공부문에서의 온실가스 감축에 관한 국제적 합의를 위하여, 국제 항공사들은 일시적으로 제외시키는 것을 제안하였다.[45]

3. 배출권거래제의 연계

많은 배출권거래제 가운데, 연계거래제도 또한 생겨나고 있다. EU에서 국제탄소행동파트너십(International Carbon Action Partnership : ICAP)을 구축함에 따라 이는 더욱 이목을 끌었다. ICAP는 필수상한거래제를(Mandatory Cap & Trade Systems) 통해 보다 정교한 배출권거래제도를 디자인하고 호환 가능한 시스템의 개발을 구상 중에 있다.

두 개의 시스템이 링크(Link)되려면 두 주체가 제도 내에서 이행단위(Compliance Unit)를 거래할 수 있으며 하나의 시스템이 다른 시스템에서 발부한 Compliance Unit을 이용해서 자발적 약속이행(Voluntary Commitment) 혹은 규제의무이행(Regulatory Obligation)이 가능해야 한다. 열린 배출거래를 다양하게 정의할 수 있겠지만,

---

45) "탄소배출권 현황 및 가격변동 요인 고찰", 김재원 전문연구원, 파생상품연구센터, p.135

본서에서는 최근 발간된 ICAO 발행물과 동일한 방식을 따른다. 시스템이 '열렸다'고 간주되려면 국제항공분야가 '비항공분야'에서 Compliance Units(예를 들면 Allowances[46] 혹은 Credits[47])에 접근할 수 있어야 한다. 닫힌 배출권거래제는 Compliance Unit이 항공업계 내에서만 거래될 수 있을 때를 말한다.

항공에서는 CO_2의 배출만 고려된다. NO_x, 수증기, 비행운과 같은 비CO_2 영향요인을 이들의 영향정도, 기간, 시간과 장소의 가변성과 관련된 과학적 증거를 고려해야 하는 시스템에 포함시키는 것이 엄밀히 따지면 어렵고, 아직까지 시행된 적이 없다. 본 연구에서 배출권 거래활동은 배출원(Source), 시설, 프로젝트, 기업 레벨에서의 거래에 초점을 맞췄다. Assigned Amount Units(AAUs)의 국가 간 거래는 배출권거래제가 직·간접적으로 연계될 때 고려된다.

제2장 배출권거래제

1. 배출권거래제도 유형

배출권거래제도는 개별 업체에게 일정량의 온실가스를 배출할 수 있는 권리를 인정해 주고, 이들 권리를 사고팔 수 있는 시장을 개설해 줌으로써 시장기능에 의한 환경 개선을 유도하는 제도이다. 배출권거래제도를 이용하면 온실가스 감축비용이 낮거나 감축 능력이 높은 업체는 온실가스의 감축을 통해 배출권을 획득하고 이익을 얻을 수 있으며, 반대로 온실가스 감축능력이 낮거나 감축에 상대

---

46) Allowance : 배출허용량. Cap & Trade 시스템 내에서 허용되는 거래가능 배출허용치로서 한 번에 배출할 수 있는 배출량이 정해져 있음. 각국가나 기업에게 개별적으로 할당된 배출허용량(Allowance)을 기준으로, 초과분이나 여유분이 있을 때 이를 배출권으로 사고팔 수 있으며 이는 할당시장, 즉 Allowance Market에서 이루어짐. (출처 : 데일리한국 탄소배출권을 확보하라, 2007.06.12)

47) Credits : 상쇄활동에 이용되거나, 상쇄활동으로 인해 획득한 보상배출 감축분. 예를 들면 A국 B기업이 C국 D기업에 온실가스 저감을 위한 시설 투자를 한 뒤, 여기서 발생한 감축량을 Credit 이라 하며, 감축량만큼의 배출권을 확보하여 다른 기업에게 팔 수 있음. 국가나 기업이 온실가스 감축사업을 벌여서 확보한 감축분을 거래하는 시장으로는 프로젝트 시장(Project Market)이 있음. (출처 : 데일리한국 탄소배출권을 확보하라, 2007.06.12)

적으로 높은 비용이 소요되는 업체는 무리한 감축 노력을 하는 대신 배출권을 매입함으로써 비용을 절감할 수 있다. 따라서 배출권의 거래가격은 판매자의 추가적 배출감축비용보다도 높고 구매자의 추가적 배출감축 비용보다는 낮은 수준에서 결정되므로, 결과적으로 총 배출량이 증가하지 않으면서 거래참여 업체 모두가 이익을 얻을 수 있게 되는 것이다.[48] 배출권거래제도는 크게 총량거래제방식(Cap & Trade 시스템)과 저감인증방식(Baseline & Credit 시스템)으로 구분된다.

■ Cap & Trade 시스템

Cap & Trade 시스템은 이행기간(현 제도에는 이 기간이 1~5년까지 다양하다) 동안의 국제항공 배출량 한도를 할당받고, 총량에 따른 모든 배출량의 배출권(배출권 1은 탄소 1톤 배출에 상응)을 생성한다. 참여기업은 이행기간 동안 배출량에 상응하는 배출권을 정산해야 하며 이행기간 말에 할당된 배출량을 초과하거나 여유분을 가지고 있을 때 이를 탄소시장에서 배출권 및 크레딧으로 거래할 수 있다.[49]

■ Baseline & Credit 시스템

Baseline & Credit 시스템은 당국이 참여자가 배출할 수 있는 기준배출량(Baseline)을 정하고 이행기간 동안 CDM, JI 등과 같은 온실가스 감축 사업을 통해 온실가스 배출량을 감축시킨다. 이행기간 완료 시 실제 배출량과 기준배출량을 비교하여 초과 달성한 실적을 검증하여 초과분에 대해 CER(CDM 사업), ERU(JI 사업) 등의 배출권을 부여하며 이를 프로젝트 시장(Project Market)이라고 한다.[50]

---

48) "탄소배출권 현황 및 가격변동 요인 고찰", 김재원 전문연구원, 2012. 12, 파생상품연구센터, p.126
49) "항공기 배출가스에 대한 ICAO 시장기반체제 Framework 수립 대응방안 연구", 2012. 12, p.83
50) "탄소배출권 현황 및 가격변동 요인 고찰", 김재원 전문연구원, 2012. 12, 파생상품연구센터, p.128

2. 배출권거래제도의 거래단위

교토의성서의 부속서 B는 선진 공업국이 세운 연계 GHG 배출목표를 명시하고 있으며, 다음은 탄소배출 거래단위(Tradible Units)이다.

- Assigned Amount Units(AAUs): 교토의정서에 의거하여 온실가스 의무감축 국가들 간의 배출권거래 단위를 지칭하며, 2008~2012년 이행기간 동안 할당된 허용배출량은 CO_2e인 톤당 CO_2로 표시된다.

- Removal Units(RMUs): 교토의정서의 초기이행기간 동안 대기 중 GHG 제거로 탄소분리활동(Sequestration Activities)을 하기 위해 의정서 B 가맹국에게 발부된 거래가능한 단위이다.

- Certified Emissions Reductions(CERs): 프로젝트 수행(CDM)에 의해 발생하는 배출권(선진국이 개발도상국에 투자하여 감축한 온실가스 일정량을 투자국의 감축실적으로 인정)으로 CER 1단위는 CO_2 1톤에 준한다.

- Emissions Reduction Units(ERUs): JI에 의해 발생하는 배출권(선진국이 다른 선진국에 투자하여 감축한 온실가스 일정량을 투자국의 실적으로 인정)이다.

표 5 탄소배출권의 종류

구분		탄소배출권
의무 감축활동	배출 허용량 (Allowance)	EUA(유럽연합), AAU(국제연합)
자발적 감축활동	교토체제 감축 인증서(Credit)	CER, ERU, RME(국제연합)
	비 교토체제	CFI(시카고기후거래소), KCER(에너지관리공단)

출처 : "탄소배출권 현황 및 가격변동 요인 고찰", 김재원 전문연구원, 2012. 12, 파생상품연구센터, p.127

교토의성서 하에 부속서 B에 명시된 의무감축국은 AAUs 거래와 같은 국제배출량거래를 통해 감축의무조건을 만족시킬 수 있으며, 정부 간 거래는 지역적, 국가적, 지방정부간(Sub-national) 배출권거래제에 의해 보충(Supplemented)될 수 있다. UNFCCC제도 밖에서 만들어진 거래단위를 이용해서 이행의무를 지킬 수 있다. 이는 비교토단위(non-Kyoto units)의 교환을 지원하는 시스템을 구축하기 위해서이며 비교토단위는 다음과 같다.

- Allowance : 배출허용량. 규제당국에 의해 자유롭게 분배, 구매, 경매할 수 있는 시스템 '상한선'에 준하는 단위
- Credits : 상쇄활동에 이용되거나, 상쇄활동으로 인해 획득한 보상배출 감축분

배출권거래제의 환경적건전성(Environmental Integrity)를 보장하기 위해서는 거래단위는 엄격한 감시·보고·인증(Monitoring, Reporting and Verification MRV) 기준을 충족시켜야 한다.

제3장 연계메카니즘(Linking Mechanisms)

1. 연계거래제도

거래제의 관리자(Administrator)는 다른 배출권거래제도와의 일방향적 연계(Unilateral Link)를 체결할 수 있으며, 이는 감축이행 목적을 위해 다른 시스템에서 발부된 거래단위를 허용한다는 동의하에 가능하다. 일방향적 연계는 양쪽 시스템 모두에 '상호가능성'을 요구하거나 쌍방의 협의를 요구하는 것이 아니기 때문에 쉽게 이행할 수 있다. User System에서 Supplier System 레지스트리

(Registry)[51]에 있는 이행단위(Compliance Units)의 접근은 필요로 하지 않으며 레지스트리에서 계정(Account)을 열어보는 것은 불가능하다.

일방향적 연계를 시행하면 Supplier System에서 유입된 거래단위가 연계시스템 내 거래단위의 가격을 낮춘다. 상대적인 유입크기에 따라서 결과는 무시할만할 수도 혹은 매우 중요할 수도 있다. 이행할 연계시스템에서의 거래단위량에 제한이 있다면 가격이 낮아지는데도 한계가 있을 수 있다. 두 개 이상의 시스템이 연계하면 이는 다자간 연계가 된다. 다자간 연계는 두 개 이상의 시스템이 연계해야 하며 상호연계와 동일하게 일방향적(Unilateral)이거나 상호연계(Bilateral)만을 고려한다.

상호연계가 형성되면 거래단위 소유자들은 시스템 내에서 거래단위를 높은 가격으로 판매한다. 일정한 제한이 없다면, 두 시스템의 거래단위가격이 동일해 질 때까지 높아질 것이다. 하지만 실제 가격수렴 정도(각 시스템의 거래단위 가격변화량)는 부분적으로 시스템 상대규모에 따라 다르다. 작은 시스템을 큰 시스템으로 연계(Link)할 경우에는 큰 시스템에서의 거래단위 가격에 미비한 영향을 끼친다. 각 시스템 내에 GHG 감소에 대한 수요와 공급의 가격탄력성(가격변화에 따른 양적변화)은 연계 후 배출권 거래규모에 영향을 줄 수 있다.

2. 등록소(Registry)

거래단위는 보통 추적시스템이나 등록소(Tracking System and Registry)에 전자형태로 존재한다. 모든 참여자는(Participants) 다른 시스템으로의 거래단위를 이월 혹은 이용 여부를 기록하는 계좌가 있다. 일반적으로 거래단위는 감축이행 목적으로 한 번만 이용해야 되기 때문에, 참여자는 등록소계좌에서 실제배출량을 거래단위 형태로 규제당국에게 보내야 한다. 연계시스템 참가자는 다른 시스템의 관리자가 발부한 거래단위를 자신의 규제당국으로 보낼 수 있다.

---

51) Registry : 레지스트리 혹은 등록소. 절차와 기준에 따라 보유 배출권 양에 대한 정보를 저장한다. (출처 : "탄소배출권 현황 및 가격변동 요인 고찰", 김재원 전문연구원, 파생상품연구센터)

다른 거래제에서 등록소들은 전자적으로 연계돼 있다. 참가자는 거래단위를 다른 시스템에서 구매할 수 있고 이런 단위는 직접적으로 각자의 등록소로 옮겨진다. 감축이행 목적을 위해 구매된 거래단위는 규제당국의 계좌로 옮길 수 있다. 옮기기 이전에 등록소를 연계하고 있는 거래기록(Transaction Log)은 단위일련번호를 확인해서 옮겨진 거래단위가 유효한지를 확인하고 모든 조건을 만족하는지를 확인한다. 만약 등록소 시스템이 전자적으로 연계되어 있지 않다면, 잠정적으로 배출감축량을 이중 계산할, 즉 거래단위를 한 번 이상 이용할 위험도가 증가한다. 하지만 상호연계는 규제당국 간 합의를 필요로 하기 때문에, 상호적으로 연계된 시스템의 등록소는 전자적으로 연계될 확률이 높다.

상호연계에서 규제당국은 각자의 등록소에서 계좌를 여는 것을 허용한다. 거래단위를 다른 시스템에서 이용하려면 해당 시스템의 등록소에서 계좌개설 후 거래단위를 계좌로 옮긴다. 연계등록소가 없다면 일방향적 연계는 상호연계와 같은 방법으로 이행될 수 있는데 이 때 공급자 시스템은 시스템 밖 단위체가 각자의 등록소에서의 계좌 Hold(즉, 팔거나, 폐기, 취소하지 않는 상태)를 허용해야 한다.

3. 연계의 어려움

연계거래제도의 편익은 시스템별로 다르다. 연계 후 공급자 시스템에서는 더 높은 시장가격이 형성되며(거래단위의 공급량이 줄어들기 때문이다), 구매자 시스템에서는 더 낮은 가격이 형성(거래단위의 공급량이 늘어나기 때문이다)된다. 이 외에도 시스템 간 상대가격차이, 시장규모 등이 원인으로 꼽힌다.

또한 연계 시 총 배출량이 늘어날 것으로 예상된다. 시스템별로 조건이 상이하기 때문이다. 예를 들면 상호연계시스템에서 벌금이 시스템별로 다르게 설정되고 감축량에 준하는 거래단위 제출의무가 없다면, 더 낮은 벌금이 총 시스템의 가격상한선(Price Cap)을 결정짓게 된다. 한 시스템에 부과되는 벌금이 거래단위의 시장가격보다 작다면 거래단위 판매로 인한 수익이 더 크기 때문에 벌금을 내더라도 배출권을 구입할 것이다. 결과적으로 더 많은 배출량으로 이어질 것이다.

환·경·과·기·후·변·화

항공기 기술 개선과 온실가스 배출량 감축

항공환경과 기후변화

항공기 기술 개선과 온실가스 배출량 감축

제 **7** 장

1 서언

항공기는 장거리 여행에 있어서 그 어떤 교통수단보다 속도가 빠르며 안전한 교통수단이다. 또한 항공산업은 운항비용 절감 요구에 따라 항공기와 항공기 엔진의 연료 효율성을 높이기 위한 기술연구와 개발도 꾸준히 진행되어 왔다. 이로 인해 오늘날의 항공기는 십여 년 전의 항공기에 비해 약 15% 이상의 높은 연료 효율성을 달성 하도록 설계되었고, 40% 이상 낮은 수준으로 배출가스를 배출한다. 아래그림은 1980년대 이후로 발전한 항공기의 연료 효율성 향상을 보여준다. 이 표는 향후 2050년까지 항공기 기술 개발을 통해 100km의 비행거리당 승객 한 명이 얼마만큼의 연료를 절감할 수 있는지를 보여준다.

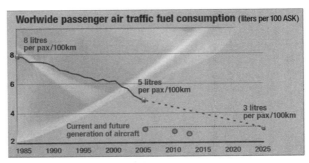

그림 2-7-1 항공교통 연료효율 추세

출처 : "국제민간항공기구", 환경보호위원회(CAEP), 보고서, 2010

ICAO는 2036년까지 상업용 항공기가 47,500대까지 증가할 것으로 예측하고 있으며 이 중 94%인 44,000대의 항공기는 신기술을 적용하여 생산된 항공기가 될 것이라고 예상하고 있다. 그러나 항공수요가 급증할 것으로 예상되기 때문에 가장 낙관적인 기술 개발 예상시나리오를 적용하더라도, 항공교통량 수요 증가에 따른 항공기 대수 증가가 항공기술 발달과 운영기법 개선으로 인한 온실가스 배출량 감축효과를 상쇄할 것으로 예측하고 있다. 즉, 항공교통 서비스의 수요 증가 속도가 현재의 항공기 효율성 증가효과를 앞지를 것으로 예상하고 있다. 따라서 이러한 항공기 수요 증가에 따른 배출량을 상쇄시킬 수 있는 보다 획기적인 항공기 기술 및 운항기법의 개발이 요구된다.

항공기 연료효율 개선은 항공기 엔진 효율성 향상, 운항기법 개선, 항공교통 관리 기법의 최적화와 같이 다양한 방법을 통해 이루어 낼 수 있다. 이 중 엔진기술을 포함한 항공기 기술 개발 분야에서 연료 효율을 가장 많이 높일 수 있었다. CO_2 배출은 항공기의 연료 소비량과 직접적인 연관이 있기 때문에, 항공업계에서 운항 비용을 감축하기 위한 방안으로 연료 효율성을 개선하기 위한 노력은 CO_2 감축노력과 동일한 효과를 있는 것이 사실이다. 그러나 지난 십여 년간 환경과 기후변화에 대한 전 세계적 관심과 대응정책이 요구됨에 따라 논점이 온실가스 배출 감소에 집중되고 있는 실정이다.

ICAO는 2009년 Programme of Action on International Aviation and Climate Change를 채택하였고, 이 프로그램의 중점적 추진 요소 중 하나가 바로 항공기 기술 개발을 통한 CO_2 배출 감축이다. ICAO는 1980년대 초반 이후 꾸준히 항공기 배출가스인 NO_x, HC, CO, PM에 대한 규제 제도를 이행해 왔으며, 2013년부터는 CO_2 배출에 대한 규제도 적용하기로 결의하였다. 물론 CO_2 배출감축은 항공기의 기술 개발뿐 아니라 다른 유인책에 의해서도 이루어질 수 있으나 CAEP[52]는 개별 전문가로 이루어진 패널들에게 향후 10~20년 후 항공기 기술 개발만으로 달성 할 수 있는 CO_2 감축량에 대한 자문을 요청하여 연구가 진행 중이다. 아래 그림은 항공기의 기술 개발을 위해 각국에서 진행 중인 연구 사업들을 보여주고 있다.

---

52) Committee on Aviation Environmental Protection

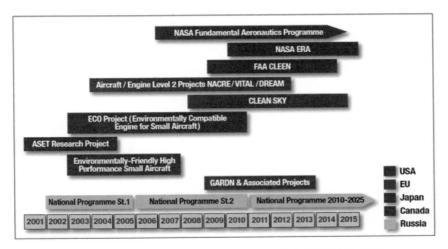

그림 2-7-2 국가별 항공기의 기술 개발 연구사업 현황

자료 : "국제민간항공기구", 환경보호위원회(CAEP), 보고서, 2010

2 연료효율 증가와 항공기 기술발달

항공 운송수단의 목표는 출발지와 목적지를 비행함에 있어 최적화된 경로를 이용하여, 가장 안전하게, 환경적 영향을 최소화하며 비행하는 데 있다. 항공기 연료 소모량 절감은 항공사 경영과 직접적으로 연관되는 문제이기 때문에 고효율 항공기 개발에 대한 요구는 과거부터 계속되어 왔고, 이러한 요구는 새로운 기종의 항공기와 고효율 엔진을 개발하는 데 기여해 왔다. 아래 그림을 보면 현재의 항공기는 과거 1960년대의 항공기에 비해 80% 가량 높은 연료 효율을 가지며, 항공기 엔진 성능 역시 과거 대비 50% 가량 효율적인 것을 알 수 있다.

최근 항공산업은 지구 환경 및 온난화와 관련하여 환경적인 기대에 부응해야 하는 또 다른 과제를 안게 되었다. 항공기에서 배출되는 CO_2 양을 감소시켜 기후변화관련 환경문제에 대응해야 하는 요구는 항공기 및 엔진 제작 업체들에게 더 적게 연료를 소모하는 항공기를 제작·생산하도록 하는 유인책이 될 것이다. 이러한 노력의 일환으로 Advisory Council for Aeronautics Research in Europe
(ACARE)는 Vision 2020을 수립하고 전체 CO_2 배출량과 항공기 소음을 50% 감축하
고, NO_x 배출을 80% 감축하는 계획을 설정하였으며 Clean Sky Joint Technology
Initiative(JTI), Single European Sky ATM Research Project (SESAR)와 같은 프로그
램을 수행 중에 있다. 또한 북미에서는 US Federal Aviation Administration (FAA)
CLEEN programme, NASA Environmentally Responsible Aviation Program 등을 통
하여 항공환경에 대한 기대에 부응할 수 있는 기술 개발을 위해 노력하고 있다.

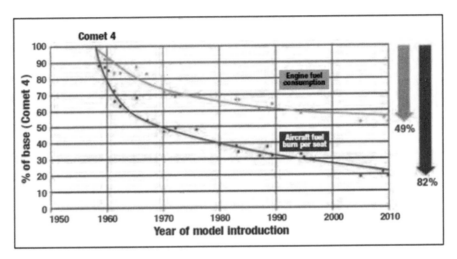

그림 **2-7-3 민간항공기 연료효율 개선추이**

출처 : "국제민간항공기구", 환경보호위원회(CAEP), 보고서, 2010

항공기 기술은 각 부분이 개별적으로 독립되어 있는 것이 아니라 기체 구조,
항공기 시스템, 공기역학적 특성, 추진시스템 등이 전체적으로 연관되는 것이기
때문에 어느 하나만을 개선하는 것은 어렵다. 그러나 다음과 같은 항공기 운항능
력에 영향을 미치는 몇몇 중요한 요소들의 개선을 통해 항공기 운항 효율을 높일
수 있을 것으로 기대된다.

2.1 항공기 중량 감소

항공기의 자체 중량 감소는 동일한 추력과 연료 소모 조건에서도 유상탑재량을 늘릴 수 있는 효과를 유발한다. 여러 세대를 거쳐 오면서 항공기 제작사들은 복합소재개발, 새로운 항공기 제작기술, Fly-by-Wire53)와 같은 새로운 시스템을 이용한 기체 무게를 감소해 왔다. 2005년부터 운항을 시작한 A380의 경우 가벼운 무게의 복합소재를 25% 가량 사용하여 비슷한 금속소재에 비해 무게를 약 8% 정도 줄일 수 있었다. Boeing의 B787, Airbus의 A350, Bombardier C-Series와 같은 새로운 세대의 항공기들은 날개와 동체의 일부를 포함하여 전체의 70%에 가벼운 복합 소재를 사용하여 항공기 무게를 기존의 항공기에 비해 15% 이상 줄

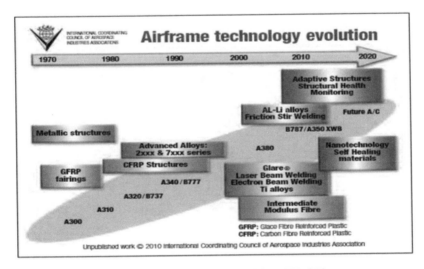

그림 2-7-4 Airframe 기술 발전과정

출처 : "국제민간항공기구", 환경보호위원회(CAEP), 보고서, 2010

---

53) Fly-by-Wire : 조종사의 조작을 전기적 신호로 바꿔서 와이어(전선)로 전기-유압서보 액추에이터 (Actuator)에 입력하여, 전기적으로 조타하는 방식. 과거 항공기의 조종계통은 조종사가 조작하는 조종간이나 페달의 움직임을 케이블이나 로드 등의 기구를 통해 유압작동 기구(제어변과 액추에이터가 일체된 것)에 전달하여, 각 조종날개면을 움직이는 방식이었다. (출처 : "영종의 항공이야기", 네이버 블로그)

일 수 있을 것으로 예상된다. 위 그림은 항공기 기체 기술의 발달의 역사를 보여준다. 또한 항공기 제작에 있어 레이저 빔, 전자 빔, 마찰을 이용한 용접 기술과 같은 혁신적인 기술들은 이미 항공기 제작에 이용되고 있다. 이러한 기술들은 기존 항공기에 사용되었던 리벳을 대신하여 비행중인 항공기의 항력을 감소시키고, 생산 단가를 낮추며 항공기 무게를 감소시키는 데 기여한다.

2.2 항공기의 공기역학적 특성 개선

항공기 공기역학적 특성 개선기술은 추력과 직접적인 관계를 갖는 항력을 최소화하는 것이다. 비행중인 항공기에 작용하는 항력은 그림 2-7-5와 같다. 마찰력 및 양력에 수반하는 항력은 비행중인 항공기의 공기역학적 특성에 가장 큰 영향을 준다. 현대 기술은 날개폭을 최대로 하는 방법을 통해 양력에 수반되는 항력을 감소시킨다. 그러나 활주로 및 유도로 폭, 격납고 크기와 같은 물리적인 제약 때문에 날개폭을 늘리는 방법에는 한계가 있다. 이러한 문제를 해결하기 위해 등장한 것이 Wing Tip 장치이다. Wing Tip은 항공기 날개폭 길이를 늘이지 않으면서도 항공기의 공기역학적 효율을 향상시킬 수 있다.

다음으로 항공기 마찰항력 개선은 향후 10~20년간 가장 커다란 발전을 가져올 것으로 예측된다. 마찰항력을 감소시키기 위한 방법은 다음과 같다. 첫째로 Natural Laminar Flow(NLF)와 Hybrid Laminar Flow Control(HLFC)을 통해 층류를 유지하는 방법으로 부분적인 표면 마찰을 감소시키는 것이다. 두 번째는 항공기가 유체와 닿는 침수면적을 최소화 하고, 항공기 동체 모양과 공기의 흐름이 닿는 부분을 최적화하는 것이다. 마지막으로는 항공기 표면의 돌출부를 제거하여 마찰력을 줄이는 방법이다.

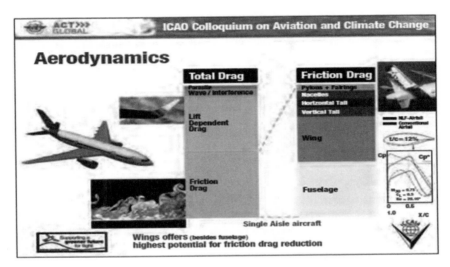

그림 2-7-5 항공기의 추력발생 요인

출처 : "국제민간항공기구", 환경보호위원회(CAEP), 보고서, 2010

2.3 항공기 엔진성능 개선

　항공기 엔진 제작자들은 배출가스를 덜 배출하고, 조용하며, 가격 경쟁력이 있고, 내구성이 강하며, 연료 효율적인 엔진을 개발하기 위해 노력하고 있다. 그 예로 다양한 엔진 업그레이드 프로그램을 통해 지난 10년 동안 항공기 엔진 효율을 2% 높이는 데에 성공하였다. 또한 주기적인 항공기 엔진 검사 및 데이터 수집, 분석을 통해 엔진이 최대의 효율을 낼 수 있도록 하였다. 더불어 항공기 대체연료를 사용하는 경우 엔진 효율성에 대해서도 테스트하고 대체연료 개발 및 바이오 연료 개발을 위해서도 노력하고 있다. 이러한 노력으로 새로운 항공기 엔진과 APU는 최소 15% 이상의 연료를 절감할 수 있을 것으로 기대된다.

　이러한 엔진 기술의 발달은 더 높은 공기압력비율(Operating Pressure Ratios : OPR)로 연료의 연소율을 향상시키며, 엔진 사이클을 개선하여 열효율을 높이고, 새로운 소재의 부품과 구조를 통해 더 높은 전달 효율을 가져올 것이다. 또한 엔진구조를 획기적으로 개선하고 새로운 개념의 엔진을 등장시켜 추진 효율을 높이는 데도 기여할 것이다. 이러한 최적 기술향상을 위해서는 연구 분야에 대한 많은 투자가 이루어져야 할 것이고 여러 유관분야의 협력이 필수적으로 요구된다.

2.4 항공기 배출가스 종합감축효과

항공기는 여러 부분들이 복잡한 구조로 연결되어 있기 때문에 각 부분에서 얻어진 효율을 단순히 합산한다고 해서 전체적인 효율을 계산해 낼 수 없다. 따라서 보다 효율적인 항공기 기술 개발은 항공기 날개, 꼬리날개, 페어링, 파일러론, 엔진, 고양력 장치 등 부분으로 나뉘어져 있는 구조 간의 통합적인 구조개선이 요구된다. 이를 통해 최종적으로 연료 효율성이 높고 소음 유발이 적은 항공기를 제작해 낼 수 있다. 그러나 이러한 구조적 개선에 있어 항공기의 운항성능, 내구성, 신뢰성, 경제성과 같은 측면들이 전체적으로 고려되어야 하며 가장 중요하게 고려되어야 할 점은 항공기의 안전성이다. 예를 들면 엔진의 팬 지름을 증가시키는 경우 일반적으로 소음 감소효과를 얻을 수 있지만 이것은 항공기 무게와 항력을 증가시켜 결과적으로는 항공기가 연료를 더 소모하게 만들 수 있다.

항공기 기술개선은 환경분야에 대한 영향을 감소시키기 위한 가장 중요한 요소이다. 앞으로 새롭게 등장할 항공기들은 환경영향을 경감시킬 수 있는 기술을 적용하여 생산될 것이다. 그러나 항공업계는 보다 장기적인 관점에서 이러한 문제를 개선해 나아가야 할 필요가 있다. 현대의 항공기는 100km당 승객 한명이 평균적으로 3ℓ 미만의 연료를 소비한다. 이러한 연료 소모율은 향후 20년 동안 계속될 것으로 예상된다. 왜냐하면 항공기술의 경우 그 기술의 발달과 상용화, 그리고 항공기 교체 주기가 길기 때문이다. 실제로 새로운 항공기의 설계를 위해서는 10여년의 시간이 필요하고, 항공기의 교체주기인 25~40년을 포함하여 상용화까지는 평균 20~30년이 걸린다. 따라서 오늘날 적용되고 있는 기술 수준에 의한 효과가 향 후 수십 년 동안은 지속될 것이다. 미래 기술에 대한 투자와 의지를 더욱 효과적으로 하기 위해 항공기 제작사들은 과학기술에 근거하여 여러 기술개발에 우선순위를 정하는 것이 필요하다. ICAO는 최근 '새로운 항공기에 대한

CO_2 기준' 측정 방식을 개발하였다. 항공기와 항공기엔진 제작사들은 국제사회에서 요구하고 있는 항공환경 이슈에 대한 대응으로 더욱 고효율의 항공기개발 필요성에 동의하고 새로운 CO_2 기준에 부합하는 상품개발을 위해 다양한 노력을 기울이고 있다.

기후변화는 모든 이해관계자가 협력하여 풀어내야 할 과제이다. 국제민간항공기구는 항공기 제작사, 엔진제작사, 항공사, 공항 관계자, 항공 당국이 참여하는 실효성 있는 노력이 필요할 것으로 보고, 다음과 같은 전략적 목표를 천명하였다.

- 항공기 연료 효율성 연간 1.5%씩 개선
- 2020년부터 탄소중립성장 추진
- 2050년 2005년과 비교하여 CO_2 배출량 50% 감축

상기와 같은 목표의 달성은 항공기술의 발달뿐 아니라 운항기법 개선 및 기반시설개선 등 복합적 방법의 종합적 효과를 통해서 가능할 것이다. 아래의 그림은 이와 같은 목표를 달성하기 위한 부문별 기여도를 보여주고 있다.

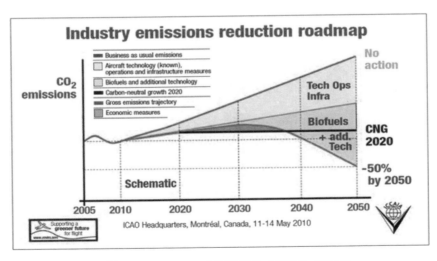

그림 2-7-6 CO_2 배출량감축 부문별 기여도

출처 : "국제민간항공기구", 환경보호위원회(CAEP), 보고서, 2010

3 **지속가능한 대체연료 기술**

3.1 국제민간항공 대체연료 개발노력과 문제점

항공기의 기술 개발과 항공기 운항기법의 개선은 항공기의 연료소비량과 항공기 배출가스를 줄이는 데 중요한 역할을 하고 있다. 그러나 이러한 방법만으로는 지속적으로 증가하는 항공교통량에 따른 전체 항공기 배출가스량 절감에 한계가 있다. 이에 항공기 제작사, 항공사, 기술 개발사들은 주도적으로 항공산업 분야에서 탄소 배출량을 감소시키기 위한 다양한 방법을 강구해왔다. 아래 그림은 다양한 방법을 통해 향후 몇십 년간 항공기의 탄소 배출량을 중립으로 유지하거나 절감할 수 있다는 것을 보여준다. 여기에서 주목해야 할 점은 대체연료로의 전환이 항공기나 운영기법 개선보다 탄소절감 효과가 크다는 점이다.

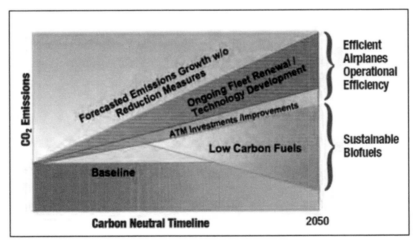

그림 2-7-7 항공산업의 탄소 배출중립_2050년까지

출처 : Boeing/ICAO

따라서 지속가능한 항공교통발전을 위해서는 항공기 효율성의 향상을 통해 얻어지는 배출가스 저감과는 별개로 지속가능한 대체연료의 사용이 고려되어야 한다. 비록 현재 몇몇의 대체연료가 있지만 상업용 항공 운송수단에 사용되기에는 그 양이 부족하다. 지속가능한 연료 개발에 대한 국제사회의 관심은 계속되고 있으며 항공산업분야에서도 관심이 대두되었다. 오늘날 이러한 연료의 개발을 위해 다양한 협력단이 구성되었으며, 새로운 시도들이 계속되고 있다. 2009년 9월 ICAO는 최첨단의 항공 대체연료를 공개하기 위해 Conference on Aviation and Alternative Fuels(CAAF)를 개최하였다. 이 행사에서 체약국들은 항공기 배출가스의 감소를 위해 지속가능한 대체연료를 개발하여 효율적으로 사용할 것을 합의 하였다. 또한 항공기 대체연료 개발의 국제적인 협력을 위해 ICAO Global Framework for Aviation Alternative Fuels을 설립하였다.

항공기 대체연료는 항공분야의 환경 영향을 경감시킬 수 있는 잠재성을 가지고 있지만 생산비용과 생산량 문제 등으로 상용화 가능성이 아직은 없는 실정이다. 현재로서는 새로운 연료 생산을 위한 시설 확보와 새로운 연료 개발을 위한 시험에 자금을 투자할 필요가 있다. 또한 항공분야는 전 세계 액체 연료 소비의 5% 미만을 차지하고 있기 때문에 연료 생산자에게 매력적인 시장이 되지 못한다. 따라서 대체연료의 사용을 항공분야가 지구 온난화에 미치는 영향을 최소화하기 위한 종합대책으로 채택하려면, 항공산업분야에서 충분한 양의 대체연료가 공급될 수 있도록 제도적, 재정적인 뒷받침이 되어야 한다. 이러한 내용이 CAAF에서 요청됨에 따라, ICAO는 항공기 대체연료와 초기 시장진입 시 우려되는 장애요인 제거를 위한 기반시설개발 자금조달을 위해 세계은행과 Inter-American Development Bank와 논의 중에 있다.

3.2 지속가능한 항공 연료 연구

■ Masdar와 Honeywell의 연구

대체 항공 연료 개발은 항공시장이 세계 경제에 미치는 긍정적 효과를 유지하면서 항공산업에서 발생하는 온실가스를 감축할 수 있는 가장 촉망받는 방법이다. 현대의 기술로 이미 바이오에너지를 인조 파라핀성 등유(Synthetic Paraffinic Kerosene : SPK)로 전환시킬 수 있으며, 최근 시험비행에서는 SPK와 제트유를 50%의 비율로 혼합하였을 때 항공기의 엔진 및 기체의 특별한 변경 없이도 기존의 Jet A1의 성능에 상응하는 효과를 가져오는 것으로 밝혀졌다.

이러한 대체연료개발을 위해서는 농업경제, 시장 규모, 상업적 실행가능성, 환경적 지속가능성 등이 고려되어야 한다. 전 세계적으로 배출가스 거래제도는 온실가스 저감을 위해 개발되고 있다. 이러한 거래제도에서 바이오연료는 연료 사용자가 탄소에 대한 부담을 가지지 않는 'Zero-Rated' 연료이다. 이러한 바이오 연료의 특성은 적은 양의 탄소를 배출하는 연료 개발에 대한 인센티브를 증가시킬 수 있지만, 이러한 메커니즘만으로는 지속가능한 항공기 대체연료의 개발을 가속하기는 어렵다.

2006년 4월 아부다비 정부는 탄소 제로 도시의 개발에 중점을 둔 새로운 경제구역을 수립하는 계획을 발표하였다. Masdar Institute of Science and Technology[54]는 이러한 계획 중의 하나로 대체연료와 지속가능한 에너지 개발에 기여해왔다. Masdar의 주요 연구 분야는 다양한 파트너들과 함께 지속가능한 항공 연료 및 바이오매스 기반의 전력을 개발하는 것이다. 이 연구소는 Salicornia bigelovii라는 식물을 원료로 하는 대체연료개발을 추진하고 있다.

Salicornia bigelovii는 일년생의 염생식물로 염수와 최소한의 영양분으로 경작이 불가능한 사막지역에서도 자생할 수 있는 식물로 알려져 있다. 대체연료의 원

---

54) 아랍에미리트, 아부다비 Masdar City에 위치한 연구중심 대학교로서, 학부프로그램은 지원하지 않으며 대학원만 있다. 주로 대체에너지, 지속가능성, 환경과 관련된 연구를 진행한다.

료로서 Salicornia를 선택한 이유는 염수를 이용한 경작에서도 담수를 이용하여 생산하는 콩이나 유채씨와 같은 수확량을 달성할 수 있고, 해안연안의 사막지대나 불모지를 이용할 수 있기 때문이다. Integrated Seawater Agriculture System(ISAS)은 Salicornia가 재배되는 지역의 영양공급을 위해 농업용 폐수와 맹그로브 습지에 공급되고 남은 용수를 사용하였다. 또한 Salicornia가 재배되는 사막지역은 최소한의 탄소와 유기물을 저장하고 있다. 이러한 사실들은 기존의 식용작물과의 경쟁 없이 바이오매스 원료를 얻을 수 있다는 강점을 보여준다.

Honeywell's UOP는 프로젝트의 창립 및 재원 조달 멤버로서 Salicornia 공장으로부터 수확한 자연 오일을 Honeywell Green Diesel, Honeywell Green Jet Fuel로 전환시키는 역할을 했다. Honeywell Green Jet Fuel은 Camelina, Jatropha, Algae와 같은 식물들이 식용으로 사용이 불가능한 오일을 포함하고 있어서 항공 대체연료의 원료로서의 사용이 가능함을 증명하였다. 특히, 최근의 연구 결과는 Green Jet Fuel의 특성이 상업용 및 군용 항공 연료에 부합하거나 그것을 능가하는 경우도 있다는 것을 보여주었으며 Green Jet Fuel은 이미 몇몇 상업용 항공사와 미군의 시험비행에서 그 효과를 충분히 입증하였다.

표 2-7-1 Green Jet Fuel의 주요특성

Description		Jet A-1 Specs	Jatropha Derived HRJ	Camelina Derived HRJ	Jatropha/ Algae Derived HRJ
Flash Point, ℃		Min 38	46.5	42.0	41.0
Freezing Point, ℃		Max −47	−57.0	−63.5	−54.5
JFTOT@ 300℃	Filter dP, mmHg	Max 25	0.0	0.0	0.2
	Tube Deposit Less Than	<3	1.0	<1	1.0
Net heat of combustion, MJ/kg		Min 42.8	44.3	44.0	44.2
Viscosity, −20 deg C, mm²/sec		Max 8.0	3.66	3.33	3.51
Sulfur, ppm		Max 15	<0.0	<0.0	<0.0

출처 : Honeywell-UOP

위와 같은 지속가능한 바이오 에너지에 대한 연구 프로젝트는 배출가스 비용을 효과적으로 감소하고 장래의 규제와 탄소비용을 경감시키기 위해 대체 항공연료를 바탕으로 하는 기초 작업이 될 것이다. 또한 이 프로젝트는 건조지와 염수를 이용할 수 있는 장소에서 바이오매스를 이용하여 전력을 생산하고, 항공 대체연료 산업의 가치사슬 파트너십의 모델을 구축하는 좋은 예가 될 것이다.

■ 항공 연료로서 수소연료의 잠재성

육상교통 및 다른 교통수단과 관련한 R&D에서는 수소연료를 대체연료로서 이용하는 방법에 대해서 많이 거론되어 왔다. 수소를 이용한 항공 연료는 수년 동안 연구되어져 왔으며 제트 연료와 비교해 보았을 때 다음과 같은 장단점을 갖는다.

표 2-7-2 수소연료의 장단점

장점	단점
• 무게단위당 높은 에너지 함량(3배) • 이산화탄소 배출 제로 • 낮은 NO_x 배출 • 가연성 가스로서 다루기 용이함	• 부피당 낮은 에너지 함량(1/4배) • 저장, 보관이 어려움(저온성 연료) • 불안정한 원료의 특성 • 공항과 같은 인프라 시설 요구 • 수증기 배출 영향(2배)

위와 같이 항공 연료로서 수소는 명백한 장단점을 가지고 있다. 수소연료는 항공기가 비행중일 때는 동체의 부피제한 때문에 액체 형태로 저장되어 있어야 한다. 비록 연료의 저장과 연료 공급 시스템과 같은 불확실성을 가지고 있지만 최근 몇몇 연구는 액체 수소연료를 이용하는 아음속 항공기 운항이 가능함을 보여주고 있다. 실제로 수소연료를 이용한 소형 항공기의 이·착륙 및 중형 항공기의 순항단계와 관련된 연구는 이미 수행되었다. 또한 수소연료 전지를 이용한 소형 항공기의 동력 공급에 대한 연구도 수행되었다. 이러한 사실들은 수소연료를 이

용한 항공기와 수소연료 전지를 이용한 항공기가 소규모로 이용될 수 있음을 증명한다. 그러나 수소연료 항공기의 상용화와 관련해서는 아직 해결해야 할 과제가 많다. 구체적으로 액체 수소연료를 이용한 아음속 항공기를 이용하기 위해서는 다음과 같은 추가적인 노력이 필요하다.

- 연료의 공급 관리
- 연료 공급 시스템으로서의 연료 탱크의 구조
- 환경적 측면에서 수증기가 미치는 영향 평가

수소연료를 사용하기 위해서는 연료를 다루는 데에도 매우 깊은 주의를 요하는데, 항공산업은 연료의 공급 및 관리를 위한 제한된 구역에서 훈련된 전문가들에의해 연료관리가 이루어지고 있으므로 이러한 측면에서 매우 이상적이라고 할 수있다. 수소연료를 상용화하기 위해서는 수소연료의 공급·관리와 저장기법 역시중요한 과제로 남아있다. 예를 들어 액체 수소연료를 사용하는 초음속 터보제트엔진은 연료 탱크, 연료 공급 관리 시스템을 포함한 통합적인 지원체계를 필요로한다. 초음속 항공기의 경우는 액체 수소연료가 갖는 장점도 있다. 즉, 수소연료의높은 에너지 밀도와 냉각능력은 가장 큰 장점이 될 수 있다. 또한 큰 연료탱크는초음속 항공기가 낮은 충격파를 발생하도록 한다.

수소연료의 또 다른 이점은 가스 터빈 엔진과 결합하여 하이브리드 엔진을 구성하였을 때 기존의 가스 터빈 엔진에 비해서 효율이 높을 수 있다는 점이다. 그러나 현재의 기술로는 항공기에 탑재될 만큼의 가벼운 전기 장치와 모터를 개발할 수 없기 때문에 추가적인 기술 개발이 요구된다. 또한 수소연료 전지를 이용한 APU 개발 연구도 현재 진행 중에 있다. 이러한 다양한 측면의 연구 개발노력들은 수소연료를 상업용 항공기에 이용할 수 있는 시대를 더욱 앞당겨 줄것이다.

기술적 측면에서만 보았을 때, 수소 항공 연료는 2030년까지 실현가능할 것으로 예상된다. 그러나 이러한 연료의 상용화는 수소연료 가격, 석유시장, 저탄소 배출연료에 대한 대중들의 관심, 수소 기반의 사회시스템 구축 등에 따라 그 도입 시기가 달라질 것으로 예측된다.

3.3 바이오 연료 원료 생산의 지속가능성

항공산업에서 바이오 연료는 연료의 이용단계뿐만 아니라 생산단계에 이르기까지 온실가스 배출 감축효과가 있어야 한다. 또한 식량안보, 토지 사용, 생태계의 상호작용, 토양과 용수 사용과 같이 상호 연관된 부분까지도 고려될 필요가 있다. 특히 바이오 연료의 원료로 사용되는 식물의 공급과 관련해서는 다음 기준을 준수해야 한다.

- 식량 분야에 영향을 주지 말 것
- 식량생산이 불가능한 토지나 불모지에서 생산될 수 있을 것
- 자연 생태계를 변화시키지 않을 것
- 토지와 용수를 오염시키거나 과소비하지 않을 것
- 초과적인 농업 투입요소를 요구하지 않을 것
- 전통적인 제트 연료와 비교하여 총괄적인 탄소 배출 절감 효과가 있을 것
- 제트 연료에 상응하거나 더 높은 에너지를 포함할 것
- 생물의 다양성을 위협하지 말 것
- 지역사회에 사회 경제적 가치를 제공할 수 있을 것

위와 같은 요구 조건을 만족시키면서 지속가능한 항공 대체연료의 재료로 사용될 수 있는 식물들이 다양하게 제안되고 있다. 다음은 현재 항공 대체연료 원료로 사용이 유력한 네 가지 후보 작물들이다.

- Camelina : Camelina는 순환 수확이 가능한 일년생 식물로서 불모지에서 재배 가능하다. 동물의 사료로 사용이 승인되어 있기 때문에 작물 활용의 경제성을 고려해야 한다.

- Jatropha : Jatropha는 다년생 식물로 지속적으로 높은 오일 수확량을 보장한다. 또한 불모지에서 경작이 가능하며 식량으로 사용되지 않기 때문에 경제성 논의가 쉽다.
- Algae : Algae는 성장속도가 빠르고 오일함량이 많으며 황무지에서 경작이 가능하지만 단기적으로 봤을 때 필요한 토지 면적에 비해 오일 수확량이 낮은 편이다. 장기적인 측면에서는 매우 촉망받는 작물이지만 단기적 측면에서 상업적으로 이용 가능하려면 기반 시설 투자와 같은 문제를 해결해야 한다.
- Halophytes : Halophytes는 황무지뿐만 아니라 염분을 함유하고 있는 습지에서 경작이 가능하며 염수로도 경작이 가능하다. Halophytes는 건조지대에서 경작이 가능한 식물이지만 농장을 이루어 경작한 사례는 적다.

3.4 대체 항공유로서의 문제점

바이오연료를 항공 연료로 사용하기 위해서 고려해야 할 요소들과 요소들 간의 상호관계를 다음 그림과 같이 제시할 수 있다.

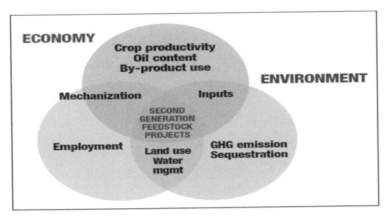

그림 2-7-8 바이오연료 이용을 위한 고려요인

출처 : "국제민간항공기구", 환경보호위원회(CAEP), 보고서, 2010

위와 같은 요소들을 고려했을 때 바이오 제트연료의 사용을 위해서는 다음과 같은 네 가지 주요 쟁점에 대한 해결이 필요하다.

- 공급원료 수확 : 항공기의 바이오 연료로 이용되는 공급 원료는 식량 생산 산업과의 경쟁하지 않기 위해 식량으로 이용할 수 없는 공급 원료여야 한다. 다음은 공급원료를 결정할 때 고려해야 하는 기술사항이다.

표 2-7-3 공급원료 결정 시 고려되는 기술사항

Technical Criteria	Requirement
HARDINESS	Low agricultural inputs
TERM	Annual crop
CYCLE	Short
RISK	Extensive crop know-how
TECHNOLOGY	Mechanized crop
INVESTMENT	Low implantation inventment
LAND	Rotational crops
EMISSIONS	Significant GHG emission reduction

출처 : "국제민간항공기구", 환경보호위원회(CAEP), 보고서, 2010

- 농업투입요소 : 농업투입요소의 주요쟁점은 화학비료와 살충제와 같이 수확량에 직접적인 영향을 주는 투입요소를 최소화하는 것이다.
- 경작 관리 : 경작관리는 농업요소의 투입·관리뿐만 아니라 다른 모든 요소들을 통합하여 투입요소를 최소화하고 생산물의 산출량을 극대화하여 효율적인 경작을 달성할 수 있어야 한다.
- 생산 지역 : 바이오 제트 연료의 생산에 이용될 수 있는 지역을 세 가지로 구분하면 다음과 같다.

표 2-7-4 바이오 제트 연료생산 후보지역

황무지	순환경작 및 휴경지	이모작 지역
최소한의 물 공급량과 척박한 기후 환경에서도 생명력이 강한 작물이 재배될 수 있다. 이 지역에서는 식용 작물 재배가 불가능하다.	다음 작물의 생산성을 높이고 토양의 침식을 방지하기 위해 일년생의 2차 작물 경작이 가능하다.	이모작을 통해 짧은 주기에 생명력이 강한 식물을 경작할 수 있다.

　　항공산업 분야에서 대체연료에 대한 관심은 오랫동안 계속되어 왔고 대체연료 사용의 필요성이 제기되어 왔다. 또한 많은 이해관계자들과 단체 및 기구들은 대체연료 사용의 필요성과 그 사용에 대해서 논의해 왔다. 그러나 대체연료를 상용화함에 있어 다음과 같은 요소들이 반드시 고려되어야 할 것이다. 첫째, 대체연료는 기존의 항공기에 이용되었던 석유연료만큼 안전해야 하며, 둘째, 연료 수급이 안정적이며 공급가격이 경쟁력을 가져야 하는 것이다. 마지막으로 대체연료는 현재 사용되고 있는 연료보다 친환경적이어야 한다.

항공운항기법 개선과 온실가스 감축

항공환경과 기후변화

항공운항기법 개선과 온실가스 감축

제**8**장

1 서언

항공운송산업에서 항공기 운항(Operation)이란 항공사가 주도하는 항공기의 비행활동뿐만 아니라 항공기에 대한 관제 및 감시, 공항에서 이루어지는 다양한 활동을 모두 포함하는 넓은 의미로 사용되고 있다. 항공기 운항은 승객과 화물이 탑승 및 탑재되기 이전의 계획 단계부터 승객과 화물이 하기될 때까지의 모든 단계를 의미한다. 항공기 배출가스의 감소는 항공기 기술 개발, 대체연료의 사용, 경제적 인센티브제도뿐 아니라 항공기 운항기법의 개선으로도 달성될 수 있다. 항공기 기술 개선은 기술 논리로 설정된 환경에서 항공기의 성능 측정으로 평가되지만, 실제 항공기의 성능은 항공기가 운영되는 환경의 항공교통서비스나 기반시설에 많은 영향을 받는다. 이 장에서는 항공기의 운항 안전성을 저해하지 않는 조건 아래 지상과 공중에서 항공기 운항 효율성을 극대화하여 항공기 배출가스를 감소할 수 있는 방법에 대해서 알아본다. 다음에 소개될 내용들은 항공기의 배출가스를 최소화하는 것은 항공기 연료 소비량을 최소화하는 것이란 전제 아래 항공기의 연료 절감을 위한 운항기법 개선 방안들로 구성된다.

본 장에서 논의하는 항공기 운항기법의 개선방법은 새로운 장비나 고비용이 수반되는 신기술을 반드시 필요로 하지 않으며 대신에 실제 적용되고 있는 다양한 방법의 운항과 절차 등을 바탕으로 한다. 운항기법 개선노력은 국제민간항공기구의 정책과 미국과 유럽 등 선진국의 연구 및 정책 수행을 중심으로 살펴보겠다.

2 국제민간항공기구의 노력-Global Air Traffic Management(ATM)

ICAO는 Global ATM Operational Concept을 정의하고 ATM 시스템 개선에 지속적으로 노력을 다해왔다. 이 운영 개념의 목표는 항공기가 모든 비행단계에서 합의된 수준의 안전을 확보하고, 경제적인 최적 운항 실현, 환경적 측면의 지속가능성을 유지하면서, 국가 안보 요건에 부합할 수 있도록 하는 전 세계적인 항공교통 관리 시스템을 구현하는 것이다. 최근 항공산업계의 환경에 대한 관심 증대와 함께 글로벌 ATM의 운영 개념은 항공기 소음 저감, 배출가스 저감 및 기타 환경적 이슈에 관련된 주요 요소에 영향을 받아왔다. 항공기 운영기법 개선에서의 글로벌 ATM 시스템은 항공기가 비행하고자 하는 구간과 시간에 4차원의 최적 항적에 가장 가깝게 비행할 수 있도록 하는 것이며 동시에 이것은 ATM과 관련된 모든 장애물을 지속적으로 제거해 나가는 것을 필요로 한다.

2.1 국제민간항공기구의 항공기 운항기법 개선의 예

가. Reduced Vertical Separation Minimum (RVSM)

RVSM은 항공기들이 비행하려는 고도에 더욱 가깝게 비행하도록 하여 공역 사용의 효율성을 높이고, 항공기의 연료 소모량과 배출가스를 줄여 경제적인 운항을 할 수 있도록 해주는 개념이다. RVSM은 1997년 North Atlantic 공역에서 운영된 것을 처음 시작으로, ICAO에서 제공된 가이드에 따라 2011까지 완전히 운영될 것으로 예상되었다. 다양한 지역에서의 RVSM 운영에 대한 연구 결과, RVSM 공역에서는 항공기 총 연료 소비량, NO_x 배출량, CO_2 배출량, H_2O 배출량이 감소하는 것을 확인할 수 있었으며 이것은 항공사의 운영비용 감소로도 해석된다. 특히, 환경 편익은 권계면 및 권계면 이상의 고도 즉, 8km~10km의 고고도에서 더욱 효과적인 것으로 보고되고 있다.

나. 성능 기반 항행(Performance Based Navigation)

성능기반항행(PBN)은 항공기가 최적의 효율로 비행하고자 하는 사차원(4D) 항적에 가깝게 운항할 수 있도록 하는 시스템으로 RVSM과 같은 수직적인 측면에서의 항행 성능의 개선 이후 항공기의 수평적 성능의 효율성을 달성하기 위해 개발되었다. PBN 개념의 도입은 항공기가 공역을 유연하게 사용하고 항공기의 안전성, 효율성, 예측성 측면에서 최적화된 운항을 할 수 있게 해준다. 이것은 기존의 지상 항행안전시설을 기반으로 하는 항행 시스템과 비교해 항공기의 비행시간과 비행거리를 줄일 수 있으므로 직접적으로 환경적인 효익을 유발한다.

다. 연속강하 운항기법(Continuous Descent Operations)

연속 강하 운항기법은 항공기의 도착, 접근, 착륙 단계에서 효과적인 강하 프로파일을 적용함으로써 항공기의 연료 사용을 줄이는 운항기법이다. 전통적인 도착 단계 절차는 강하비행과 수평비행을 반복하면서 착륙지점에 접근하도록 설계된 반면 연속강하접근법은 강하 시작점에서 착륙지점까지를 일직선으로 연속적으로 강하하면서 접근할 수 있도록 설계한 도착 절차이다. 이러한 운항 절차는 항공기의 연료 소비량과 동시에 항공기 배출가스를 줄일 수 있기 때문에 앞으로 더욱 확대될 것으로 예상된다. 다양한 형태의 운항기법 개선과 시도들을 통해 연속 강하 운항기법을 더 많이 사용할 수 있도록 ATM 시스템은 지속적으로 개선되고 있다.

2.2 국제민간항공기구의 운항기법 개선의 중·장기 운영 목표

Committee on Aviation Environmental Protection(CAEP) 프로그램의 일환으로 개별 전문가(IE)들로 구성된 패널들은 중기(10년), 장기(20년)간의 NO_x 조정에 대한 조언을 수록하고 있는 NO_x 기술보고서를 발행하였다. 2007년 CAEP/7은 이 NO_x 기술보고서가 소음과 항공기 연료 소비, 항공기 운영 목표와 검토를 요구하는 타 분야에서도 참고적으로 사용될 수 있음에 동의 하였고, CAEP/8 기간 동안 NO_x, 소음, 항공기 운영목표에 대한 검토를 수행하여 2010년 2월 보고서를 발표하였다.

Independent Expert Operational Goals Group(IEOGG)은 2006년을 기준년도로 삼고 중기를 2016년, 장기를 2026년으로 설정하여 항공교통 운영목표와 관련된 소음, NO_x, 항공기 연료소비량에 대한 검토 및 조언 업무를 수행하였다. IEOGG 는 ATM 운영에 대한 환경적 목표에 대한 보고서를 발행하였으며 이 보고서는 2026년까지 ATM이 완전하게 이행된다는 가정 아래 운항 효율성과 소음 경감목표추정치를 제공하고 있다. IEOGG는 항공기 운항, 기술 지식을 가지고 있는 10명의 전문가로 구성되어 있다. IEOGG는 설정한 목표의 범위 내에서 전체적인 운항 효율성을 측정하기 위해 탑다운 방식[55]의 접근을 수행하였다. 전문가들은 항공기 운항에 있어 소음경로, 공역 제한사항, 계획되지 않은 군사 훈련과 같은 이유 때문에 발행하는 측정이 어려운 운영상의 비효율성이 증가할 수 있음에 동의하였다. 이러한 탑다운 접근방식은 단순히 계획된 운영기법 개선으로부터 기대되는 효용들을 취합하는 것보다 더욱 강력할 것으로 예상되었다. 왜냐하면 계획된 운영기법의 효용을 취합하는 것은 단순히 계획된 것을 시험하는 수준에 불과하며 새로운 도전을 필요로 하지 않기 때문이다.

---

55) 탑다운 방식 : 전체적인 그림을 먼저 그린 후에 세부적인 요인을 구체화하는 방식

IEOGG는 운영상의 효용은 실제 항공기의 수평 항적을 비교하는 것으로 측정될 수 있다고 하였다. 그러나 전문가들은 이것이 Auxiliary Power Unit(APU), 수직적 비효율성, 스피드 컨트롤, 바람에 의한 효율 개선, 예측 가능성의 부족으로 인한 추가 Contingency 연료56) 탑재 등과 같은 다른 항공기 운영 효율을 나타내는 파라미터들을 대표하지는 않는다고 하였다. 전문가들은 전체 운항 성능에 대한 정보가 세계적인 수준은 아니지만 이러한 정보가 효용성 평가를 위한 시나리오 모델에 영향을 줄 수 있다고 하였다. 시나리오 모델에 알려진 데이터의 부족은 2026년까지 95%의 운항 효율성을 달성하는 호전적인 목표를 설정하게 하였다. 이 목표치의 범위를 명확하게 하기 위해서 100%의 운항 효율성은 항공기의 전체 비행단계에 걸쳐서 완벽한 연료 효율성을 갖는 비행을 했을 때 이루어진다고 설정하였다.

  IEOGG가 이들의 업무를 위해 주로 이용한 내용들은 ICAO Global Air Navigation Plan, SESAR와 NextGen의 문서, IATA 운항 리포트, CANSO의 'ATM Global Environment Efficiency Goals for 2050'이다. CANSO57) 리포트는 비효율성을 측정하기 위해 탑다운 접근방식을 사용하고 있기 때문에 이 분석의 시작점으로 사용되었다.

  전체 비행 연료 효율성에 영향을 주는 핵심요소들은 아래의 그림과 같다.

---

56) Contingency Fuel : Contingency Fuel은 비행계획 대비 실제 운항 시 예상되는 악기상이나 항공교통 혼잡으로 인하여 발생할 수 있는 항로에서의 이탈, 고도변경, 속도조정 등을 보정하기 위하여 실리는 연료이다. (출처 : "운항관리 실무론", 윤신·장효석 공저, p.269)

57) Civil Air Navigation Service Organization : 민간항행서비스기구. CANSO는 관제서비스를 제공하는 기업들의 목소리를 대표하는 기구로서, Air Navigation Service Providers(ANSPs)들의 이익을 대변한다.

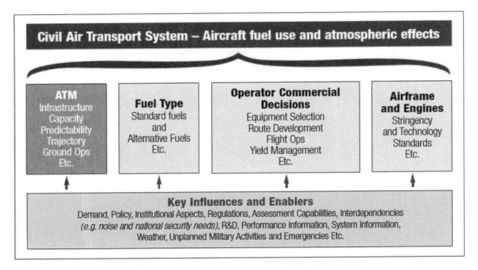

그림 2-8-1 비행연료 효율성의 영향요인

출처 : "국제민간항공기구", 환경보호위원회(CAEP), 보고서, 2010

ATM 운영과 항공기 기체 및 엔진 기술, 이 두 부분은 CAEP의 전문가 그룹에 의해서 이미 논의된 바가 있지만 IEOGG는 항공기 연료 타입과 같은 CAEP에서 논의되지 않은 부분과 운영자의 상업적 결정과 같은 ICAO의 범위 밖에 있는 요소들에 대해서도 규정하였다. IEOGG는 운항목표를 기술적 목표와 일치하도록 조정하기 위해 노력하였지만 여기에는 한 가지 중요한 차이점이 있다. 항공산업의 성장은 새로운 항공기에 대한 추가수요를 유발할 뿐 아니라 새로운 기술 채택을 가속화한다. 즉 산업의 성장은 신기술을 통해 항공기당 운항 효율성을 증가시킨다. 반면 항공기 운항측면에서 산업의 성장은 공역에 대한 수요를 증가시키고 이것은 효율성에 반하는 것이다. 이 때문에 기술목표는 운항목표와 완전히 일치할 수 없다.

다음 그림은 호전적인 ATM 개선을 위한 노력 없이는 운항 효율성을 개선할 수 없음을 보여준다. 즉, 운항 개선을 위한 노력 없이는 산업성장에 따라 효율성이 낮아질 수밖에 없다는 것을 의미한다. 그리고 이것은 항공기의 지연과 그로 인한 연료 소비 비용의 증가와 같은 경제적 역효과를 가져와 더 높은 비용을 부담해야 하는 결과를 초래할 수 있다.

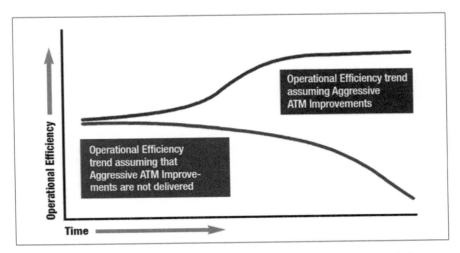

그림 2-8-2 ATM 개선의 동반 유무에 따른 운항효율성 개선정도

출처 : "국제민간항공기구", 환경보호위원회(CAEP), 보고서, 2010

미래에는 제안평가서에 제안사항을 시행한 경우와 그렇지 않은 경우를 비교하여 평가 해 볼 수 있는데, IEOGG는 가장 호전적인 항공기 운영기법 개선 시나리오를 유일한 비교 대상으로 설정하였다. 이는 ICAO Global Air Navigation Plan을 비롯한 다른 문서들 역시 가장 호전적인 시나리오를 비교 대상으로 채택하였기 때문에 운영기법 개선 목표 또한 이러한 내용과 일치해야 했기 때문이다. 아래 그림을 보면 CANSO 리포트에서 제시한 구역과 ICAO의 지역구분을 CAEP의 요구와 일치하게 조정하였다. 이것은 CANSO US ATM 효율성 추정치와 같은 값도 포함되어 있다. 재미있는 것은 현재 ATM 시스템의 효율 측면에서 지역별로 큰 차이가 존재한다는 것이다. 예를 들면 오스트리아 공역의 경우 단편화 현상이 없기 때문에 이미 운항 효율성을 98%나 달성한 것으로 나타난다. 이 경우 95%의 목표치를 적용할 수 없다. 이것은 각 지역마다 상황이 다르기 때문에 모든 지역에서 동일하게 목표치를 적용할 수 없다는 것을 보여준다.

표 2-8-1 운항효율성 개선목표, 2016~2026

Canso Region	ICAO Region	% of global aircraft movement in 2006	Basis of Goal Setting (Sources of inefficiency covered)						Estimated Base Level efficiency	Operational Efficiency Goals	
			Great Circle Route	Delays and Flow	Vertical Flight	Airport & Terminal Area	Wind Assisted Routes	Contingency Fuel Predictavility	2006	2016	2026
World		100%	assessed	assessed	assessed	assessed	not assessed	not assessed	92-94%	92-95%	93-96%
US	North America	35%	assessed	assessed	assessed	assessed	not assessed	not assessed	92-93%	92-94%	96-96%
			assessed	assessed	assessed	assessed	not assessed	not assessed	92-93%[1]	92-94%	93-96%
ECAC	Europe	28%	assessed	assessed	assessed	assessed	not assessed	not assessed	89-93%[2]	91-95%	92-96%
			assessed	assessed	assessed	assessed	not assessed	not assessed	89-93%	91-95%	92-96%[3]
Other Regions	Central America Caribbean	37%	estimated	estimated	estimated	estimated	not estimated	not estimated	91-94%	94-97%	95-98%
			estimated	estimated	estimated	estimated	not estimated	not estimated	93-96%	94-97%	95-98%
	South America		estimated	estimated	estimated	estimated	not estimated	not estimated	93-96%	94-97%	95-98%
	Middle East		estimated	estimated	estimated	estimated	not estimated	not estimated	92-94%	94-97%	95-98%
	Africa		estimated	estimated	estimated	estimated	not estimated	not estimated	90-93%	94-97%	95-98%
	Asia/Pacific		estimated	estimated	estimated	aestimated	not estimated	not estimated	91-94?%	94-97?%	95-98?%

출처 : 국제민간항공기구, 환경보호위원회(CAEP), 보고서, 2010

앞서 설명된 것과 같이, 항공수요의 성장에 따른 항공기 운항 효율성의 감소와 측정이 불가능한 운영상의 비효율성 때문에 IEOGG는 미래 시나리오의 효율성 수준 및 운항 효율성 증가분을 설정할 수 없었다.

표 2-8-2 ATM 시스템 글로벌 운항효율 목표

ATM system Global Operational Efficiency Goal 'That the global civil ATM system shall achieve an average of 95% operational efficiency by 2026 subject to the following notes':	
Note 1	This goal should not be applied uniformly to Regions or States;
Note 2	This is to be achieved subject to first maintaining high levels of safety and accommodating anticipated levels of growth in movement numbers in the same period;
Note 3	This ATM relevant goal does not cover air transport system efficiency factors that depend on airspace user commercial decisions(e.g. aircraft selection and yield management parameters etc.);
Note 4	This operational efficiency goal can be used to indicate fuel and carbon dioxide reductions provided fuel type and standards remain the same as in 2008, the goal does not indicate changes in emissions that do not have a linear relationship to Fuel use(such as NO_x); and
Note 5	This assumes the timely achievement of planned air and ground infrastructure and operational improvements, together with the supporting funding, institutional and political enablers.

출처 : "국제민간항공기구", 환경보호위원회(CAEP), 보고서, 2010

위의 그림에 언급된 95%의 운항 효율성은 주의사항을 포함하고 있으며, CAEP/8은 이 목표치의 주기적인 업데이트에 관한 요건을 비준하였다. 향후 새로운 목표치의 설정에서는 앞서 언급되지 않은 부족한 정보의 제공이 추가적으로 필요하며 운영 효율성의 바텀업(Bottom-up) 평가, 시나리오 비교 측정 기법과 성능에 대한 평가 방식의 개발도 필요하다.

3 미국의 항공교통관리 개선 노력-NextGen 사업

미국에서는 향상된 항공기 기술과 새로운 형태의 항공기 운영기법을 위한 프로그램을 Next Generation Air Transportation, 즉 NextGen이라 일컫는다. NextGen은 항공기의 GPS를 이용한 항공기 감시, 음성 교신으로 이루어지던 공대 지 통신의 데이터화, 동일한 정보를 동시에 이해당사자들에게 전달 할 수 있도록 하는 체제이다. 새로운 기술에는 온실가스를 감축할 수 있는 새로운 항공기 엔진 및 기체, 대체연료의 개발도 포함되어 있으며 운항기법의 개선을 통해 환경적 이점을 가져올 수 있다.

FAA는 항공기 연료의 절감을 위해 항공기 운항 효율성의 증대시키고 지연을 감소시키기 위해 노력하고 있으며 이것은 항공사 및 사용자들에게 운영비용을 감소시켜주는 결과를 가져온다. 그러나 더욱 중요한 사실은 항공기의 연료 절감이 이산화탄소 배출 절감 및 다른 온실가스 배출 절감에도 효과적이라는 것이다. NextGen 시스템 하에서 항공기들은 모든 비행단계에서 비행하고자 하는 항적으로 보다 가깝게 운항할 수 있으며, 전 단계에 걸친 관리와 정보 공유는 항공기 감시, 교신, 기상 보고 및 예보의 정확성을 향상시킨다.

출발 및 도착단계에서는 항공기의 비행거리 및 비행시간, 연료 소비량을 감소시킬 수 있는 다양한 비행경로를 제공하며 동시에 더욱 정밀하게 항공기를 감시할 수 있는 성능기반항행(PBN)을 이용한다. 접근단계에서 PBN 항법은 강하단계에서 조종사가 항공기 엔진 사용을 낮춰 배출가스 감소뿐 아니라 소음을 절감시키는 효과를 얻을 수 있다. 또한 PBN 절차는 인접 공항으로 접근하는 항공기들에게 분산된 항적과 이륙 상승을 위한 새로운 경로를 제공함으로써 항공기의 지연을 감소시키고 충돌 위험성을 경감시킨다. NextGen 시스템은 Automatic Dependent Surveillance-Broadcast(ADS-B)를 이용하여 레이더보다 정확한 항공기 감시가 가능하며, 조종사의 상황인식을 향상시킨다. 실제로 ADS-B는 Louisville, Kentucky, Juneau 공항에서 이용 중이며 레이더 이용이 불가능한 Mexico Gulf지역에서도 사용되기 시작했다.

FAA와 항공사회는 공항 내에서의 항공기 흐름 관리, PBN을 이용한 출·도착 절차, In-trail 분리 간격의 감소, 항공로 상에서 항공기 연료 절감, 데이터 커뮤니케이션 수행과 같은 다양한 항공기 운항기법에 대한 시도 및 검증 노력을 다하고 있다. 이러한 검증을 통해서 계획단계에 있던 시스템과 절차의 검증은 물론 이용자와 이해 당사자들에게는 객관적인 증거를 제시해 줌으로써 그들을 이해시키고 새로운 시스템으로의 전환을 유도할 수 있을 것이다. 또한 이러한 시도들은 NextGen을 수행함에 있어 필요한 항공기의 장비 장착에 대한 투자도 가능하게 한다. 이것의 대표적인 예는 NextGen과 SESAR 프로그램의 하나로 수행된 AIRE 프로그램이다.

FAA는 NexGen 시스템이 향후 항공교통운항 수요에 따른 항공기 배출가스를 상쇄할 수 있다고 기대하고 있다. 2000년도 미국의 운송용 항공기의 출·도착은 약 1,520만 회였으나 2030년에는 1,950만 회로 28.5% 이상 증가할 것으로 예측된다. 이러한 수요 증가에 따른 배출가스의 감소를 위해서는 추가적인 운항기법의 개선과 이러한 기법을 수행하도록 하려는 FAA의 의지가 필요하다.

FAA에서는 에너지 효율성과 배출가스를 측정하기 위해 현재 항공 연료 효율 측정법을 사용하고 있다. 또한 기후, 에너지, 공기 질, 소음 측면에서 향후 NextGen의 환경 평가를 위한 측정기법을 개발하기 위해 연구를 수행중이다. 이러한 통합적인 환경적 측면의 성과 측정을 위해 FAA에서는 Environmental Management System(EMS) 접근방식을 사용하려 한다. EMS는 관련 기관이 단기 및 장기계획을 위해 모든 환경적 고려사항들을 통합 적용할 수 있게 한다.

항공기의 운항기법의 개선 이외에도 항공기 엔진 및 기체의 새로운 기술 개발, 대체연료의 개발을 통해 환경 개선목표를 달성할 수 있다. 역사적으로 볼 때, 이 중 새로운 기술을 적용했을 때 가장 효과가 좋았다. 미국은 항공환경에 대한 영향을 줄이기 위해 2009년 시작된 Continuous Lower Energy, Emissions and Noise(CLEEN)를 통해 새로운 기술 개발을 위해 노력해왔다. FAA는 항공업계과 제휴를 맺고 상용화가 가능한 향상된 아음속 제트 항공기와 엔진 개발을 추진해 왔다. 이 개발

사업에는 복합구조, Ultra-high-Bypass-ratio, 개방형 로터엔진(Open Rotor Engines), Advanced Aerodynamics, 비행관리시스템(Flight Management Systems)이 포함되어 있다. 이 사업의 목적은 이러한 높은 수준의 기술의 적용 가능함을 증명하고 이것을 5~8년 사이에 상용화하는 것이다.

재생 가능한 에너지를 이용한 항공 연료의 개발은 항공분야에서 CO_2를 줄일 수 있는 가장 주목받는 방법 중 하나이다. 이러한 연료는 환경분야뿐만 아니라 에너지 안보와 경제 발전에도 이점을 가져다준다. CLEEN은 이러한 지속가능한 연료의 개발을 위한 연구도 수행해 왔다. 2006년부터 FAA는 항공사, 항공기 제작사, 에너지 제작사, 연구기관, 미국 정부와 함께 항공산업의 대체연료 개발을 위한 Commercial Aviation Alternative Fuels Initiative (CAAFI)를 수행해 오고 있다. 2009년 9월 그 첫 번째 대체연료로 인조 파라핀성 등유를 기존의 석유 및 석탄 연료인 Jet A와 50% 혼합하여 사용할 수 있는 승인을 얻었다. CAAFI는 ASTM International과 함께 2011년까지 수소재생에너지를 이용하여 대체연료를 개발하는 연구를 수행한다.

CLEEN과 CAAFI 연구 프로그램은 NextGen 운항 개선을 보완해주는 중요한 역할을 해 주었다. NextGen 시스템과 운영 절차를 지속적으로 수행해 나아간다면 NextGen 사업의 중기인 2018년에는 14억 갤런[58]의 항공 연료의 절감과 동시에 1,400만 톤의 CO_2 절감을 달성할 수 있을 것으로 예측된다. 더불어 친환경적인 항공기 기술과 대체연료 사용으로 연간 2%의 연료 효율성 달성이라는 ICAO의 목표와 2020년까지 항공산업의 탄소 중립 성장이라는 미국의 목표에 한발 더 가까워질 수 있을 것이다.

---

58) 1gal = 약 3.8리터

4 유럽의 항공교통관리 개선 노력-SESAR 사업

Single European Sky는 유럽 영공의 새로운 ATM 시스템으로의 전환을 위해 2004년 European Commission(EC)[59]에 의해 시작되었다. Single European Sky는 향후 유럽의 ATM 시스템에 대한 전 유럽적 규제와 같은 정책적 분야에 대한 근간을 규정한다. 반면 SESAR[60]는 Single European Sky에서 기술적·운영적 측면을 담당하고 있다. 이것은 분산되어 있는 새로운 기술을 하나로 통합하고 최신 기술의 개발을 통해 패러다임의 전환을 모색한다. 유럽의 ATM 마스터플랜은 EU 의회에서 합의된 다음의 사항을 구현해 내는 것을 목표로 한다. 2005년을 기준년도로 하여 2020년까지 항공편당 10%의 CO_2 배출 감소, ATM 비용의 50%감소, ATM 수용량 3배 증가, 안전도 향상이 그 내용이다. 또한 유럽 ATM 마스터플랜은 안전평가계획, 비용편익 분석계획과 함께 ICAO의 규정에 부합하도록 운영 및 기술상의 규정들을 개정 하는 것도 포함하고 있다.

SESAR Joint Undertaking(SJU)은 2007년 EC와 Eurocontrol에 의해 EU 기구로 설립되었다. SJU는 유럽 ATM 마스터플랜의 이행과 유럽 내 R&D의 통합을 주 목적으로 한다. 2011년 말까지 SESAR 프로그램은 모든 SESAR R&D 활동의 환경적 이슈와 관련된 사항에 대해서 향상된 검증 수행을 목표로 하고 있으며 동시에 SESAR는 항공분야의 새로운 친 환경적인 방안의 통합을 위해 유럽뿐 아니라 국제사회와 협력할 것이다. 이러한 프로젝트의 하나가 항공기의 환경적영향 개선 기술개발을 위한 European Union's Clean Sky Joint Technology Initiative이다.

---

59) EC : 유럽연합 진행위원회(European Commission)는 유럽 통합과 관련된 조약을 수호하고, 유럽연합(EU, European Union)의 행정부 역할을 담당한다. 유럽연합 관련 각종 정책을 입안하고 유럽연합의 이익을 수호하는 유럽 통합의 중심 기구이다. (출처 : 유럽연합 개황, 2010.9, 외교부)
60) SESAR : Single European Sky ATM Research

Figure 1: *SESAR implementation phases, 2004 to 2020 and beyond.*

그림 2-8-3 2004~2020년 SESAR 이행단계

　SESAR ATM 마스터플랜은 2011년 이후에는 항공기 소음 경감을 위한 항공로 설정과 상승 및 하강 기법의 개발, 항공기 소음 유발 기종 제한 야간 운항금지, 소음 경로, 소음 할당과 같은 지역적 특징을 준수할 수 있는 ATM, ATM 경계 내에서의 생태학적 영향 평가와 최적의 대안을 채택할 수 있는 ATM 기법 개발들을 포함하고 있다.

　SESAR R&D에는 전 유럽적인 조화와 기술 개발을 위해 공항운영자, 항행서비스제공자, 항공기 제작사를 포함하여 현재까지 18개국 70여 개의 항공관련 이해 관계사들이 참여하고 있다. SJU 프로그램은 공역 사용자 및 전문기관, 행정 및 규제기관 및 군과 같은 직접적인 이해 관계자들이 참여하였으며 2009년 6월 전체의 80%인 300개의 프로젝트가 수행되고 있다. 그 결과 17개의 나라에서 1500명의 기술자와 전문가들이 공동으로 참여하여 연구가 진행중이다. SESAR 프로그램은 첫 번째 솔루션 셋을 검증하여 2013년까지 이행 준비를 완료하는 것을 목표로 하고 있다. 이 기간 동안에는 보다 빠른 효과 검증을 위해 현재 항공기가 수행 가능한 기술을 이용하도록 한다. 이러한 측면에서 AIRE[61] 연구 결과는 이러한 프로그램이 확장되어 운영할 만한 가치가 있음을 보여준다.

　또한 SESAR는 글로벌 ATM의 구현을 위해 ICAO의 SARPs[62]와 각 산업 규정을 준수하며 진행될 것이다. 현재 운영되고 있는 SESAR 프로그램은 ICAO의 전략과 일치하도록 설정되어 있으며 그것을 달성하기 위해 수행중이다.

---

61) AIRE : Atlantic Interoperability Initiative to Reduce Emissions
62) SARPs : Standards and Recommended Practices의 약자로 ICAO의 국제표준 및 권고사항을 말한다.

5 ┃ 미국과 유럽의 공동노력-AIRE

EC와 미국의 FAA는 지속가능한 항공산업의 성장을 위한 연구의 하나로 2007년 6월 AIRE(Atlantic Interoperability Initiative to Reduce Emissions) 사업 추진을 합의하였다. AIRE는 NextGen과 SESAR의 한 부분으로 전 비행단계에서 환경 친화적인 경로를 설정하여 항공기의 연료 효율성을 높이고 소음을 절감시키며 동시에 ATM의 공동 운영능력을 시험한 프로젝트이다. 이러한 시도는 항공교통수단의 지속가능성을 증명하는 것뿐만 아니라 배출가스 감소 사업에 참여하고 있는 구성원들에게 지속적인 노력을 다할 수 있도록 격려하였다.

5.1 공항 내 시험결과

항공기의 지상 운영과 관련하여 AIRE에서는 세 가지 형태의 운항기법을 평가하였다. 첫째는 연료 절감을 위해 항공기가 하나 또는 두 개의 엔진을 끈 상태로 이륙 활주를 하는 것이다. 이러한 시도는 4엔진 항공기의 경우 분당 20kg, 2엔진 항공기의 경우 분당 10kg의 연료 절감 효과가 있는 것으로 나타났다. 두 번째는 도착 활주 시간을 최소화하는 것이다. 이 결과 항공기당 평균 1분 30초의 택시 시간이 줄어들었고 비행중인 항공기에는 30초(2마일) 정도의 비행시간을 감소시켰으며 A320를 기준으로 편당 50kg의 연료 절감, 160kg의 CO_2 절감 효과를 가져왔다. 세 번째는 출발 항공기의 활주로 대기시간을 줄이고 항공기 우선순위를 최적화하기 위한 이륙 활주시간의 최소화이다. 이 경우 평균 45초~1분의 비행시간 절감효과가 있다. 이러한 시도는 총 6톤의 연료 절감과 19톤의 이산화탄소 절감을 가져온 것으로 추정된다.

5.2 터미널 구역에서의 시험결과

터미널 구역에서는 CO_2양을 최소화하기 위한 기법으로 RNP 성능과 CDA, CCD,[63] Tailored Arrivals[64]를 이용하였다. 이 결과 스웨덴 Stockholm 공항에서는 CDA를 이용하여 항공편당 140~165kg의 연료 절감 효과를 볼 수 있었으며 RNP 절차를 이용한 결과 항공기들의 수평 운항 안전성이 증가했으며 소음 분산이 줄어드는 결과를 나타냈다. 파리의 Charles de Gaulle 공항에서는 CCD를 이용하여 편당 30~100kg의 연료 절감 효과를 볼 수 있었으며 TA를 통해 100~400kg의 연료 절감 효과와 CDA를 이용하여 편당 평균 175kg의 연료 절감 효과를 볼 수 있었다. 스페인 Madrid 공항에서는 CDA를 이용한 항공기가 CDA를 이용하지 않은 항공기에 비해 강하 단계에서 연료를 25% 덜 사용하는 것을 알 수 있었다.

5.3 대양 상공에서의 시험결과

대양 상공을 비행하는 항공기들에게 수직적 최적화를 위해 100ft 단위의 상승률을 적용했으며, 편당 29kg의 연료 절감 효과가 있었다. 항공기의 횡적 최적화를 위해서는 최신의 기상청 자료 업데이트를 통해 조종사가 비행경로를 최적화할 수 있도록 하였다. 새로운 기상정보를 통해 비행중인 항공기에게 새로운 비행계획서가 작성되었는데 몇몇의 경우에는 계획과 완전히 다른 새로운 항로가 생성되기도 하였다. 이러한 기법을 통해서 리스본에서 카라카스로 비행하는 A330 항공기는 90kg의 연료를 절감할 수 있었다. 항공기의 종적 최적화에 대한 연구는 비행계획서 상에 계산되어 나온 Constant Mach Number와 실제 Cost Index의 비교를 통해 이루어졌다. 이 결과 총 비용을 감소시킬 수 있는 경제속도를 유지하

---

63) CCD : Continuous Climb Departure
64) Tailored Arrivals : NASA에 의해 개발된 NEXTGEN 항공교통관제 기법으로, 항공기의 연속비행을 가능하게 하며 순항고도에서부터 활주로에서까지 엔진출력을 매우 낮게 하여 연료소모, 환경영향, 소음공해를 최소화하기 위해 고안되었다. (출처 : NASA Ames Research Center)

며 비행하였을 때 항공기는 130~210kg의 연료를 절감할 수 있는 것으로 계산되었다.

이러한 개별 비행단계의 연구뿐만 아니라 위에서 제시된 공항 내, 터미널, 대양 상공에서의 모든 최적화 기법을 비행의 전 단계에 적용한 연구 역시 수행되었다. 이 결과 CDG(Charles de Gaulle)에서 MIA(Miami)까지의 비행편의 경우 43,000톤의 연료를 절감할 수 있으며 135,000톤의 CO_2 배출량을 감소시킬 수 있는 것으로 나타났다.

6 아태지역의 항공교통관리 개선 노력–ASPIRE 사업

ASPIRE(ASia Pacific Initiative to Reduce Emissions) 프로젝트는 아시아와 남태평양지역의 항공환경 영향을 평가하고 항공환경과 관련된 표준과 운항 절차를 개선하기 위해 수행된 프로젝트이다. ASPIRE는 2008년 Air services Australia, Airways New Zealand, FAA의 참여로 시작되었으며 이후 Japan Civil Aviation Bureau(JCAB)와 Civil Aviation Authority of Singapore(CAAS)가 차례로 참가하였다. 이 프로젝트는 아시아와 남태평양지역에서 항공환경과 관련한 기준을 마련하고 효율적인 운항 개선방법을 개발하는 데 중점을 두었다. ASPIRE는 항공편의 출발부터 도착까지 매 단계에서의 효율성을 측정하며 다음과 같은 목적을 갖는다.

- 항공기의 모든 비행단계에서 배출가스 저감을 위한 운영기법 개발
- 전 세계적인 규정에 부합하는 친환경 절차의 사용
- 현존하는 기술을 이용한 최상의 운항기법 이용
- 항공교통 시스템에서 환경영향평가를 위한 성능측정방법의 개발
- 단기·중기·장기에 적용가능한 적절한 경감방법 제시
- 국제 항공사회에 ASPIRE 프로젝트의 목적과 시도, 진행사항을 널리 알림

ASPIRE 절차는 항공기의 전 비행단계에서 수행되며 12시간을 초과하여 장거리 비행하는 아시아 태평양 지역의 항공환경을 반영하여 설계되었다.

비행 전 단계에서는 항공기 탑재 연료보다 정확한 예측, 항공기에 탑재되는 화물 컨테이너의 무게 감소, 지상 발전 전기의 사용, 엔진 세척과 같은 방법을 통해 항공기의 운항 효율성을 높였으며, 지상에서는 적당량의 용수 탑재, 적시 연료 주입, 지상 교통 관리의 최적화 방법을 사용하였다. 항공기가 이륙 후 최적의 고도까지 도달하는 거리를 단축시키고, 대양 상공의 항공기는 User Preferred Routes, Dynamic Airborne Reroute Procedures, Performance Based Navigation(PBN) Separation Reductions, Reduced Vertical Separation Minima(RVSM) 기법을 이용하여 운항 효율성을 높일 수 있게 하였다. 도착단계의 항공기는 연속 강하 도착(Continuous Descent Arrivals), Tailored Arrivals, PBN Separation, Required Time of Arrival management가 사용되어 항공기 운항을 최적화 하였다. 이 프로젝트에는 대양 간 비행이 가능한 장거리용 B777, B747-400, A380 기종이 사용되었는데, 이 결과 총 17,200kg의 연료를 절감하고 54,200kg의 배출가스 감소를 달성할 수 있었다.

7 기타 국가의 항공교통관리 개선 노력

7.1 뉴질랜드

뉴질랜드에서는 Airways New Zealand와 뉴질랜드 항공 당국의 참여로 PBN을 비롯하여 항공기 배출가스를 저감하기 위한 여러 방법을 시도해 보았다. 먼저 항공사와 관제기관과의 Collaborative Flow Manager(CFM)를 통해 악기상이나 첨두 시에 불필요한 항공기 지연과, 체공을 줄이는 방법을 시도했다. CFM은 Collaborative Arrivals Manager(CAM)로 항공사와 관제기관이 실시간으로 항공기

관련정보를 공유하여 비행중인 항공기의 체공이나 벡터 대신에 지상에서 대기할 수 있도록 도와주는 시스템이다. 이러한 기법을 Auckland 와 Wellington 공항에서 적용하여 운영한 결과 CFM 시행 이전 총 28,000분이던 공중 지연시간이 CFM 시행 이후 5,000분으로 감소하였으며, 항공사는 2009년 한 해 동안 Auckland 와 Wellington 공항에 도착하는 국내선 항공편에 대해서 25,000톤의 CO_2를 줄일 수 있었다.

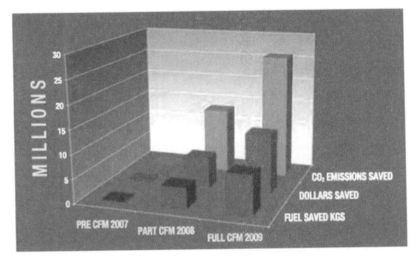

그림 2-8-4 2007~2009년 CFM 적용 후 연료 및 CO_2 배출 절감효과

출처 : "국제민간항공기구", 환경보호위원회(CAEP), 보고서, 2010

대양상공에서는 Auckland Oceanic FIR을 비행하는 항공기들에게 항공기 분리 기준을 종적, 횡적으로 30NM로 감소시켜 운항할 수 있게 하였으며, 항공기들이 Flexible Track Systems, Dynamic Airborne Reroute Procedures(DARPs), User-Preferred Routes(UPRs)를 적용하여 비행할 수 있도록 하였다. 그 결과 UPR을 이용하여 일본과 상해로 비행한 항공기들은 편당 평균 616kg의 연료를 절감하였고, 연간 약 백만kg 이상의 연료가 절약되었다.

항공기 배출가스 감소를 위해 항공사도 다양한 노력을 기울였다. Air New Zealand는 배출가스 감소를 위한 40~50개의 프로젝트를 수행하고 있는데 2005년 이후 신형 항공기 구입을 제외하고도 전체 연료 소비량의 4.5%를 절감하였다. 이것은 130,000톤의 CO_2를 절감하는 것과 동일한 효과이다. Air New Zealand는 CDA, RNP AR 접근방법, 운항 중 플랩 사용 지연, 단일 엔진을 이용한 지상활주, APU 사용 절감, Just in time 급유와 같은 운항 및 운영기법 개선 방식을 사용하였으며 항공기의 공기역학적 특성을 개선할 수 있도록 Winglet과 Sharklet을 장착한 항공기를 이용하여 항공기의 연료 효율성을 높이고 배출가스를 감소하기 위해 노력했다.

공항 당국에서도 온실가스 배출을 감축하기 위한 다양한 시도를 하였는데 Christchurch 국제공항에서는 공항 터미널 빌딩의 에너지 비효율성 검토, 냉난방 시스템 열 흡수원으로 지하수 사용, 활주로 보수작업 시 아스팔트 재활용과 같은 방법을 사용하였다. Auckland 국제공항에서는 배출가스가 적은 이동 수단의 사용, 공항 종사자들의 카풀 시스템 이용, 태양 전지판 설치, 물 집열방식 적용, 에너지 사용 회계와 같은 방법을 사용하였다.

터미널 공역에서는 PBN을 이용하여 RNAV STAR를 설계하였고, Wellington 공항에서는 2009년 9개월간 RNAV STAR를 운영하여 1,170톤의 CO_2를 절감하는 효과를 달성하였다. 또한 산악 지형에 위치해 있는 Queenstown 공항에 RNP-AR 접근방식을 설계하여 운영한 결과 1년 동안 46회의 목적지 변경과, 40회의 비행 취소를 방지할 수 있었다.

7.2 브라질

Brasília 공항의 항공교통 수요는 나날이 증가하고 있으며 이에 따라서 여러 가지 환경적 문제를 수반하고 있다. 첫 번째 문제는 항공기 운항에 따른 소음문제이며 최근 항공기 엔진 배출가스에 대한 관심도 대두되고 있다. 이를 해결하기 위해 공항과 터미널 공역에서 기술적, 운영적인 새로운 기법을 적용하였는데, 첫 번째는 성능기반항행에 입각한 터미널 공역을 새롭게 설계한 것이고 두 번째는 공항 내의 활주로와 유도로 관리 기법을 수정하여 적용해 본 것이다.

■ 터미널 공역 개선

항공기 기술의 발달과 항행 시설의 향상, 보다 정확한 위성 시스템은 항행 시설에 큰 변화를 가져왔고 이에 따라 브라질은 현재 기존의 지상시설 기반의 항법에서 PBN 항법으로 전환하는 중기 과정에 있다. PBN 항법은 지역항법을 바탕으로 하며 신형 항공기는 감시 및 경보 기능을 항공기에 장착하고 있다. PBN 항법은 기존의 지상시설에 의존하는 항법에 비해 항로를 유연하게 설계할 수 있기 때문에 이러한 특성은 공역 수용능력, 안전 수준, 연료 효율성을 높여준다. 이러한 개념 아래 2010년 Brasília 공항과 Recife 터미널 공역에 PBN을 바탕으로 하는 새로운 항로를 설계하고 그 효과를 비교해 보았다. 시뮬레이션을 통한 비교 검증 결과 하루 평균 75,500kg의 CO_2를 절감할 수 있으며 이것은 하루 평균 터미널 구역에서 발행하는 이산화탄소의 0.11%인 것으로 나타났다. 비록 이 과정을 통해 절감할 수 있는 항공기 연료와 이산화탄소의 양은 적지만 이것은 상파울루 공항에서 브라질리아 공항까지 B737항공기가 10회 운항할 수 있는 양이다.

■ 활주로 및 유도로 사용법 개선

Brasília 공항은 증가하는 교통량을 처리하기 위해 2005년 제 2활주로를 건설하였다. 새로 건설된 활주로는 항공기 소음 저감을 위한 특별 절차를 적용하여 운영되고 있었다. 그러나 항공기 소음 저감을 위한 특별 절차는 항공기의 활주 거리를 증가시켜 결과적으로 항공기의 연료 소비량이 늘어났다. 이러한 문제를 해결하기 위해서 ATC는 활주로 운영 방법을 바꾸기로 하였다. 6:00~22:00시에는 항공기의 지상활주거리를 감소시키기 위해 항공기를 11L 방향으로 이륙시키고 항공기는 공항주변 거주지역을 가능한 빨리 벗어날 수 있도록 6000피트까지 빠르게 상승한다. 22:01~05:59시까지는 야간시간대의 소음 영향을 줄이기 위해 활주로 11R을 이륙용, 11L을 착륙용으로 사용하였다. 새로운 운영 절차에 대한 시뮬레이션을 통한 검증 결과 새로운 운영 절차는 항공기의 지상활주거리를 2.5km 감소시켰으며 이는 하루 평균 63,000kg의 항공기 연료 절감과 198,000kg의 이산화탄소 배출을 절감할 수 있는 양이다.

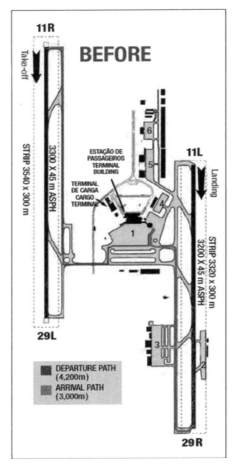
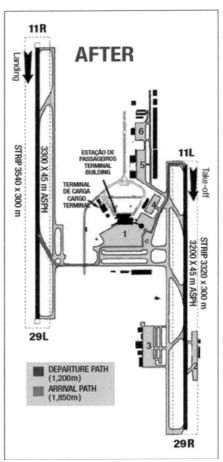

그림 2-8-5 Brasília 국제공항 활주로 운영변화 전후

출처 : "국제민간항공기구", 환경보호위원회(CAEP), 보고서, 2010

참 · 고 · 문 · 헌

Daley, B., Air Transport and the Environment, Ashgate, 2010.

de Neufville, R. and Odoni, A., Airport Systems : Planning Design and Management, McGrawHill, 2002.

Gesell, L., The Administration of Public Airports, Coast Wire Publications, 1992.

GIR, 2013년 국가 온실가스 인벤토리 보고서.

ICAO Doc. 9889, Airprot Air Quality Manual, 2011.

ICAO, Annex 16 to International Civil Aviation Convention, Volume 1 · 2, 2013.

ICAO, CAEP Report, 2010.

ICAO, Doc. 9949, Emission Trading Systems Involving International Civil Aviation, 2011.

ICAO, Voluntary Emission Trading Scheme, Preliminary ed., 2007.

IPCC, Aviation and the Global Atmosphere, Cambridge University Press, 1999.

P. Upham, J. Maughan, D. Raper and C. Thomas, Towards Sustainable Aviation, Earthscan Publications, 2003.

Wells A. and Young S., Airport Planning and Management, 5th ed., McGrawHill, 2003.

박진영, "저탄소 녹색성장 구현을 위한 국가교통전략 과제", 월간교통 제142호, 한국교통연구원, 2009.

일본환경성, Japan's Voluntary Emission Trading Scheme, 2011.

한국공항공사, "한국공항공사 저탄소 녹색공항 추진전략 수립용역(중간보고서)", RCC, 2009.

유광의

● 현, 한국항공대학교 항공교통물류학부 교수

〈저서〉
국제운송 항공사경영론(백산출판사, 1996)
항공산업론(한국항공대학교출판부, 공저, 2001)
21C 항공산업과 항공사(백산출판사, 2003)
공항운영 및 관리(백산출판사, 2006)
공항운영론(대왕사, 공저, 2009)
공항운영과 항공보안(백산출판사, 2006)
공항경영론(대왕사, 공저, 2012)
항공산업론(대왕사, 공저, 2011)

〈대표 논문〉
- Analytical hierarchy process approach for identifying relative importance of factors to improve passenger security checks at airport, Journal of Air Transport Management, 2006
- A feasibility study on scheduled commercial air service in South and North Korea, Transport Policy, 2007
- Passenger airline choice behavior for domestic short-haul travel in South Korea, Journal of Air Transport Management, 2014
- A continuous connectivity model for evaluation of hub-and-spoke operations, Transportmetrica A, 2014
- 국제항공 기후변화관련 국제동향과 항공배출가스 계산방법의 개선에 관한 연구, 한국항공운항학회지, 2013
- EU-ETS 비용에 따른 항공사의 수익구조 및 네트워크 운영의 변화에 관한 연구, 한국항공운항학회지, 2013

강윤주

● 한국항공대학교 항공교통 전공
● 한국항공대학교 항공교통 석사과정

항공환경과 기후변화

2015년 3월 15일 초판 1쇄 발행
2016년 7월 10일 초판 2쇄 발행

지은이 유광의 · 강윤주
펴낸이 진욱상
펴낸곳 백산출판사
교 정 편집부
본문디자인 구효숙
표지디자인 오정은

저자와의
합의하에
인지첩부
생략

등 록 1974년 1월 9일 제1-72호
주 소 경기도 파주시 회동길 370(백산빌딩 3층)
전 화 02-914-1621(代)
팩 스 031-955-9911
이메일 editbsp@naver.com
홈페이지 www.ibaeksan.kr

ISBN 979-11-5763-057-8
값 18,000원